国菁教育调研书系

中学生网络生活状态调查报告

“中学生网络生活状态调查研究”课题组 著

教育科学出版社
·北 京·

丛书总序

为打造具有国家水准、国际视野的教育科研成果，更好地服务于办好人民满意的教育，服务于全面建成小康社会，在中央级公益性科研院所基本科研业务费专项基金的支持下，我院系统开展了对国内国际重大教育理论与实践问题的研究，形成了“国情、国视、国菁、国际”四大书系。

“国情”书系以年度发展报告的形式，全面反映我国各级各类教育的成就、经验和挑战，对全国各省、自治区、直辖市教育发展和政策进行区域比较，对我国各级各类教育的发展水平进行国际比较，力求对我国教育的数量、规模、结构、效益和质量做出科学判断。

“国视”书系着眼于社会关注的教育热点问题，着眼于基础性、前瞻性问题，以了解事实、回应关切、提供政策建议为主要目的，探索教育发展规律。

“国菁”书系专门研究大中小学生的生活状态，涉及学校生活、家庭生活、社会生活、网络生活等，通过调查研究，了解当代学生的行为特点和思想情感，为研究如何促进学生的全面发展提供科学依据。

“国际”书系分为著作和译作两类，主要反映国际教育改革发展动态，回顾国际教育的历史进程，跟踪国际教育的改革动态，把握国际教育的发展趋势。

四大书系既各自独立又相互联系，在保持各书系特点的同时，力求做到：

一、“用数据说话”。数据是研究和决策的基础。四大书系力图建立在数据和事实的基础之上，通过对数据的搜集、提炼、整合、分析，发现问题，探索规律。

二、“通过比较说话”。没有比较就没有鉴别。书系力求通过国别比较、区域比较、类型比较、结构比较，发现真知，提供卓见。

三、“协同创新”。协同创新是提高创新效率和创新水平的战略要求。书系研究调动院内外、系统内外、国内外资源，注重人员交叉、学科交叉、方法交叉，力求有所创新、有所突破。

四大书系的编辑出版是我院全面提高教育科研水平的一项整体努力，也是建设国家一流教育智库的客观要求。在研究和写作过程中，书系得到了相关机构和同仁的大力支持，特别是得到了教育部相关司局及有关部委的大力支持，在此一并致谢！我们将以此为起点，不懈努力，为推动中国教育事业在新的历史起点上向前发展发挥不可替代的作用。

中国教育科学研究院

2012 年 12 月

目 录
CONTENTS

前　言

从20世纪90年代起，随着互联网技术的迅速发展，网络已日益普及并与我们日常的生活、工作和学习等方方面面息息相关。尤其是青少年，他们对网络有着更强的新鲜感和接受性，从而成为网络世界的忠实拥趸和支撑网络世界的中坚力量。不过，在网络为人们带来正能量的同时，它的负面效应也逐渐显现，对人们的生理和心理带来了新的冲击，引发了一些社会性的问题。对于处在身心成长期的青少年，网络的负面影响所导致的一些成长问题也让人们充满担忧。因而，有关网络对青少年生活影响的话题逐渐引起了人们的关注，并成为一项热门研究，相应的研究成果也是林林总总。目前，根据不完全的文献资料，有关青少年网络生活的研究概括起来大致集中在如下几个方面：

1. 网络在青少年与世界之间充当何种角色？青少年用互联网干什么？
2. 网络对青少年的社会化进程带来了何种影响？
3. 网络对青少年的心理健康与道德认知存在何种影响？
4. 如何保障青少年的网络安全？
5. 网络技术如何与青少年的生活更好地融合，促进青少年的学习进程与知识结构的发展？

针对上述问题的很多研究成果，对人们了解和干预网络对青少年成长的影响起到了非常积极的作用。而对于教育工作者来说，作为上网青少年群体中的一个重要组成部分，中学生群体在网络影响下的生活行为、思想态度和身心健康状况，也是一个必须关注的重要问题。因而，针对广大中学生群体网络生活状态的调查研究成为当前青少年网络生活研究的重要内容之一。

一、研究概述

（一）基本思路

本课题研究试图借助中国教育科学研究院网络调研平台，以中学生网络生活状态为研究切入口，通过网络问卷调查和实地访谈等手段，经定量统计和定性分析，全面揭示当前我国中学生在网络使用、网络信息获取、网络学习、网络社交、网络消费、网络娱乐、网络身心健康等方面的实际状况与特征，剖析网络技术与中学生生活的相互作用、相互影响，为促进网络环境下中学生的全面健康发展提供有效参考。

（二）主要研究方法

1. 问卷调查法

从全国不同地区抽取5000个中学生样本和500个家长样本，设计两套相应的网络调查问卷，对中学生网络使用、网络信息获取、网络学习、网络社交、网络消费、网络娱乐、网络身心健康现状进行调查。

2. 实地访谈法

选取部分学生样本，针对其网络使用、网络信息获取、网络学习、网络社交、网络消费、网络娱乐、网络身心健康等方面进行辅助性访谈调查。

3. 统计分析法

在问卷调查的基础上，利用相关统计软件，选取相关指标，分别对中学生网络使用、网络信息获取、网络学习、网络社交、网络消费、网络娱乐、网络身心健康等方面的有关数据进行交叉分析，探寻中学生网络生活的内在关联与规律。

4. 案例法

在实地访谈的基础上，选取中学生网络生活中的典型案例进行呈现与分析，立体化地展现中学生网络生活的状态。

（三）内容框架

课题组试图通过调查研究，全景式地呈现当前中学生实际网络生活状态的方方面面。因此，本课题研究的内容包括八个部分：第一部分是中学生网络生活状态的总体分析，主要涉及中学生网络生活的行为习惯、态度认知及环境条件。第二部分是中学生上网行为状态分析，主要涉及中学生上网的时间与空间、方式与内容、从未上过网的中学生状况以及父母对中学生上网行为的认知情况。第三部分为中学生网络信息获取状态分析，主要涉及中学生信息获取的主要渠道和意愿倾向的特征、中学生不通过网络获取信息的原因以及父母对中学生通过网络获取信息的认知情况。第四部分为中学生网络社交状态分析，主要呈现中学生网络社交和网络语言交流的特征、中学生不进行网络社交或不使用网络语言的原因以及父母对中学生网络社交的认知等四个方面的调查发现。第五部分是中学生网络学习状态分析，主要包括中学生网络学习能力、网络学习效果和网络学习环境的特征、中学生不进行网络学习的原因及父母对中学生网络学习的认知情况等几个方面的分析。第六部分是中学生网络消费状态分析，重点剖析中学生网络消费的特征、中学生不进行网络消费的原因和父母对中学生网络消费的认知情况。第七部分是中学生网络娱乐状态分析，主要分析中学生网络娱乐动机和网络娱乐中创新意识的特征、中学生不进行网络娱乐的原因以及父母对中学生网络娱乐的认知情况。最后一部分是中学生网络身心健康状态分析，着重剖析中学生网络使用程度、网络对中学生身心健康、性格的影响以及父母对中学生网络身心健康的认知情况。

（四）推进方式

1. 网络问卷调查

经过前期的文献调研和问卷的反复论证、设计，课题组于 2012 年 7 月在浙江省 N 市 B 区的中学内，随机选择初中、高中各一个班共 75 名学生，进行了小范围的网络问卷预调查。调查总体情况比较理想，基本吻合问卷设计的预设。在统计、整理了学生网络问卷预调查的结果后，经过初步分析，课题组着手进行了问卷的修订工作，对题目的逻辑顺序、问题设计及呈现形式，以及问卷调查渠道和方式进行了调整。

2012 年 11 月，课题组在全国范围内正式启动了中学生网络生活的问卷调查。此次问卷调查完全采用网络问卷调查的形式，在全国东、中、西部不同地区抽取了超过 5000 名初中生和高中生参与问卷调查。截至 2013 年 1 月底，课题组共回收问卷 3873 份，其中有效问卷 3740 份，有效问卷率为 95.6%。

此次参与调查并提供有效回答的样本学生来自全国 25 个省（自治区、直辖市），覆盖初中、高中全部年级。在收到的有效问卷中，男生 1634 人，女生 2106 人，分别占总数的 43.7% 和 56.3%。其中，初中生占 52.8%，高中生占 47.2%。参与调查的 3740 名中学生中，只有 167 人表示之前从未使用过网络，占总数的 4.5%，曾经使用过网络的学生为 3573 人，占 95.5%。

另外，学生样本年龄分布从 12 岁以下到 18 岁以上，以来自城区学校的学生为主，共计 3298 人，占 88.2%，还有部分来自郊区、镇区和乡村学校的学生，合计 442 人，占 11.8%。学生的年龄分布、年级分布情况见图 0－1 至图 0－3。

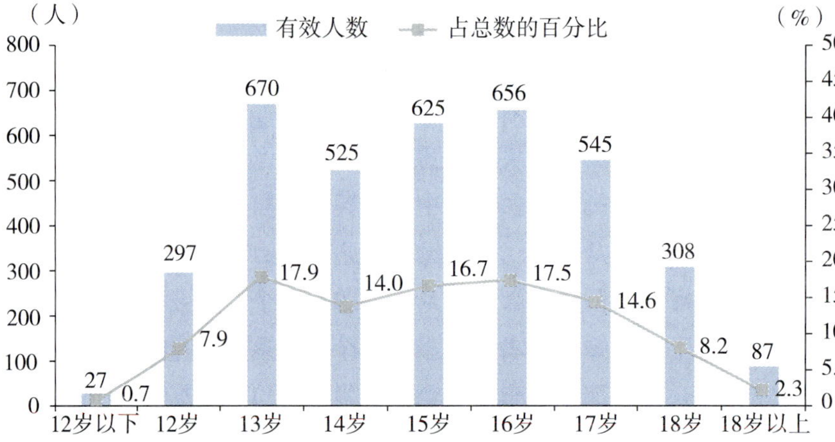

图 0－1　调查学生的年龄分布

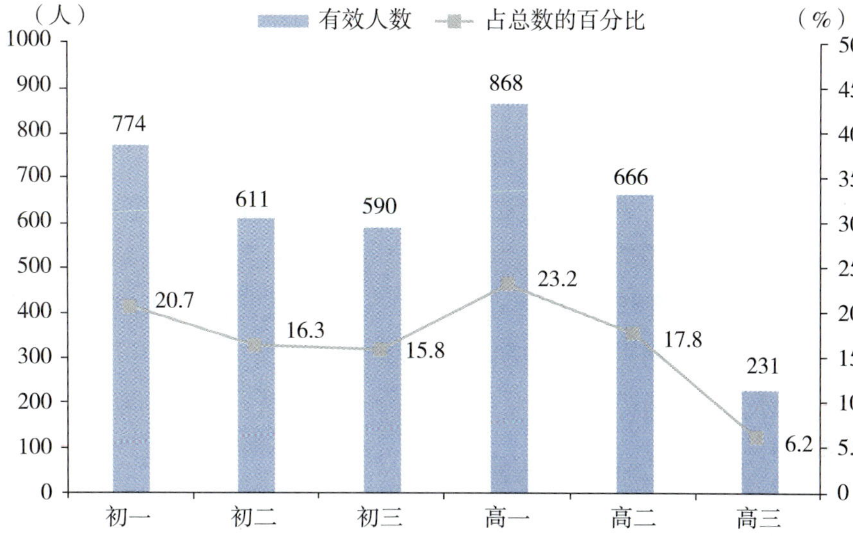

图 0－2 调查学生的年级分布

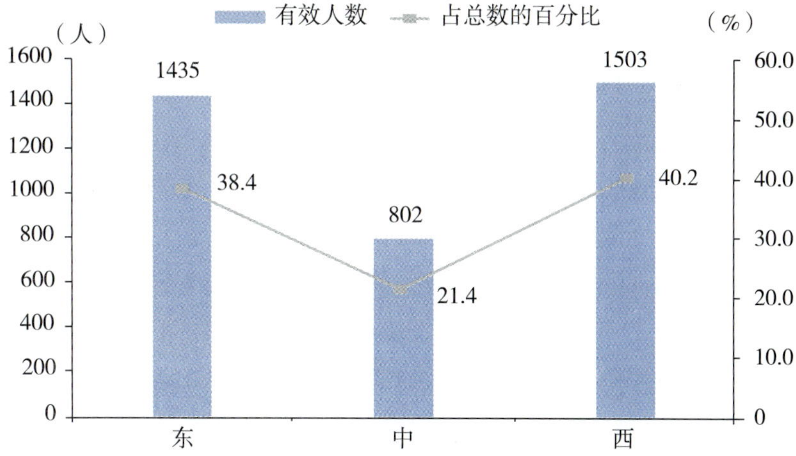

图 0－3 调查学生的区域分布

除此之外，课题组还研制了针对家长的网络调查问卷，并在全国东、中、西部不同地区抽取了 501 位中学生家长进行网络问卷调查。最后，课题组通过网络调研平台回收问卷 501 份，其中有效问卷 496 份，有效问卷率为 99%。此次参与调查的家长中，父亲占 53.1%，母亲占 46.9%；

59.8%的家长的子女目前为初一学生；74.7%的家长的子女在城区学校上学。

2. 实地访谈

在开展网络问卷调查的同时，课题组分别于2012年9月、10月和2013年3月在北京、江苏和浙江等地对4所中学有过上网经历的31名中学生进行了实地访谈调查，其中初中生21人，高中生10人，年级覆盖了初一到高三共六个年级。通过实地访谈调查，课题组从中学生的回答中重点了解了他们在上网习惯、网络信息获取、网络社交、网络学习、网络消费、网络娱乐、网络身心健康等方面的实际行为、感受、态度和认知。

（五）研究中遇到的突出问题

在研究过程中，课题组遇到的突出问题来自两个方面。首先是问卷的编制具有一定的难度。由于此次调查旨在揭示当前中学生网络生活的总体状态，涉及中学生网络行为习惯、网络信息获取、网络学习、网络社交、网络消费、网络身心健康等多个维度的调查，因此，问卷的题目容量较大，涵盖面较广，导致问题的深度不够。而且大题量也影响了被调查者的答题积极性和注意力，降低了问卷的回收率和有效率。此外，课题组为了提高问卷的回收效率和答题效率，提高问卷数据统计的自动化水平，借助中国教育科学研究院的网络调研平台，首次尝试以网络问卷的形式开展课题的问卷调查活动。由于课题组使用经验有限，网络调查系统在被调查者答题过程中出现了一些操作性问题，影响了答题效果。而且，课题组在网络问卷的设计过程中，利用信息系统的技术优势对不同的被调查者群体设置了不同的逻辑跳转题，结果给问卷调查数据的最终整理和统计带来了一些困难，加大了后期数据整理和分析的工作量。

其次，问卷调查的样本抽取与问卷回收以及实地访谈对象的选取受到了一些客观因素的影响。对于问卷调查的样本抽取，课题组预先设想，按照东、中、西三个横向地理维度和北、中、南三个纵向地理维度，随机选取国内9个省份进行学生样本的抽取。每个省份计划随机抽取2所初中和2所高中，其中城市学校和农村学校比例为1∶1，且各校随机抽取150名学生参与问卷调查。但实际调查过程中，由于农村学校的样本抽取受到了各种因素的制约，因而最终的调查样本分布明显地向城市倾斜，影响了课题研究结论的全面性和可比性。同时，课题组在实地访谈对象的选取上也遇到了类似的问题。

二、研究的主要特点

（一）调查数据的可视化呈现

本研究中对调查数据的可视化呈现基于两个方面的考虑。一是数据可视化技术已经日益成为当前科学研究中数据挖掘、分析和展现的重要手段。虽然本课题的调查数据类型、结构和分析方法并不复杂，且课题组成员的可视化技术水平有限，但课题组仍然试图尽可能以可视化的方式来展现数据。二是课题研究的实际需求。由于本课题的问卷调查容量偏大，交叉分析的维度较多，因而用纯文字或是数据表格的方式来逐一描述调查数据的分析结果会造成文本的庞杂与冗长，甚至是枯燥和抽象，不利于读者理解和把握调查数据。而数据的可视化则能在减少文字和数据表格的情况下，清楚地表现调查的数据结果并直观地呈现调查发现。

在课题研究报告的撰写过程中，课题组根据问卷调查内容和数据类型，采用Excel作为主要的图表制作工具，对问卷调查的总体数据分析和各细分的交叉数据分析结果都制作了数据图表。在对每个调查发现的描述中，课题组首先以数据图的形式进行展示，而后再根据数据图进行简要的文字说明。同时，每张数据图都力求达到三个要求：（1）图表形式得当；（2）数据呈现直观；（3）图标一目了然。通过对调查数据的可视化处理，本课题研究报告形成了数据图表为主，文字描述为辅的呈现特点。

（二）内容表述通俗易懂

以往各类相关研究报告都倾向于用较为严谨的专业表述方式来论述调查的发现和结果，以体现研究的科学性和严肃性，但往往让广大读者不易迅速了解和把握研究结论和意义，降低了研究的社会传播和应用的价值。因此，本课题从一开始就倾向于以相对简单通俗的方式来呈现研究结果。课题组希望本课题研究的最终成果不仅能为专业研究人员或从业者提供参考，而且可以面向更为广大的社会群体，让更多的人能关注中学生网络生活，并借助本调查研究的发现对中学生的网络生活投入更多的思考、关心和支持。

基于上述考虑及调查数据可视化的想法，本课题研究在研究报告的撰写过程中，形成了“调查数据图表直观呈现加通俗简约的文字描述并辅以访谈案例”的阐述风格。我们试图做到：（1）数据图能够清楚地反映事实，无须再用文字描述；（2）文字表述简洁、清楚、准确；（3）如无切实需要，尽量避免过多使用专业性语言；（4）访谈案例的选择既生动典型，又契合有关调查发现的论述。

（三）多维度客观描述中学生网络生活

本研究还有一个特点，就是从多个维度对中学生网络生活展开调查研究，尝试全面客观地揭示当前中学生网络生活的实际状态。“多维度”体现在如下方面：首先，在学生调查问卷的编制上，从网络行为、网络信息获取、网络社交、网络学习、网络消费、网络娱乐、网络身心健康七个维度设计了相应的问题，以全面综合地调查中学生网络生活实际情况；其次，编制了家长调查问卷，与学生问卷相对应，从网络行为、网络信息获取、网络社交、网络学习、网络消费、网络娱乐、网络身心健康七个维度考察父母对其子女网络生活的认识、态度和行为，从侧面辅助性地考察中学生的网络生活；再次，同步开展了对中学生的实地访谈调查，为课题研究提供实际素材；最后，在研究报告的撰写中，不仅从七个维度分别阐述了调查发现，同时还对七个维度的内容从横截面上进行梳理和归类，从行为习惯、态度认知和环境条件三个横向维度总体概括和描述了当前中学生网络生活的整体状态。可以说，尽管多维度的设计、调查和分析增加了课题研究的工作量和难度，但也为科学呈现中学生网络生活状态奠定了坚实基础，确保了全景式地、立体客观地“扫描”中学生的网络生活世界。

三、研究的主要发现

（一）网络行为方面，中学生触网的时间点有前移趋势，但日常上网的空间及条件有限

调查结果显示：超过3/4的上网中学生在上中学之前即开始上网，且低年级学生比高年级学生更早开始上网；六成多的上网中学生表示，其单次上网时长在2小时以内；大部分的中学生平常上网时间集中在周末、节假日及寒暑假。

在上网方式（设备）上，超过八成的中学生选择使用电脑上网，选择使用手机上网的学生不到半数。在对中学生上网的态度方面，近半数家长持支持态度，只有近1/4的家长会持明确的反对态度；超过八成的家长会对子女上网进行指导。

（二）网络信息获取方面，传统媒体在中学生心目中仍具优势，但网络信息获取渠道的发展潜力较大

调查结果显示，中学生信息获取的渠道比较固定和集中。接近四成的中学生在信息获取方式上会选择传统媒体，排在各类信息获取渠道的首位。但是，在中学生信息获取的意愿倾向上，倾向于通过传统媒体获取信息或通过网络获取信息的中学生比例都超过了四成，其中后者略占优势。可见，在信息获取上，中学生尽管在行为上仍然比较理性和保守，但内在意愿已经发生了转变。

从家长问卷的调查结果看，父母对中学生通过网络获取信息的态度和行为是令人鼓舞的。接近八成的父母支持自己的子女通过网络获取信息，并且有超过八成的家长会经常或有时指导自己的子女通过网络获取信息。这表明，中学生通过网络获取信息的家庭环境和氛围比较有利。

（三）网络社交方面，中学生的社交行为积极，但态度较为谨慎和理智，网络语言的运用也较为适度

调查结果显示，超过六成的中学生上网时会经常或总是进行网络社交活动，交往的对象大部分是熟悉的人，其中与同学交往的超过八成，与生活中认识的朋友交往的超过七成，与亲友交往的超过半数，与陌生人交往的则很少。仅有6.6%的学生会经常在网络上与人共享情感，接近六成的中学生对通过网络结识新朋友持警惕的态度。不过，接近九成的中学生还是认为网络交友对自己有正面而积极的影响。

近半数的中学生从没有创造过任何形式的网络语言。超过半数的中学生在上网时经常是网络语言与日常语言混用。但在正规场合总是或经常使用网络语言的中学生只有不到两成，接近六成的学生仅把网络语言作为有趣的日常用语而有时使用。

（四）网络学习方面，尽管中学生大多有网络学习经历，但学习方式单一，且学习的环境条件需要改善

调查结果显示：超过九成的中学生都有过网络学习经历；中学生首要的网络学习目的是发展个人兴趣、拓展视野；接近半数的中学生的网络学习内容是搜索、下载资料，排在各学习内容的首位；超过六成的中学生网络学习方式是以自主学习为主。

值得注意的是，在网络学习的外部支持上，有超过半数的中学生没有获得过网络学习方面的指导。即使在获得过网络学习指导的学生中，这种指导也主要是来自同学或朋友的帮助，仅有一成多的中学生能获得来自父母、老师的指导。另外，中学生没有网络学习经历的首要原因是没有网络学习的需要，还有两个重要原因是网络资源有限和没有时间。

（五）网络消费方面，中学生的网络消费行为并不普遍，并且与其网上各类活动的频率有一定的关联

调查结果显示，中学生的网络消费行为并不普遍，仅有两成多的中学生总是或经常进行网络消费，从不或很少进行网络消费的中学生超过了半数。有网络消费经历的中学生多以购买书、笔、衣服为主，仅有5%的中学生以网络游戏为网络消费的主要对象。

此外，调查还发现，中学生上网参与各类活动的频率与其网络消费频率存在对应的关系，如：中学生上网频率越高，经常或总是进行网络消费的比例也越高，而很少或从不进行网络消费的比例则越低；经常参与网络社交活动、网络娱乐活动的中学生也经常进行网络消费，而不经常参与网络社交活动、网络娱乐活动的中学生则不经常进行网络消费；上网时长在3小时以上的中学生总是或经常进行网络消费的比例最高。

（六）网络娱乐方面，缓解压力是中学生网络娱乐活动的首要原因，并且他们在网络娱乐活动中所表现出的原创行为和创新意识值得关注

调查结果显示，超过四成的中学生表示其参与网络娱乐的主要原因是想从现实生活的压力中解脱出来，比例明显高于其他原因。可见，中学生在现实生活中的压力比较大，生活方式也较为单一，而且在现实中这种压力很难得到释放，这种单一也很难得到改善，所以网络娱乐成为他们缓解压力、调节心情的重要工具。

调查中还发现，网络娱乐的另一个重要作用是激发中学生的原创行为和创新意识。超过四成的中学生曾将自己原创性的文字、音乐、视频发布到网络中同别人分享。超过七成的中学生否认自己习惯于从网络上转载别人的东西，而不愿思考和写下自己独特的想法和感受。超过六成的中学生表示自己或同学中有人受网络的启发而产生有创意的想法、设计或行为。

（七）网络身心健康方面，中学生的心理和性格状态总体较好，但上网对中学生的身体健康存在一定的影响

调查结果显示，约1/10的中学生可能存在对网络的过度使用倾向。同时，课题组发现：中学生首次上网时间越早、上网频率越高、每次上网时间越长，越可能产生网络过度使用倾向；对某种网络行为特别是网络娱乐、网络社交和网络消费的热衷程度，与网络过度使用倾向的检出率存在

正相关；中学生在网上认识的陌生网友越多，在生活和写作中使用网络语言的频率越高，越可能产生网络的过度使用。

在对网络的态度及对网络满足心理需求的评价方面，约2/3的中学生认为网络是学习、生活的好帮手，即认同网络的工具功能。而且，中学生认为网络满足了自己的多项心理需求，特别是认知需求（占2/3）和新奇与愉悦体验（占1/2）。约有五至七成的中学生认为上网对他们的性格倾向有一定的影响，并且更倾向于认为这种影响是正向的。但值得注意的是，有部分中学生曾经遇到过不良信息、网络病毒、恶意软件、网上骚扰和隐私泄露等网络伤害，仅有超过四成的中学生面对网络伤害会采取相对合理的应对办法。

此外，调查结果也显示出网络对中学生身体健康方面的影响：超过2/3的中学生认为上网对他们的身体健康有负面影响；超过八成的中学生表示，他们的视力因上网而或多或少出现了下降或疲劳的现象。

第一章

中学生网络生活状态总体调查发现

一、中学生网络生活的行为习惯特征

（一）当前中学生首次触网呈现明显的低龄化趋势

【发现】

（1）12—15 岁年龄段的中学生在“上小学前”和“小学一到三年级”就接触网络的比例，总体上要高于 16—18 岁年龄段的中学生（见图 1－1 中左侧虚线框中的曲线）。

（2）16—18 岁年龄段的中学生在“上初中时”首次接触网络的比例，总体上要高于 12—15 岁年龄段的中学生（见图 1－1 中右侧虚线框中的曲线）。

【推论】

根据上述高低两个年龄段中学生首次触网时间的鲜明对比，结合课题组对国内 12—18 岁中学生的实地访谈，可以认为，在假定我国居民家庭生活水平持续提升、上网条件不断改善、上网终端设备日益普及等情况下，中学生首次触网的时间点可能会不断提前，即中学生首次触网可能会继续出现低龄化势头①。

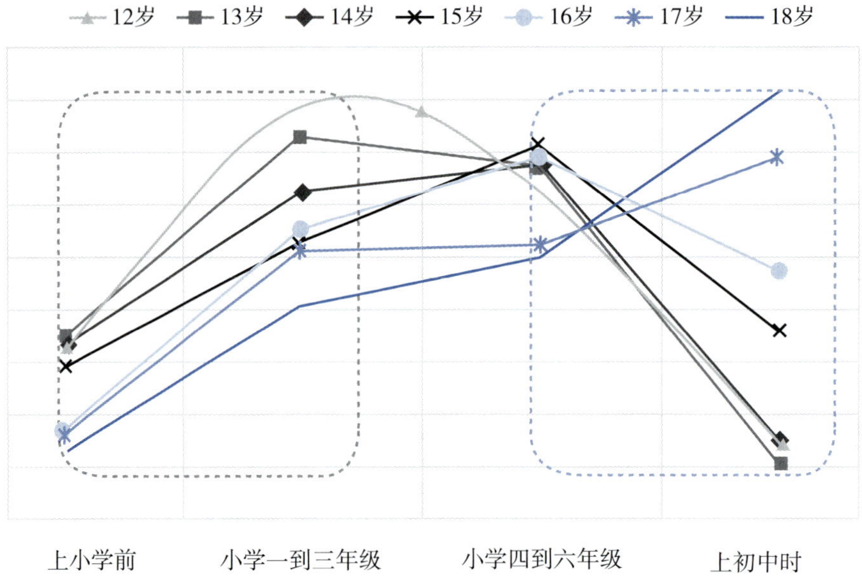

图 1－1　12—18 岁各年龄段中学生首次触网时间

（二）中学生单次上网时长大多集中在 0.5—2 小时

【发现】

（1）单次上网时长在“1—2 小时”和“0.5—1 小时”的中学生均占全部调查样本的三成左右，两者相加超过六成。

（2）单次上网时长在“2—3 小时”和“3 小时以上”的中学生加起来占全部调查样本的近三成。

（3）单次上网时长“少于半小时”的中学生仅占 8.6%，不到全部调查样本的一成。

① 当然，课题组认为这种趋势存在一定的限度，并非无限制地前移，毕竟学生的生理成长情况是一切上网行为的前提基础。

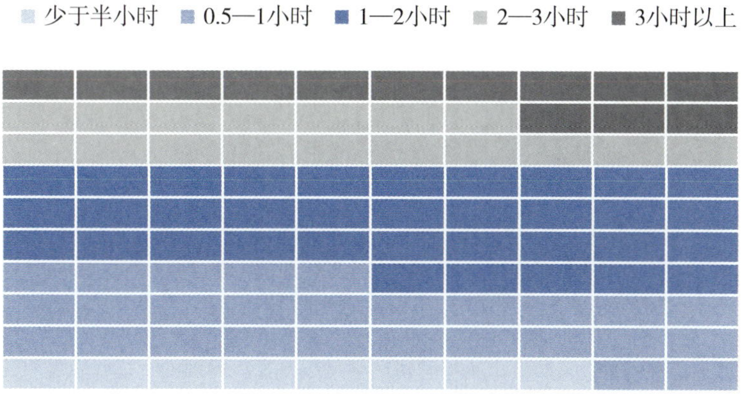

图1－2　中学生平均单次上网时长

【推论】

根据上述三点发现，课题组认为：目前中学生单次上网时长在2小时以内的达到了近七成，而其中大部分又主要集中在0.5—2小时；此外，接近九成的中学生单次上网时长都不超过3小时。课题组的实地访谈调查基本可以印证问卷调查的上述发现与结论，并且可以认为中学生的这一行为是受其家庭环境、学习压力和自我认识与控制能力等多方因素共同影响而形成的。

（三）电视、报纸、广播等传统媒体仍然是中学生获取信息的主要渠道，而网络只是中学生获取信息的重要渠道之一

【发现】

（1）“主要从电视、报纸、广播等传统媒体了解”是当前中学生获取信息的首选方式，占36.4%，接近四成。

（2）“几种方式都有可能”这种综合性的信息获取方式成为中学生获取信息的第二选择，占29.6%，接近三成。

（3）“主要从网络上搜集相关信息”是当前中学生信息获取方式的第三选择，占20.0%，达到两成。

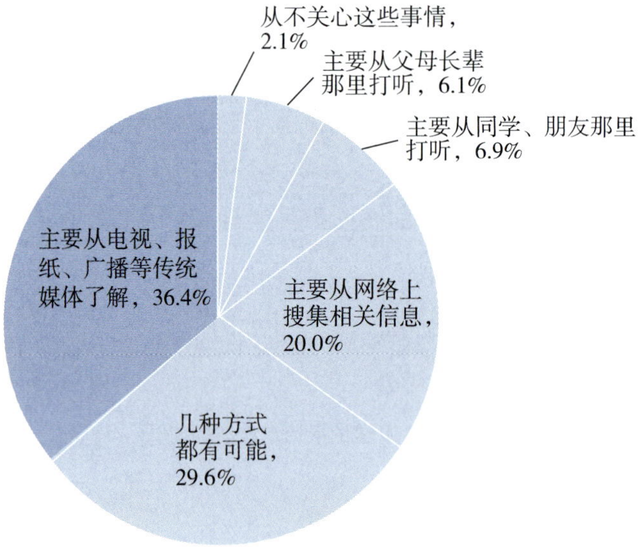

图 1－3　中学生获取信息的渠道

【推论】

通过上述三点调查发现，课题组认为：传统的主流媒体在中学生的信息获取行为中仍然占据着不可替代的重要地位；同时，通过多种渠道综合了解社会信息也逐渐成为当前中学生的重要选择，这从潜在意义上提示我们，中学生对信息的获取和了解并非单一渠道的“偏听偏信”；此外，网络媒体也成为当前中学生信息获取的重要渠道之一，虽尚未成为中学生的首要信息获取方式，但其潜力与空间较大，值得关注。

（四）中学生的网络交友圈规模有限，陌生网友不是中学生网络交友的主要对象

【发现】

（1）超过半数的中学生在网络上结识的陌生朋友人数在 10 人以下，结识了 10—30 个陌生网友的中学生群体占到了第二位，比例达到 28.8%，接近三成，两者相加接近八成。

（2）陌生网友超过 50 人以上的中学生只占全部调查样本的 12.5%，

仅为一成多。

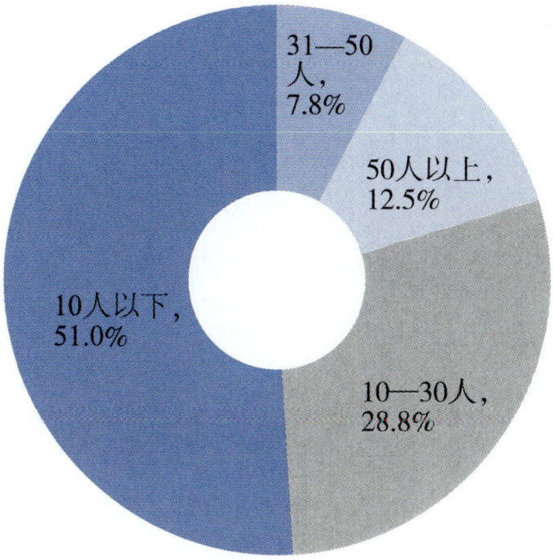

图1－4　中学生结识的陌生网友人数

【推论】

根据上述调查结果，课题组推断，目前中学生在网上结交陌生网友具有一定的选择性，因此其交友规模比较有限，基本集中在30人以内，甚至更少。另外，在此次调查中“在网上结识的朋友比现实中认识的朋友多”① 一题上，79.8%的中学生承认现实中的朋友要多于网络上结识的朋友，这也从侧面印证了前面的判断。

（五）近六成的中学生会或多或少地使用网络语言

【发现】

在上网时或多或少使用过网络语言的中学生占全部调查样本的59.6%，即近六成的中学生在网上使用过网络语言来进行交流，他们相对于从未使用过网络语言的中学生而言占据一定优势。

① 具体调查结果及相关分析可参见第四章的相关内容。

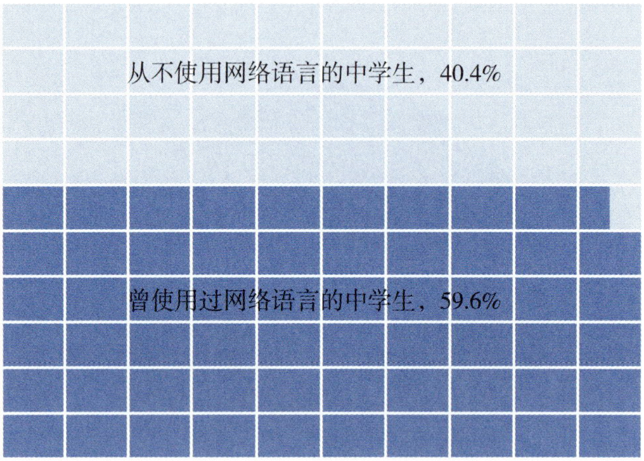

图 1－5　中学生上网时使用网络语言的情况

【推论】

从调查发现看，中学生在网上使用网络语言进行交流的比例尽管达到了近六成，但低于课题组调查前的预想假设，这从一个侧面反映出中学生对网络语言存在一定的兴趣和新鲜感，却并非盲目地追捧。

（六）单次上网时长越长的中学生开展网络学习的比例越低

【发现】

从“单次上网 3 小时以上”到“单次上网少于半小时”的中学生群体，其群体内经常或总是进行网络学习的人数百分比从 25.6% 逐级上浮至 47.1%，呈现明显的阶梯状上升趋势。

【推论】

根据上述调查，课题组发现被调查的中学生每次上网时长并不与其网络学习的可能性成正比，而是正好成反比。单次上网时长越短的中学生，开展网络学习的比例越高，或者说其网络学习的可能性越高。究其原因，课题组结合实地访谈调查的情况推断，或许是中学生上网时长越短，其上网的目的性和工具性越明确和强烈，且不易被干扰或冲淡，而上网时长越长，其使用网络的目的性和自我控制力越容易受干扰而被动降低，从而更容易盲目地上网或沉迷在其他网络活动中。

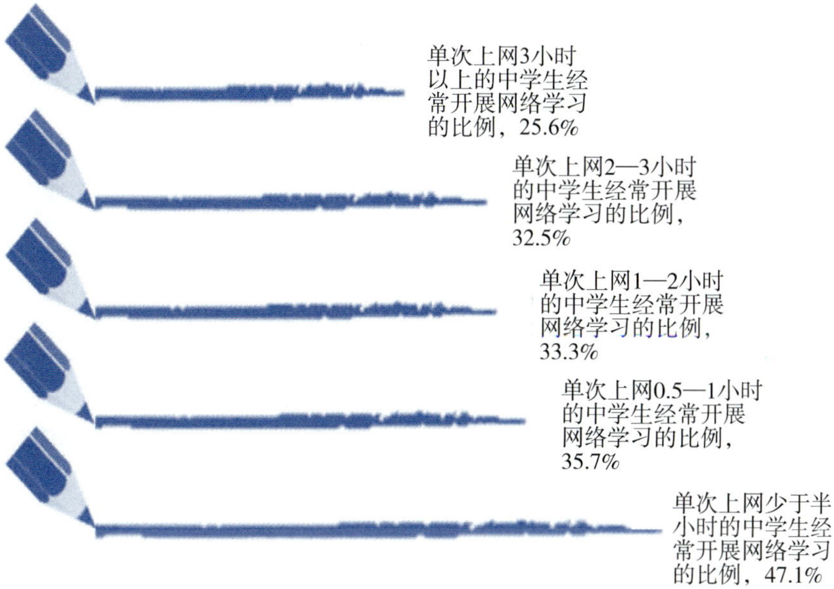

图 1－6　不同单次上网时长的中学生经常开展网络学习的比例

（七）大部分中学生以自主网络学习为主

【发现】

在网络学习方式上，选择“只有自主学习”和“自主学习多于协作学习”的中学生比例达到了 64.8%，而“只有协作学习”和“协作学习多于自主学习”的中学生比例为 17.5%，前者约是后者的 3.7 倍。

【推论】

从调查结果可见，目前中学生在进行网络学习时大多以自主学习为主，协作学习的程度远远低于自主学习。课题组认为，造成这一现象的原因与中学生现有的上网地点、时间、空间环境相对单一和封闭等客观因素相关，同时也与中学生的生理和心理发展水平，以及中学生日常的学习氛围、环境、习惯、教师指导等因素有一定的关系。不过，可以较为肯定的是，中学生的网络学习更偏向于以个性化为主要特征，以独立搜索、下载学习资料为主要内容的学习行为，其学习方式的组织性、协作性不强。

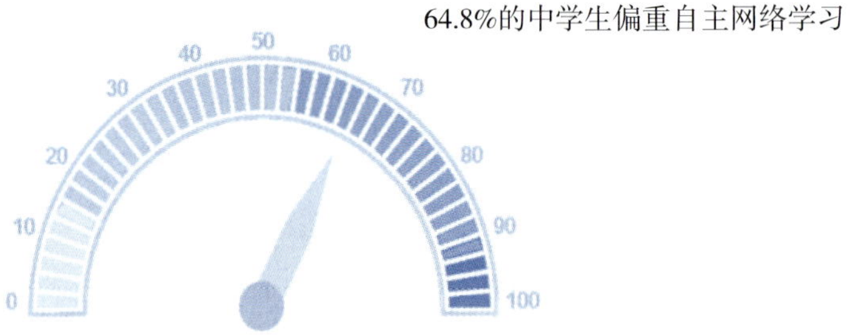

图1－7　偏重自主网络学习方式的中学生比例

（八）中学生网络消费行为与其网络社交、网络娱乐的活跃度可能存在一定的正相关

【发现】

（1）选择“从不”或“很少”进行网络消费的中学生比例达到54.2%，超过了半数，选择“总是”或“经常”进行网络消费的中学生比例则为21.2%，前者是后者的两倍多。

（2）值得注意的是，在调查中“从不”进行网络消费的中学生比例为31.3%，“很少”、“有时”、“经常”、“总是”进行网络消费的中学生比例总计则达到68.7%，接近七成。

图1－8　中学生网络消费的总体活跃度

【推论】

由上述两点发现可以推出两个论断：一是中学生网络消费的总体活跃度并不是很高，这与学生现实的学习压力和经济能力有密切的关系；二是网络消费行为在中学生中已经不是陌生的新鲜事物，而是一项具有一定普遍性的行为活动。

【发现】

通过对网络社交与网络消费两个主题的交叉分析，课题组发现在选择“从不”参加网络社交活动的中学生中仅有16.3%的人会“有时”、“经常”、“总是”参与网络消费活动，而在选择“总是”参加网络社交活动的中学生中则有高达61.5%的人会“有时”、“经常”、“总是”参与网络消费活动，而且介于这两个群体之间的中学生，也就是选择“很少”、“有时”、“经常”参加网络社交活动的中学生群体，其对应的选择“有时”、“经常”、“总是”参与网络消费活动的人数比例也随之升高。

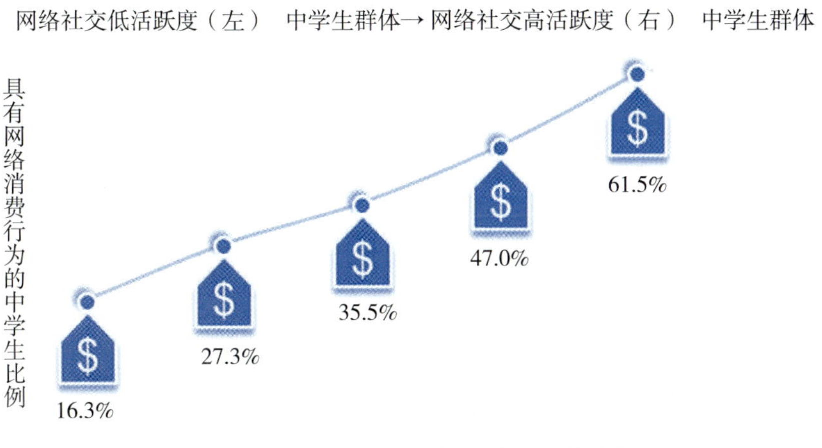

图1-9　不同网络社交活跃度中学生群体的网络消费行为比例

【推论】

根据上述交叉分析，课题组发现中学生网络社交的活跃程度与其参与网络消费的可能性存在明显的正比关系，即经常参与网络社交的中学生群体参与网络消费活动的可能性更高，不经常参与网络社交的中学生群体参与网络消费的可能性更低。结合课题的实地访谈调查，课题组推断上述现象与网络社交活动越频繁的中学生越容易接受网络新鲜事物、网络社交活动中同学或朋友间的各种网络消费信息的交流和引导等因素存在一定的联系。

【发现】

通过对网络娱乐与网络消费两个主题的交叉分析，课题组发现在选择"从不"参加网络娱乐活动的中学生中仅有12.6%的人会"有时"、"经常"、"总是"参与网络消费活动，而在选择"总是"参加网络娱乐活动的中学生中则有高达58.5%的人会"有时"、"经常"、"总是"参与网络消费活动，而且介于这两个群体之间的中学生，也就是选择"很少"、"有时"、"经常"参加网络娱乐活动的中学生群体，其对应的选择"有时"、"经常"、"总是"参与网络消费活动的人数比例也随之升高。

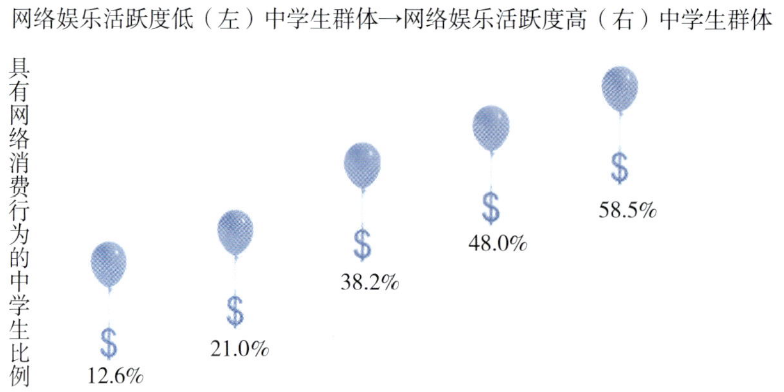

图1－10　不同网络娱乐活跃度中学生群体的网络消费行为比例

【推论】

根据上述交叉分析，课题组发现中学生网络娱乐的活跃程度与其参与网络消费的可能性存在明显的正比关系，即经常参与网络娱乐的中学生群体参与网络消费活动的可能性更高，不经常参与网络娱乐的中学生群体参与网络消费的可能性更低。结合课题的实地访谈调查，课题组推断上述现象与网络娱乐活动越频繁的中学生，越有可能在某些娱乐活动所导致的直接或间接消费方面有所投入有关。

（九）中学生的网络娱乐方式以听音乐、看视频为主，而非以游戏为主

【发现】

（1）在网络休闲娱乐活动方式上，74.8%的中学生选择了“下载或在线听音乐”，还有73.1%的人选择了“下载或在线看电影、电视剧、综艺节目”，即选择下载或在线欣赏各种影音娱乐文件的中学生比例位列前位，明显超过选择其他类别活动的中学生比例。

（2）选择“玩网络游戏”的中学生比例达到了39.9%，不足四成，甚至低于选择“网络阅读”（42.6%）的中学生比例，可见网络游戏并未成为中学生网络娱乐活动的首选方式。

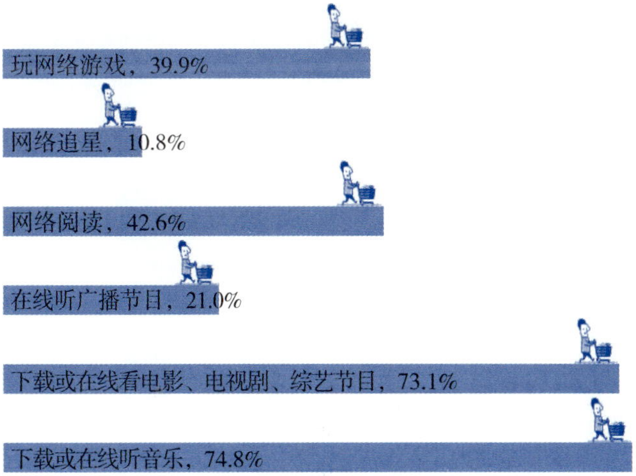

图1－11　中学生的网络休闲娱乐活动方式

【推论】

上述调查结果显示，目前中学生在进行网络休闲娱乐活动时，以“下载或在线听音乐”、“下载或在线看电影、电视剧、综艺节目”、“网络阅读”等单向的被动接受型的网络娱乐活动为主，而“玩网络游戏”、“网络追星”等具有双向主动型特征的网络娱乐活动只是中学生整个网络休闲娱

乐活动的组成部分之一。

（十）中学生的网络娱乐具有一定的原创意识，而不是以“人云亦云”为主

【发现】

（1）超过半数（56.0%）的中学生未曾有过原创发布和分享的行为。

（2）超过七成（73.1%）的中学生愿意在网上思考或发布自己的东西，而不是一味地简单转载他人的东西。

（3）超过六成（62.2%）的中学生在上网过程中受到启发而产生有创意的想法、设计或行为。

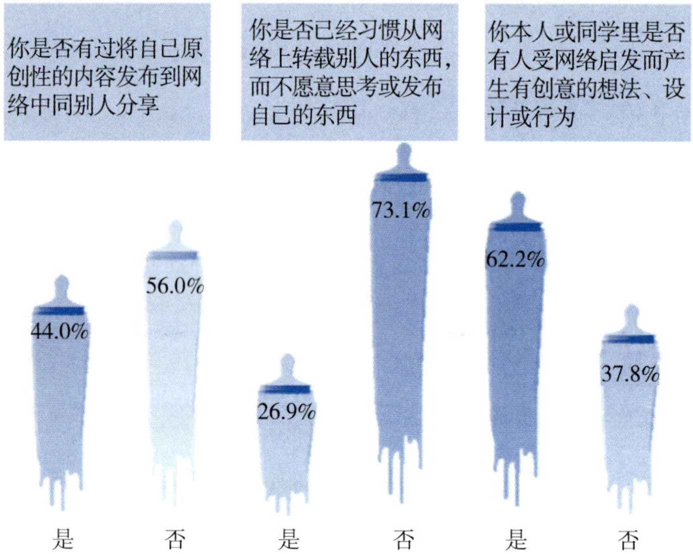

图1－12　中学生网络休闲娱乐活动中的原创行为

【推论】

根据上述三点发现，课题组认为，从其内心来说，此次接受调查的中学生大部分（73.1%）在网络休闲娱乐活动中不想“人云亦云”，不想简单被动地接受网上的各类内容，而是具有较为明显的原创发布和分享的欲望。但从其实际的行为来看，有超过半数（56.0%）也就是接近六成的中学生并未采取实际的原创性的网络行动，即他们的原创欲望和意识更多的是停留在脑海中的。值得注意的是，中学生在网络休闲娱乐活动中确实或多或少受到了一些启发，从而正面影响了他们的创新欲望或能力。

（十一）仅有一成左右的学生存在网络过度使用倾向（或称网瘾），大部分学生能较好地控制对网络的使用

【发现】

本次调查中，将扬（Young）的网络成瘾诊断问卷[①]编入了本课题的调查问卷中，意在考察中学生网络过度使用的情况。经过对相关问题的数据处理[②]，课题组发现仅有10.6%的中学生符合网瘾的标准，即存在典型的网络过度使用倾向，89.4%的中学生并不符合网瘾标准，即不存在典型的网络过度使用倾向。

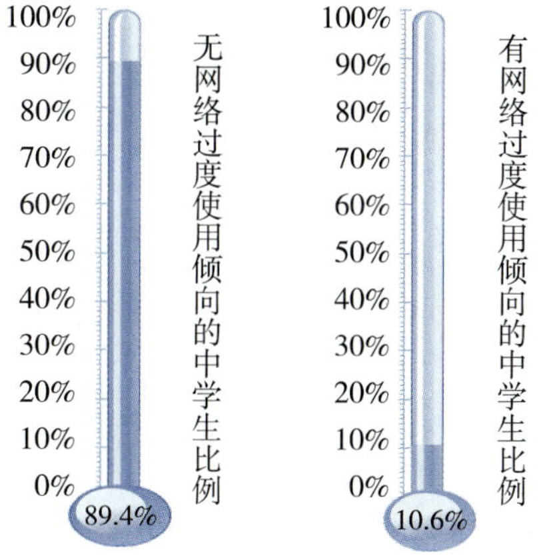

图1-13　中学生存在网络过度使用（网瘾）倾向的比例

① Young K S. Internet addiction: symptoms, evaluation and treatment [M] //VandeCreek L, Jackson T. Innovations in clinical practice: a source book (Vol. 17). Sarasota, FL: Professional Resource Press, 1999: 19-31.

② 具体的问卷数据处理情况详见第八章相关内容。

【推论】

根据上述发现，结合本课题的实地访谈调查结果，课题组认为，尽管青少年网瘾或网络过度使用的问题日益成为全社会关注的热点问题，对此也有大量的相关研究，但就中学生群体而言，由于受到其自身控制能力、家庭/学校约束、学习压力等多重因素影响，并未让典型性的网瘾或网络过度使用成为一种普遍现象。当然，这并不意味着中学生在上网时的自制力是十分完美的。他们或多或少也会存在一定程度的网络过度使用行为，只是尚未达到较为典型的程度。

二、中学生网络生活的态度特征

（一）中学生对电视、报纸、广播等传统媒体以及政府网站和新闻网站的信息的信任比例较高，对网络中其他来源信息的信任比例较低

【发现】

（1）接近半数（46.8%）的中学生倾向于信任电视、报纸、广播等传统媒体所提供的信息，位列各信息来源渠道的首位。

（2）超过四成（42.0%）的中学生倾向于信任政府网站、新闻网站（如新浪新闻、搜狐新闻、腾讯新闻）、官方认证的博客或微博所发布的信息，位列各信息来源渠道的第二位。

（3）分别有5.1%和6.1%的中学生会倾向于信任人际间传播的消息和一些非正式渠道的网络信息，相对于其他信息来源渠道，这两类渠道被中学生信任的比例很低。

【推论】

上述三点发现，可以印证前面所分析的中学生在信息获取行为方面的特征，同时也反映出当前中学生在信息获取渠道上的态度倾向：一方面，他们不会因为接触了网络就盲目偏信网上的信息，而是以一种审慎的态度对待信息的来源渠道，更加信任传统的、正式的和权威的媒体信息；另一

方面，他们也很重视从网络获取信息，但并非对网络信息“信手拈来”，而是更相信正规渠道的网络信息。总体而言，中学生对信息的信任倾向是较为正向和理性的。

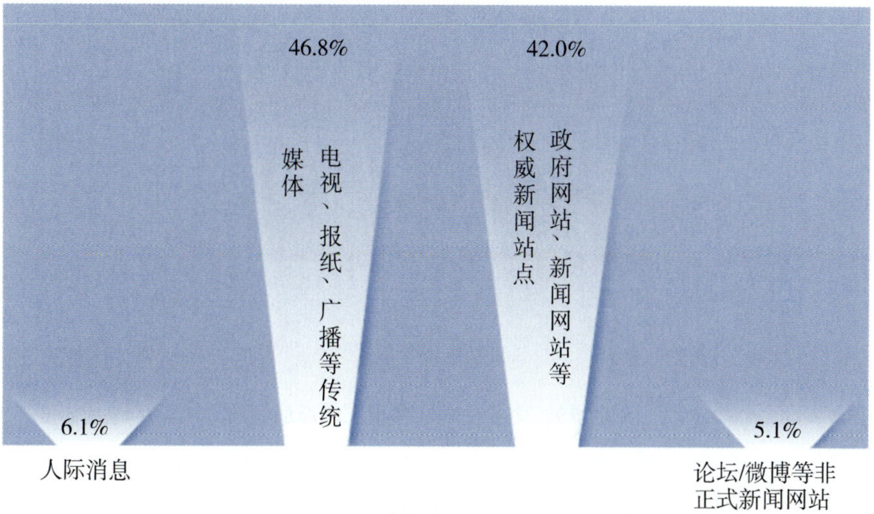

图 1－14　中学生对信息获取渠道的信任倾向

（二）近九成中学生认为网络交友有正面意义，认为网络交友有负面影响的学生比例很小

【发现】

接近九成（89.2%）的中学生对网络交友活动持正面的态度，认为网络交友给他们带来了很多积极的影响，只有很少一部分（7.6%）的中学生对网络交友活动持负面的态度，认为网络交友给他们带来了很多消极的影响。

【推论】

将中学生对网络交友所表现出的明显的“一边倒”态度倾向，与前面中学生实际网络交友行为所反映出的交友圈的有限性联系起来，就会发现中学生的这种态度倾向再次印证了当前中学生对网络交友活动保持了一种理性的态度既小心翼翼地对网络交友保持审慎乃至警惕的心态，同时也不断地尝试和体验其中的乐趣与收获。

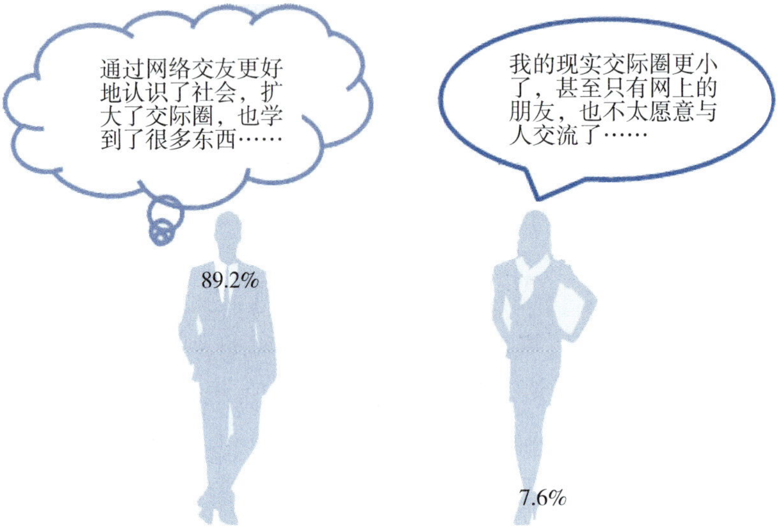

图 1－15　中学生对网络交友的态度倾向

（三）在情感分享上，有五成左右的中学生“偶尔会”向网友倾吐心声，两成左右不会与网友进行深度交流

【发现】

中学生在网络情感交流分享方面存在三个层面：一是超过半数（50.2%）和1/5（20.4%）的人会低频率地（偶尔或有时）在网上与人分享或倾诉自己的感受，两者合计达到70.6%；二是约有1/5（22.8%）的人不会在网上分享或倾诉自己的感受；三是仅有6.6%的人会高频率地（经常）在网上分享或倾诉自己的感受。

【推论】

上述三个层面的发现表明，中学生们并不倾向于在网上敞开心扉，毫无保留和顾忌地与人进行情感的交流和分享，而更多的是倾向于有限度和有保留地与他人进行情感的交流和分享，甚至会忽视、排斥或拒绝这种交流。课题组认为，当前中学生对网上情感交流和分享存在着一定的距离感和隔离带。

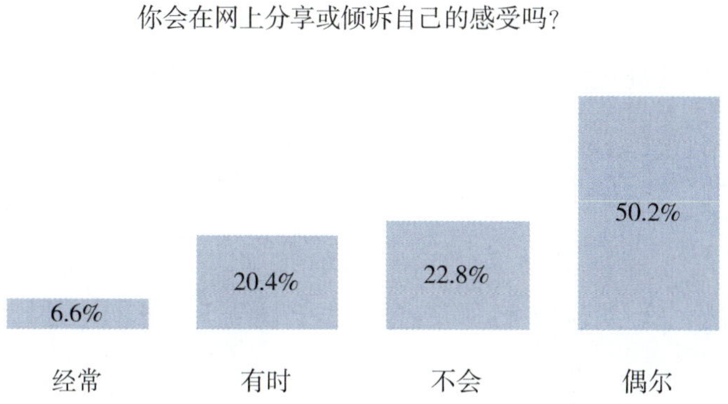

图 1－16　中学生对网络情感分享的态度倾向

（四）中学生对待网络语言的态度较为复杂

【发现】

（1）对网络语言持负面看法的中学生高达近八成（77.6%）。他们认为网络语言的负面影响主要是“不规范，对书面语是种挑战，偶尔用在口语中还行”、“无聊，没什么意思”、“反感，亵渎汉语语言，阻碍语言的发展”。

（2）对网络语言持正面看法的中学生更是接近九成（88.3%）。他们认为网络语言的正面影响主要是“很好，丰富了汉语语言，是对语言的创新”、“表达起来更充分、更有意思”、“能和很多人产生共鸣，有认同感和归属感”。

【推论】

通过调查，课题组发现了一个有意思的现象——对于网络语言，中学生们似乎是“爱恨交加”：一方面，他们可能是基于心理上的新鲜、趣味和对网络的认同与归属需求而对网络语言存在很大的好感和亲近感；另一方面，他们又受到现实生活与学习的影响而对网络语言存在明显的排斥与抵触。课题组认为，这些都折射出现代中学生对网络语言的复杂与矛盾的心理。

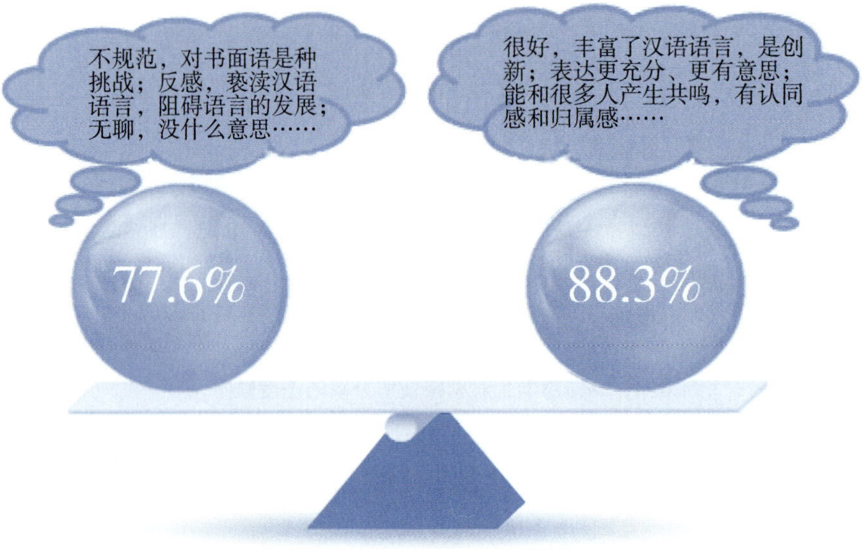

图 1－17　中学生对网络语言的看法

（五）中学生更倾向于通过同学或朋友来解决学习当中的问题，而非自己独立地凭借网络来解决

【发现】

（1）接近半数（48.9%）的中学生在遇到学习难题时是通过向同学、朋友求助来解决的，占比位列第一。

（2）只有 16.1% 的中学生在遇到学习难题时会自己上网找解决问题的办法，占比位列第三。

【推论】

通过对这一主题的调查，课题组得出了两个重要的推论：一是中学生解决学习问题的首要办法是向同学和朋友求助而非自己利用网络，可见中学生仍然倾向于身边的和现实的学习方式，网络学习仅仅是补充性和辅助性的解决路径之一；二是即使中学生通过网络来解决学习难题，也是倾向于独立解决问题，这从侧面印证了中学生以自主学习为主的网络学习行为特征。

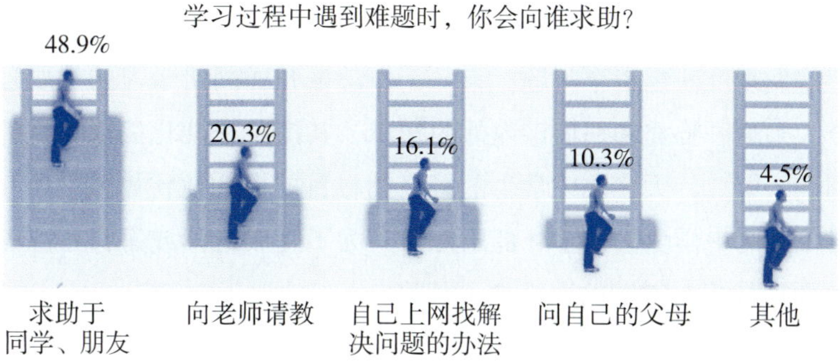

图 1－18　中学生对通过网络解决学习问题的态度

（六）中学生进行网络学习的主要目的在于拓展学习的内容与视野

【发现】

（1）大部分（72.4%）中学生进行网络学习的目的是满足“个人兴趣、拓展视野、学习课外知识”，排在各种学习目的之首。

（2）另有四成左右（44.9%、44.1%、40.8%）的中学生选择了“解决某一具体问题”、“弥补课堂教学不足”、“交流沟通，找到志同道合的学习伙伴”，分别位列各种学习目的的第二、第三、第四位。

（3）仅有两成多（23.0%）的中学生进行网络学习是“为了完成老师或家长布置的学习任务”。

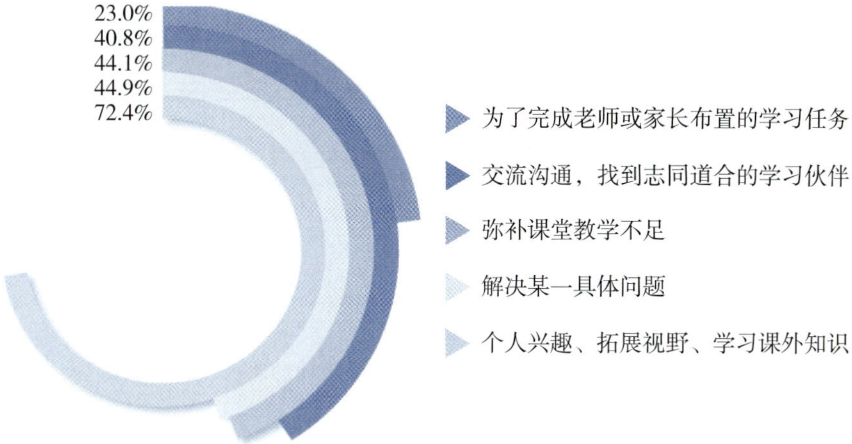

图 1－19　中学生进行网络学习的目的

【推论】

上述发现反映出三个问题：第一，中学生开展网络学习的主要目的是满足个人兴趣、补充和拓展课内外的知识，其满足个性化需求的目的指向比较明确；第二，大多数中学生的网络学习目的主动性比较强；第三，仅有不足1/4的中学生会出于外部压力如“为了完成老师或家长布置的学习任务”而形成相对被动的网络学习目的。

（七）缓解压力是中学生进行网络休闲娱乐活动的首要原因

【发现】

（1）超过四成（42.3%）的中学生选择“通过这些娱乐①方式我能从现实生活的压力中解脱，感觉很放松”，明显高于对其他动机的选择比例，位列各种动机之首。

（2）超过1/5（22.7%）的中学生认为自己所进行的网络娱乐活动是“网络中最容易获取的娱乐方式”，“容易获取”位列各种动机的第二位。

（3）仅有极少数（2.6%）的中学生是为了追求新鲜刺激而参与网络娱乐活动。

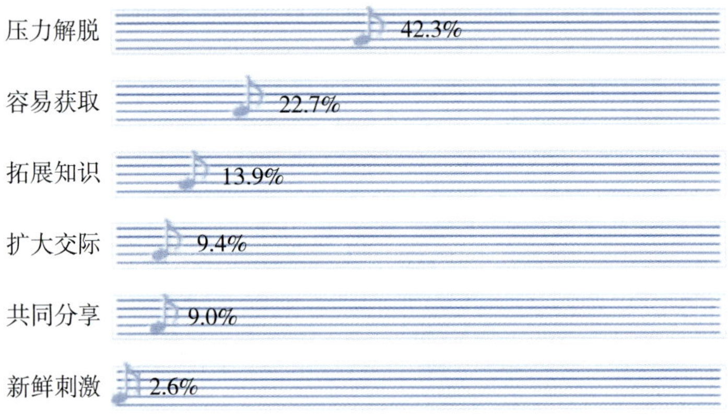

图1－20　中学生进行网络娱乐活动的动机

① 指网络娱乐。

【推论】

通过这一主题的调查，可以得出三个推论：第一，绝大多数中学生开展网络娱乐活动已经摆脱了较低层次的动机控制；第二，网络上一些娱乐活动的易得性是影响一部分中学生娱乐动机的重要因素；第三，应对现实生活和学习压力是引发不少中学生的网络娱乐活动动机的首要因素。

（八）认为网络使用对其性格具有正向影响的中学生比例明显占优

【发现】

中学生对正向影响的感知比例远远高于对负向影响的感知比例，即在中学生看来，网络生活对其性格的正向影响占据了明显优势，尤其在“合群—孤僻”、“乐观—悲观”、“冷静—冲动”三个维度上，中学生对正向与负向影响的感知比例的反差较为明显。

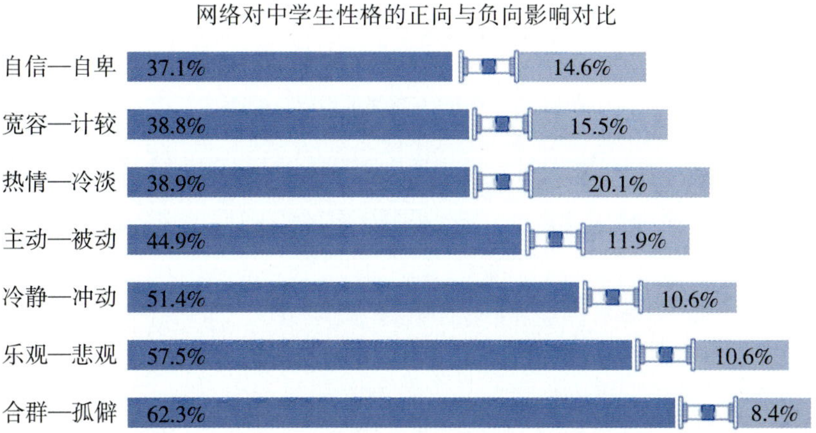

图 1－21　中学生对网络对其性格影响的感知

【推论】

通过这一主题的调查，结合课题组的实地访谈，我们得出了两个重要推论：第一，总体而言，网络生活并未对广大中学生的性格产生过多的负向影响，中学生并未因为上网而变得更加孤僻、悲观、冲动、被动、冷淡、计较和自卑；第二，由于网络已经日益融入社会生活之中，逐渐成为人们工作、学习、娱乐、生活的一部分，因此已不像当初兴起时那样能对中学生的性格产生强烈的刺激和影响。

（九）在对网络世界的态度方面，超过六成的中学生认同网络的工具功能，而约1/3的中学生认为现实世界不如网络世界有意思，另有一定比例的中学生表达了对上网的困惑

【发现】

（1）认同“有了网络做什么都很方便，是生活学习的好助手”的中学生比例达到了64.0%。

（2）选择“如果现实世界像网上那样有意思就好了”、“简直无法想象不能上网的生活该是什么样的”、“真想一直待在网络的世界里”的中学生比例分别达到了34.3%、19.9%和13.6%。

（3）认为“上网没什么意思”、“希望能够回到没有网络的世界”的中学生比例分别达到了17.4%和6.5%。

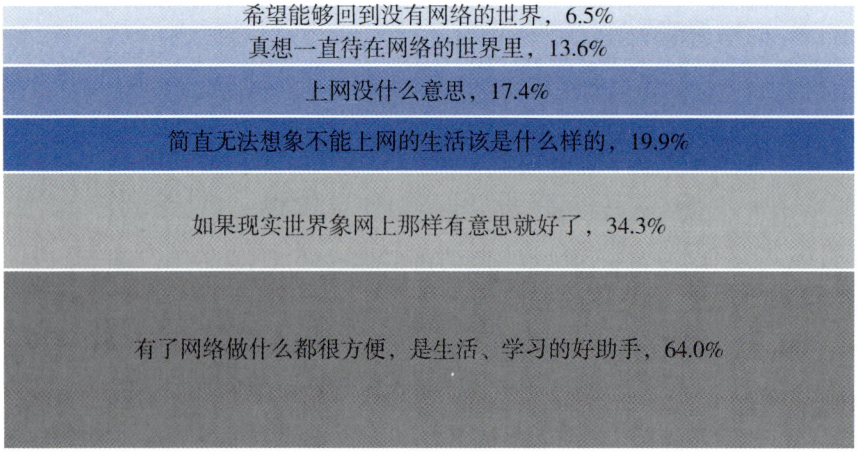

图1-22 网络生活影响下的中学生对网络世界的态度

【推论】

中学生对这一问题的回答很清楚地反映出其对网络世界的三个层面的态度：第一，认同网络的工具功能，对网络世界持相对积极态度的中学生超过了六成（64.0%），表明中学生对网络的态度总体上趋向成熟和理智；第二，超过1/3的中学生对网络世界持比较沉迷的态度，表明尽管中学生对网络世界的态度有理性的一面，但仍有部分学生在一定程度上还对网络世界存在一些依赖性和困惑，网络在其内心已占据了重要的位置；第三，接近两成的中学生对网络世界持反感和消极态度，表明少部分学生可能无法适应网络世界或是对网络世界存在抗拒心理。

（十）面对网络伤害，中学生不倾向于采用直接的对抗方式

【发现】

（1）认为应该通过“以牙还牙，以暴制暴，以其人之道还治其人之身”这种直接的暴力对抗方式来应对网络伤害的中学生比例为10.6%。

（2）认为应该“通过其他渠道来应对，比如进行网络举报或找大人帮忙解决”这种非直接对抗方式来应对网络伤害的中学生比例为44.1%，位居各应对方式之首。

（3）持“很想还击，但目前自己没这个能力，只能以后再找机会了”这种无可奈何态度的中学生比例达到了9.4%。

（4）抱有“不想反击，以后自己小心避开就好”、“不知道该怎么办”、“很害怕，网络很不安全，以后不想再上网了”这类躲避、迷茫或恐惧心态的中学生比例分别为27.1%、6.5%和2.4%，合计36.0%。

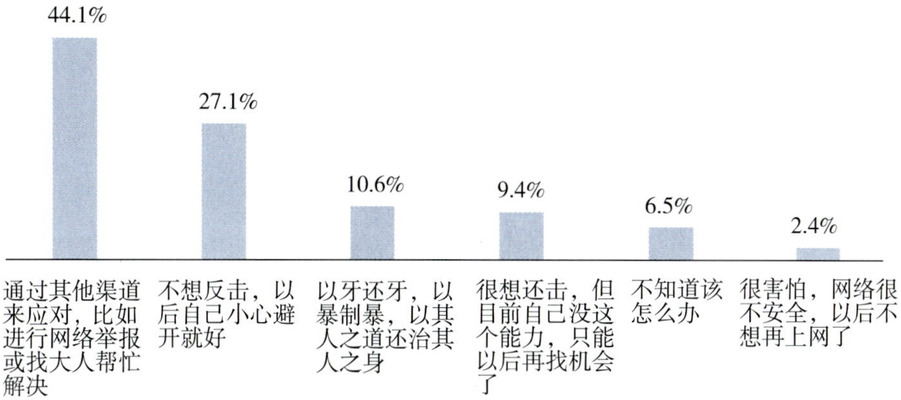

图1-23　中学生对网络伤害的应对方式

【推论】

中学生在遇到网络伤害时的应对方式，反映出他们对待这类问题的四个层面的态度和认识：首先，以理性的态度和方式来对待、处理网络伤害行为是主流；其次，对网络伤害感到无所适从、不知所措是中学生网络生活中不容忽视的一个重要问题；再次，少数中学生对网络伤害所表现出的暴力性的、对抗性的态度值得人们进一步关注和深入研究；最后，个别中学生对网络伤害感到无奈和无所适从，对此，我们应当及时发现，并给予更多的关心、指导和帮助。

三、中学生网络生活的环境特征

（一）中学生最常用的上网设备和方式是电脑（台式电脑或笔记本电脑），其次是手机，使用平板电脑、电视机顶盒以及其他上网终端的中学生比较少

【发现】

目前中学生上网的终端设备列前三位的是电脑（81.7%）、手机（47.9%）和平板电脑（18.6%）。其中，使用电脑上网的比例远远高于使用其他类型的上网终端设备。

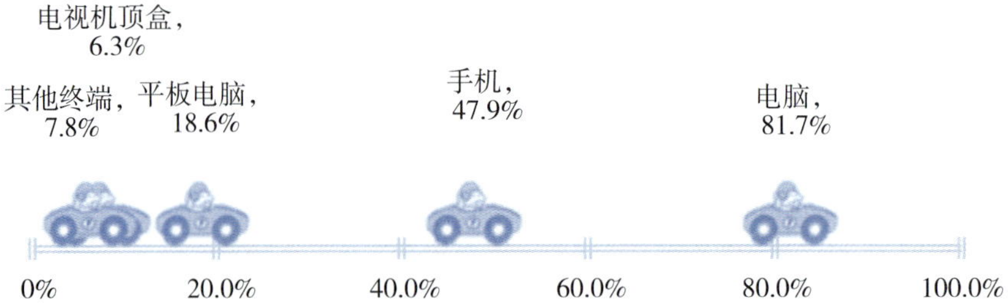

图 1-24　中学生上网的终端设备

【推论】

结合课题组的实地访谈调查，我们认为大多数中学生以电脑为主要上

网终端设备的情况基本符合现实。这主要与中学生的家庭经济条件、自身经济能力、上网的时空环境与条件、信息化技能等因素有着密切关系。

【发现】

12—18 岁中学生使用电脑上网的比例呈现下降态势，而使用手机上网的比例呈现上升态势。

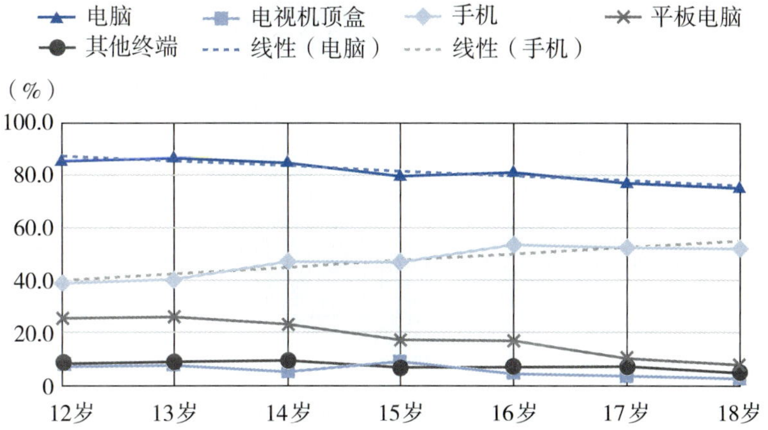

图 1－25　12—18 岁中学生使用的上网终端设备对比

【推论】

12—18 岁中学生使用电脑和手机上网的总体态势，与中国互联网络信息中心 2013 年 1 月发布的《中国互联网络发展状况统计报告》① 中当前国内手机网民不断增长、PC 网民有所下降的整体趋势基本吻合。课题组认为，随着中学生年龄、信息素养、经济能力等方面的成长以及信息技术的发展，中学生使用的上网终端设备也会不断更新、改善，更加灵活多样。

（二）父母的反对是中学生从未上过网的首要原因

【发现】

超过半数（52.1%）的从未上过网的中学生表示自己从未上网的原因

① 中国互联网络信息中心．中国互联网络发展状况统计报告［EB/OL］．（2013－01）．http：//www. cnnic. net. cn/hlwfzyj/hlwxzbg/.

是父母不同意。经济条件差尽管是排在第二位的原因，但比例较低，仅为 13. 2% 。

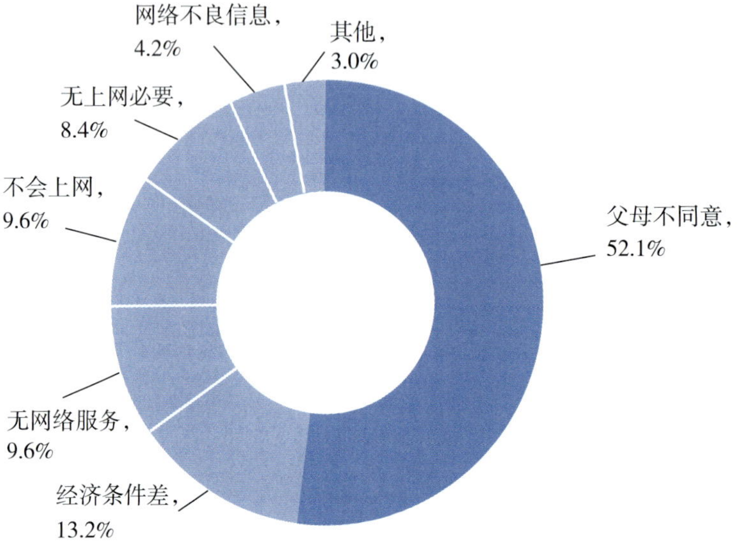

图 1－26　部分中学生从未上过网的原因

【推论】

此次调查中，有少量中学生表示自己在调查前从未接触过网络，也未曾上过网。通过问卷调查，课题组发现阻碍这部分学生上网的最大原因是来自父母的约束，而非没有上网的经济条件或是上网的环境。

（三）中学生在网络上交友的范围比较集中，数量有限

【发现】

同学、生活中的朋友、亲友是目前中学生网上交流的三类主要对象，其比例分别达到了 83. 5% 、70. 3% 、58. 5% 。网上的陌生人并非中学生主要关注的交流对象，其比例只有 18. 3% 。

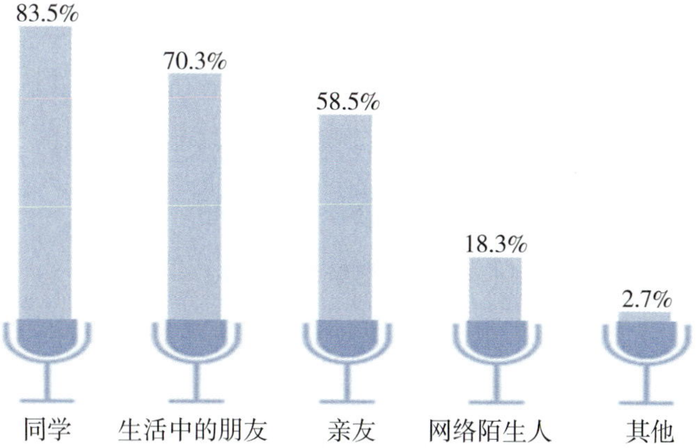

图 1－27　中学生网络交流的主要对象群体

【推论】

从被调查中学生的回答情况看，中学生网上交流的对象群体较为集中和有限，基本以在现实生活中与其关系相对密切的人群为主，虽然也有少部分学生与网上的陌生人有交流，但这并未成为主流。这与前面有关中学生网络交友规模的结论具有一致性。

（四）学习自律程度以及网络学习资源的丰富性和适用性是影响中学生网络学习效果的两大因素

【发现】

（1）超过六成（62.4%）的中学生认为“学习自律程度”是影响其网络学习效果的主要因素，位列各影响因素之首；超过半数（55.3%）的中学生认为“网络学习资源的适用性和丰富性”是影响其网络学习效果的主要因素，位列各影响因素的第二位。

（2）分别有37.6%和32.6%的中学生认为“同伴交流与帮助”、“教师的指导”是影响其网络学习效果的主要因素。

（3）分别有30.9%和28.7%的中学生认为“网络速度与稳定性”、“计算机及其他设备的易用性”是影响其网络学习效果的主要因素。

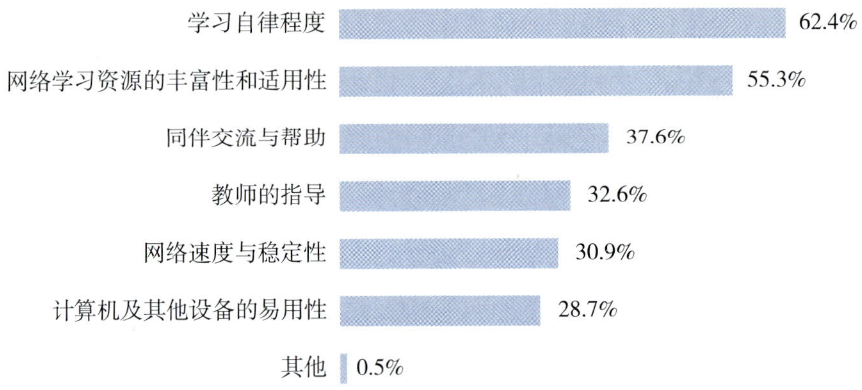

图 1－28　影响中学生网络学习效果的主要因素

【推论】

从调查结果不难看出，大部分中学生认为影响网络学习效果的一个主要因素在自身，要提高学习质量还需从自身抓起。制约中学生网络学习效果的另一个重要的客观因素便是网络学习资源，这是提高中学生网络学习质量的一个极为重要的外部条件。另外，在中学生网络学习过程中，身边的相关人员对其网络学习的关心、帮助和指导也是不可或缺的重要条件。最后，尽管大部分中学生并未觉得网络学习的硬件环境是影响其网络学习效果的最主要因素，但我们仍须关注网络学习的硬件环境搭设，毕竟这是提高网络学习质量的前提基础。

（五）一半以上的中学生没人指导其开展网络学习，有人指导的也是以同学和朋友指导居多

【发现】

（1）超过半数（51.0%）的中学生的网络学习是“没人指导，自己独立摸索的”，占据首位。

（2）接近 1/4（23.9%）的中学生是在“同学或朋友”的帮助指导下进行网络学习的，排在第二位。

（3）由父母或老师来指导自己网络学习的中学生比例分别为 14.5% 和 10.7%，排在末两位。

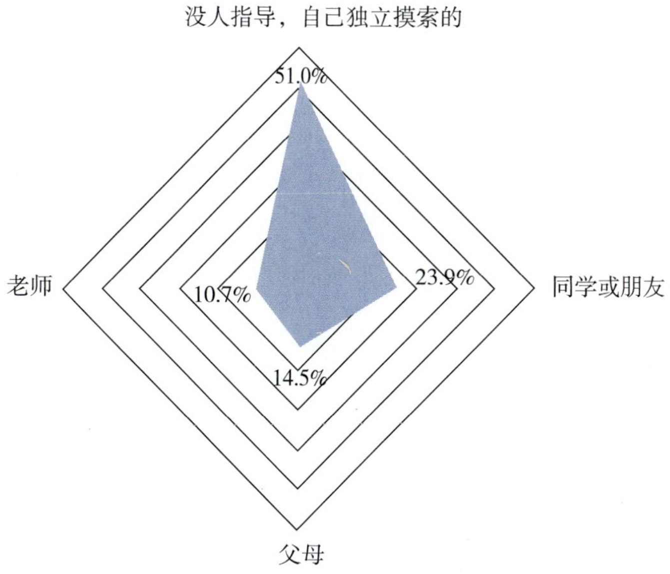

图 1－29　中学生网络学习的指导情况

【推论】

从调查结果不难看出，中学生在网络学习过程中有较强的独立自主的学习能力，但对其学习的教育指导和引导明显不足，尤其是父母和教师的指导力度偏弱。

（六）约 1/3 的中学生有过失败的网络消费经历

【发现】

在有过网络消费经历的中学生中，超过六成（62. 3%）的人没有体验过失败的网络消费，超过 1/3（37. 7%）的人体验过失败的网络消费。

【推论】

从调查结果不难看出，尽管有失败的网络消费经历的人数并不算多，但这提醒我们，中学生在网络消费过程中仍然有可能遇到一些问题。因而，中学生的网络消费行为还需要一些指导，其消费环境也可能存在需要进一步改善的地方。

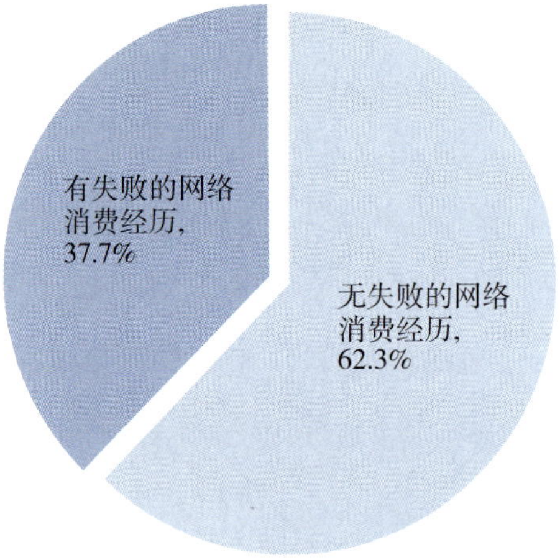

图 1-30　中学生的网络消费经历

（七）中学生不进行网络消费的首要原因是担心受骗

【发现】

中学生不进行网络消费的原因有“担心受骗”、“没有需求”、“不会操作”三大类，其中“担心受骗”是选择比例最高的一类，超过四成（42.6%）。

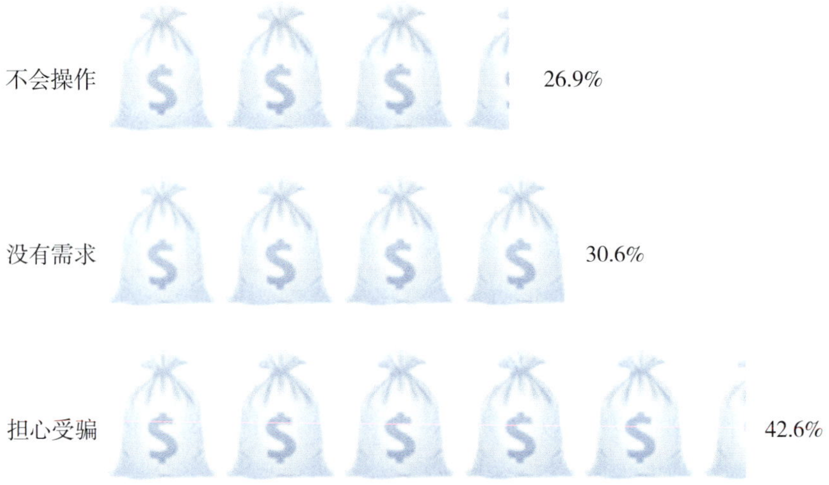

图 1-31　部分中学生不进行网络消费的原因

【推论】

从调查结果不难看出，尽管有超过半数的中学生因操作技能和消费需求的限制而不进行网络消费，但对学生影响最大的因素还是网络消费的安全性和规范性。

（八）网络游戏对中学生生活态度的影响没有想象中那么严重

【发现】

中学生认为网络游戏使其生活态度“没什么明显变化”的人数比例最高，接近六成（57.5%）；超过1/5（22.8%）的中学生认为网络游戏使“人比原来要消极、颓废”，人数比例排第二；接近1/5（19.6%）的中学生认为网络游戏使其“生活和学习的态度更加积极”。

图1－32　网络游戏对中学生生活态度的影响

【推论】

很明显，认为网络游戏对其生活态度没什么影响的中学生占据了主流。这表明至少从中学生的角度来说，网络游戏对他们的生活态度影响不大。这与课题组实地访谈调查的结果一致。不过，认为网络游戏对生活态度有负面或正面影响中学生比例虽然相近且都不高，但认为有负面影响的中学生比例仍要略高一些，值得人们重视。

（九）超过1/3的中学生未曾遇到过一些常见的网络伤害，三成左右的中学生曾接触到网上的不良信息

【发现】

超过1/3（34.7%）的中学生表示从未遇到过任何形式的网络伤害。

而在遇到过网络伤害的中学生中，其遇到的伤害类型可分为五个层级：第一层级为网络不良信息，占比 30.1%；第二层级为网络病毒和网络骚扰，占比分别为 25.4% 和 24.1%；第三层级为隐私泄露和网络欺诈，占比分别为 18.7% 和 17.2%；第四层级为恶意邮件与网络暴力，占比分别为 14.1% 和 13.2%；第五层级为网络赌博，占比仅为 4.3%。

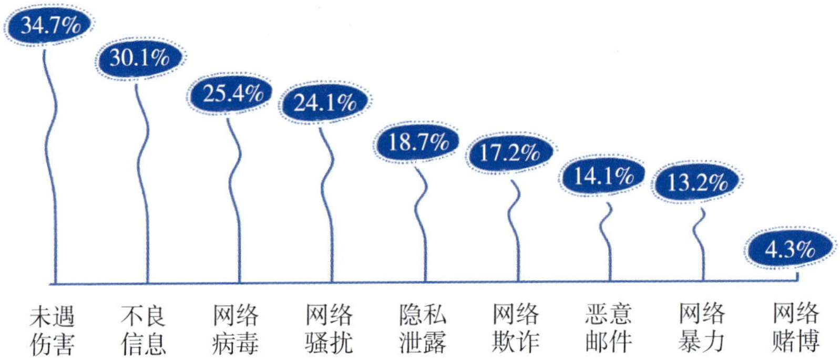

图 1－33　中学生遇到的网络伤害

【推论】

从这一问题的调查结果看，中学生网络环境的安全性存在三个特征：一是超过 1/3 的学生从未受到过网络伤害，且选择各类网络伤害的比例都不是特别高，表明对于中学生而言，网络环境尚有一定的安全空间；二是网络不良信息在各种伤害中相对突出，是中学生面临的首要安全问题，已经引起了中学生的警惕；三是除选择网络赌博的比例明显较低外，各类网络伤害都或多或少地存在，占比差距不是特别大，网络伤害存在多元化、综合化的特点。

（十）超过 2/3 的中学生表示，网络对身体健康有不良影响，超过八成的中学生表示上网让他们视力下降或视力疲劳

【发现】

超过半数（51.7%）的中学生表示因上网而感到身体“偶尔会有不适”，14.2% 的中学生表示因上网而感到身体“经常会有不适”，1.4% 的中学生表示因上网而感到身体“曾有严重不适并就医”，三者合计达到67.3%，即超过2/3的中学生都因上网而感到了身体的不适。

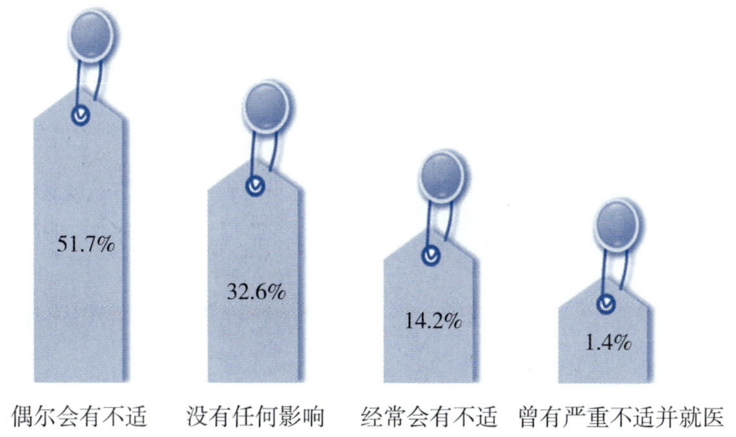

图1－34　上网对中学生身体健康的影响

【推论】

从调查结果看，中学生上网过程中的身体健康问题需要引起大家的关注。一方面，有超过2/3的中学生都因上网而感到过身体上的不适，比例较高，说明网络确实对中学生的身体健康产生了一些影响；另一方面，在感到身体不适的中学生中，偶尔感到不适的比例较高，表明上网对其身体健康的影响还未到无可挽回的严重程度。

【发现】

超过四成（41.1%）的中学生表示因上网而感到“眼睛酸涩疲劳”，接近三成（28.2%）的中学生表示因上网而感到“轻微视力下降”，15.3%的中学生表示因上网而感到“明显的视力下降”，三者合计达到84.6%，即超过八成的中学生都因上网而感到自己的视力出现了问题。

【推论】

从调查结果看，中学生上网过程中的用眼卫生问题相对比较严重，更加需要引起大家的关注。一方面，有43.5%的中学生都曾因上网而导致视力下降，比例较高，说明网络确实对中学生的视力产生了一些影响；另一方面，有41.1%的中学生因上网而导致视力疲劳，但尚未达到视力下降的地步，表明其用眼卫生问题还有挽回和补救的余地。

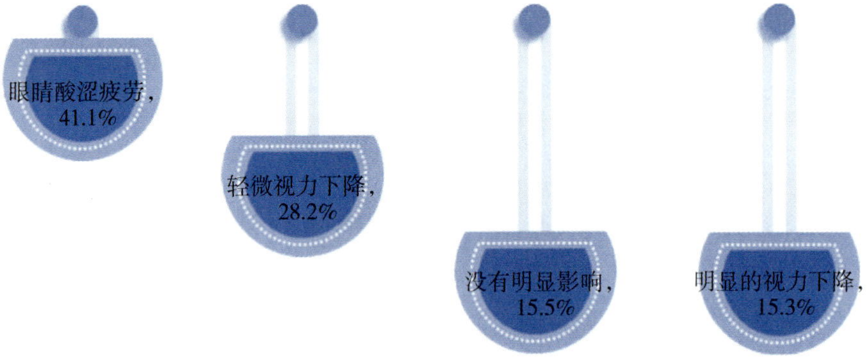

图1－35　上网对中学生视力的影响

（十一）超过八成的上网中学生对自己人际关系的评价是积极的

【发现】

图1－36和图1－37显示，上网中学生在父母关系、师生关系、同学关系、好朋友、可以倾诉的人五个维度上的正向评价都很明显地呈现出向靶心聚集的现象，其比例分别达到了83.7%、81.8%、89.3%、89.4%和78.3%。上述五个维度的负面评价则明显地呈现出向靶心离散的现象，比例都很低。

【推论】

从调查结果看，绝大部分上网中学生认为，网络生活并未破坏、削弱他们的人际关系，甚至可能促进或改善了他们的人际交往和情感交流。这反过来也为中学生的网络生活营造了更好的人际氛围和环境，为中学生的网络生活提供了良性的支撑。

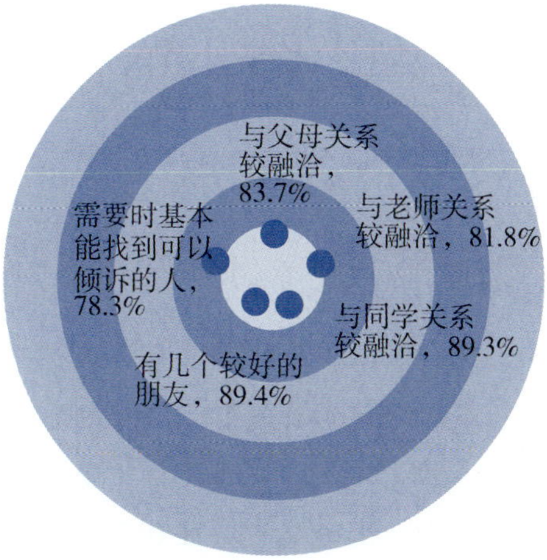

图 1－36　上网中学生对自己人际关系的正向评价

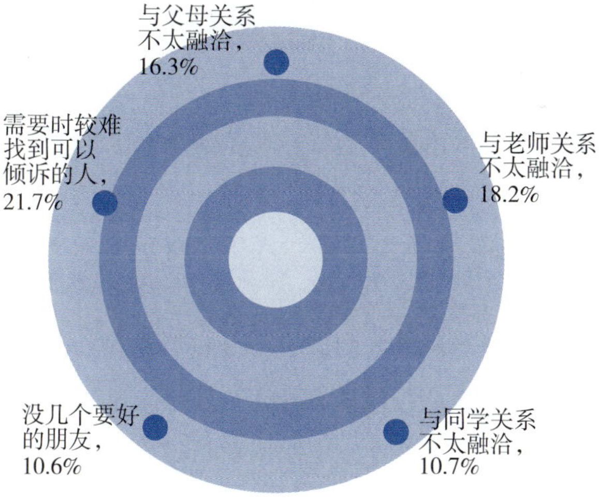

图 1－37　上网中学生对自己人际关系的负向评价

四、本章小结

（一）主要发现

1. 中学生的网络生活行为较为简单

在本章的阐述中，我们可以清楚地发现，当前中学生的网络生活总体而言行为习惯比较简单，行为方式较为单一，行为指向较为明确。具体体现在如下方面：（1）在上网时间上，目前中学生单次上网时长在 2 小时以内的达到了近七成，而其中大部分又集中在 0.5—2 小时；（2）在信息获取上，传统媒体仍然是当前中学生信息获取的首要渠道，网络是排在第三位的渠道；（3）在网络社交上，陌生网友不是中学生网络交友的主要对象；（4）在网络学习上，近七成的中学生以自主学习为主要学习方式，且以搜索和下载学习资料为主；（5）在网络消费上，从不或很少进行网络消费的中学生超过半数；（6）在网络娱乐上，接近六成的中学生以网络视频、音乐为主要对象，网络游戏只排在各类娱乐活动的第三位，且比例只有 15.2%；（7）在网络身心健康方面，只有一成左右的中学生存在过度使用网络（网瘾）的现象。

2. 中学生的网络生活态度较为理性

在有关中学生网络生活态度的调查中，我们发现，目前中学生对网络的认识较为理性，态度也比较谨慎和理智。具体体现在如下方面：（1）在信息获取上，各有四成左右的中学生倾向于从传统媒体和正规的网络渠道获取信息；（2）在网络社交上，近九成的中学生认为网络交友具有正面意义，但大部分中学生不会轻易、频繁地在网上与人进行情感交流和分享，而且他们对待网络语言的态度也各不相同；（3）在网络学习上，超过七成的中学生参与网络学习的目的是拓展视野，且近半数的学生在遇到问题时倾向于找同学或朋友帮忙，而非自己独立地上网解决；（4）在网络娱乐上，缓解压力是中学生参与网络娱乐活动的首要原因；（5）在网络身心健

education

四大教育研究书系

由“教育”的英文首字母“e”演变而成，分别代表“国情”“国视”“国菁”“国际”四大教育研究书系，图案以象征教育文化的竹简和书案为图形结构，以传统的回形纹样为表现形式，抽象、凝练地诠释了古今融通、中西合璧的理念。

康方面，超过六成的中学生认同网络的工具功能，认为网络对其性格具有正面影响的人数比例也明显占优，而在遇到网络伤害时，他们不倾向于进行直接的对抗。

3. 中学生的网络生活环境不尽完善

在调查中我们还发现，当前中学生的网络生活环境不是特别理想，仍有需要改善之处。具体体现在如下方面：（1）在上网设备上，电脑是目前中学生上网的主要设备，占比超过八成，与当前国内手机网民迅猛发展的情况相比差异较大；（2）在上网约束上，从未上过网的中学生未上网的首要原因不是经济方面的，而是来自父母的反对；（3）在网络社交上，绝大多数中学生网络社交的范围集中于同学、亲友等，陌生网友非常少，交流的层面比较单一；（4）在网络学习上，网络学习资源的丰富性和适用性是影响中学生学习效果的重要因素，在各类原因中排第二位，且超过半数的学生无人指导其网络学习；（5）在网络消费上，超过1/3的学生有过失败的消费经历；（6）在网络娱乐上，认为网络游戏对其生活态度没什么影响的中学生占据了主流，但认为网络游戏对其生活态度产生了负面影响的中学生比例稍高于认为有正面影响的中学生比例，这一点值得人们关注；（7）在网络身心健康方面，近2/3的中学生在上网时都或多或少地遇到过一些类型的网络伤害，这些网络伤害具有多元化、综合化的特点，超过2/3的中学生认为上网对其身体健康造成了不良影响，超过八成的中学生出现了视力下降或疲劳的情况。

（二）对策建议

1. 提高与中学生日常生活休戚相关的网络资源的丰富性和适用性

在问卷调查和实地访谈过程中，我们发现在中学生网络行为习惯、态度认知以及中学生的网络环境条件上都存在一定的有限性。这种有限性是多种因素共同造成的，其中网络资源的有限性是一个不可忽视的重要因素。网络上的资源数据量虽然日益激增，但真正适合或是面向中学生的资源有限，因此这在一定程度上导致了中学生网络行为对象和内容的单一，从而出现行为习惯和方式的简单化倾向，例如：信息获取渠道的单一，网络学习目的、内容和方式的单一，网络娱乐活动的单一，网络交友对象及情感分享对象的单一，等等。

因此，充实与中学生生活相关度高的网络资源，面向中学生提供内容更为丰富和适用的网络世界，是提升中学生网络生活质量的前提基础。

2. 加大对中学生网络生活的指导力度

在此次调查中，我们还发现了另一个现实存在的问题，即针对中学生网络生活的指导尚处于盲区。学校和家庭对中学生的网络生活虽然较为关注，但具体的针对性指导相对薄弱。中学生的网络生活基本处于个人独立接触和摸索的状态。这种情况所带来的影响是，中学生在参与各种网络活动时，必须依靠其自身的自主意识和辨别能力来把握网络生活的方向。由于中学生的年龄较小，这种情况可能会造成三类结果：一是中学生迷失在网络世界里而无法自拔；二是因对网络世界的认识程度有限而采取较为谨慎的态度来参与各种网络活动，形成一种表面的理性；三是由于无人指导反而磨炼了学生独立探索网络世界的意识和能力。在实际调查中，我们发现出现第二种情况的可能性更大。换而言之，调查中的学生所表现出的行为、态度上的理性，并不是一种高度自觉的理性。

因此，必须加强学校和家庭对中学生网络生活方面的有效指导，引导中学生更好地认识网络世界。具体可从三个层面展开：首先，以学校为主体、家庭为辅助，加大对中学生网络生活的技术指导，提高学生的信息素养；其次，学校和家庭还要开展对中学生网络生活的技能指导，提高学生的各种网络生活能力，培养他们正确的生活态度和意识，让中学生学会在上网时保护好自己的身体健康；最后，学校和家庭还要承担起对中学生网络生活的心理指导职责，确保中学生在网络生活中心理和个性的健康发展。

3. 建立健全中学生网络活动的相关法律法规

调查中，我们发现当前不少中学生在上网过程中或多或少都会遇到一些类型的网络伤害。在遇到伤害时，少数学生表现出直接对抗的倾向，个别学生则感到无奈、无所适从，甚至是恐惧和畏缩。中学生由于年龄偏小，尚处于身体和心理发育的关键时期，且对网络的认识和相关技能都较为有限，因此在复杂的网络世界中属于相对弱势的群体，在各种网络恶意行为面前基本处于不设防状态，容易受到身心的意外伤害。而目前我国互联网络的法律建设尽管日益完善，相关法律法规也越来越多，但针对青少年尤其是中学生的专门的保护性网络法律法规尚处于真空状态。所以，必须加快建立健全中学生互联网络活动相关法律法规的研制和颁布工作，为中学生的网络生活支撑起一个强大的法律“保护伞”，确保广大中学生能享受到一种更加安全、有序、清洁、丰富、有趣的网络生活。

第二章

中学生上网行为状态分析

一、中学生上网的时间特征

（一）中学生上网的时间

【访谈案例】

提问：你们第一次接触到网络是什么时候？还有印象吗？

学生：学校。

提问：大概多大的时候，几年级？

学生：小学吧，小学不就有电脑课吗？

提问：小学电脑课就接触到了？

学生：对。

提问：平时你们学校上网的机会多吗？在学校的时间里？

学生：不是很多，除了电脑课应该没有。

提问：那一般都是业余时间就是回家上网，有没有到网吧什么地方上过网？

学生：没有，除非是那种类似于，差不多是几个人一起出去，这种机会，很少的情况下，有可能会去网吧。

1. 超过 3/4 的上网中学生在上中学之前即开始上网

由图 2－1 可见，几乎全部（97.3%）的上网中学生都是在从学前到初中这一时间段开始上网的，只有 2.7% 的上网中学生是上了高中才开始上网的。其中上小学之前就开始上网的占 13.6%，上小学阶段开始上网的占 64.0%，即上中学之前开始上网的中学生占到全部上网中学生的 77.6%，说明大多数上网中学生都是在上小学时或之前就已开始上网。

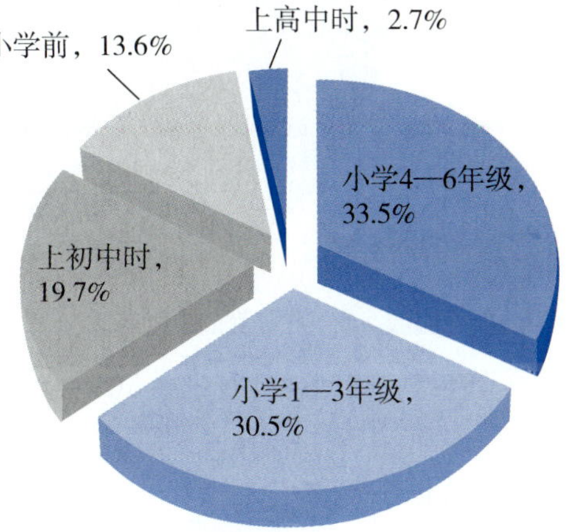

图 2－1　中学生开始上网的时间

2. 超过半数的中学生一周或半周上一次网

由图 2－2 可以看出，一周及半周左右上一次网的学生占了全部上网中学生的半数以上，比例达到了 55.4%，一天上一次网的占 12.6%，两周左右一次的占 9.7%，一天多次的仅占 7.1%，数月一次的占 5.8%，一月一次的占 4.0%。这说明多数中学生的上网频率并不高。

3. 六成多的上网中学生单次上网时长在 2 小时以下

由图 2－3 可以看出，每次上网时长在 2 小时以下的中学生占了 70.8%，而单次上网时长在 3 小时以下的中学生占到了 87.8%，说明接近 90% 的上网中学生单次上网时长在 3 小时以下。

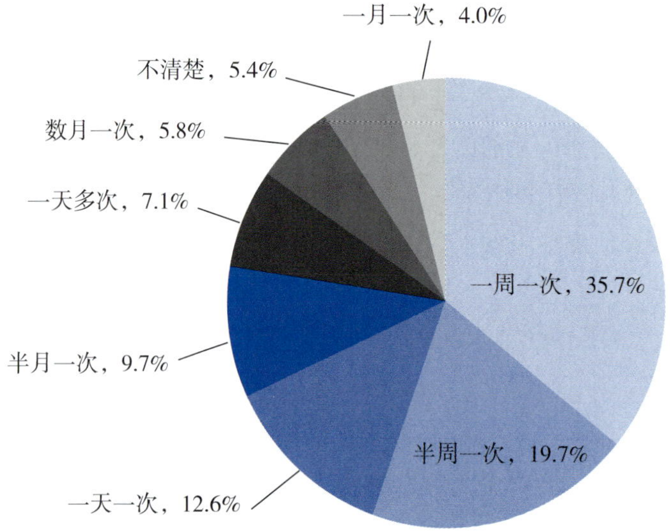

图 2-2　中学生的上网频率

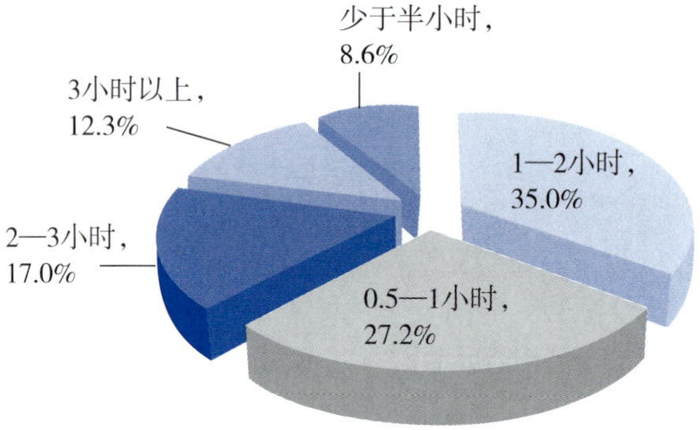

图 2-3　中学生的上网时长

4. 中学生最经常的上网时间是周末、节假日及寒暑假

从图 2-4 可以看到，选择在节假日和寒暑假上网的中学生比例至少是放学后上网的 2.5 倍，而选择在周末上网的中学生比例更是达到了放学后上网的 3 倍以上，说明在平时放学后上网的仅是一小部分中学生，大多数中学生会选择时间更充裕的周末、节假日和寒暑假来上网。

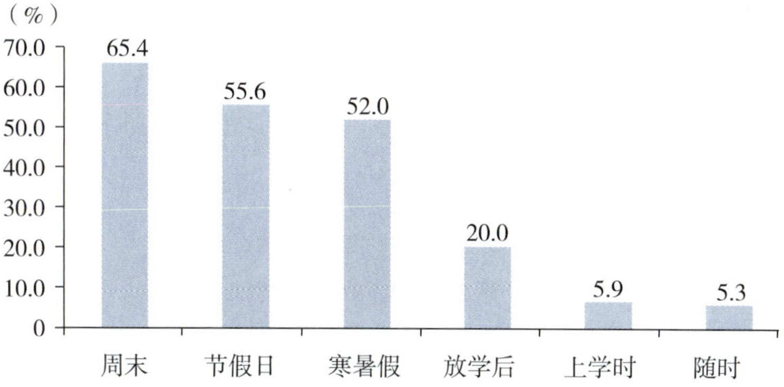

图 2－4　中学生的上网时间

(二) 不同群体中学生上网的时间

【访谈案例】

提问：你们第一次接触网络大概是什么时候，有印象吗？

学生：小学，大概一年级。

提问：是在学校还是在家里？

学生：是在家里。

提问：当时第一次接触网络的印象还有吗？

学生：好像没什么印象。

提问：当时你还记得是在什么样的情况下接触的网络？

学生：那次是我妈还有我阿姨要去宁波，我就自己一个人，在家我是在看动漫。

提问：是无意当中上的还是有人指导的？

学生：我就是被放在我阿姨家嘛，就跟我说，因为家里面可能会晚点回来就可以了，让我可以看电视可以玩电脑，随便我怎么样。

1. 低年级中学生开始上网时间早于高年级中学生

由图 2－5 可看出，在较早时间段（小学一到三年级之前）开始上网的中学生人数比例随着年级的降低而提高，而在较晚时间段（上初中之后）开始上网的中学生人数比例则相反，年级高的中学生比例较高，年级低的比例较低。这说明高年级的中学生在较晚时间段开始上网的人数比例较大，而在较早的时间段开始上网的人数比例较小；相反，低年级中学生在较早的时间段开始上网的人数比例较大，而在较晚的时间段开始上网的人数比例较小。

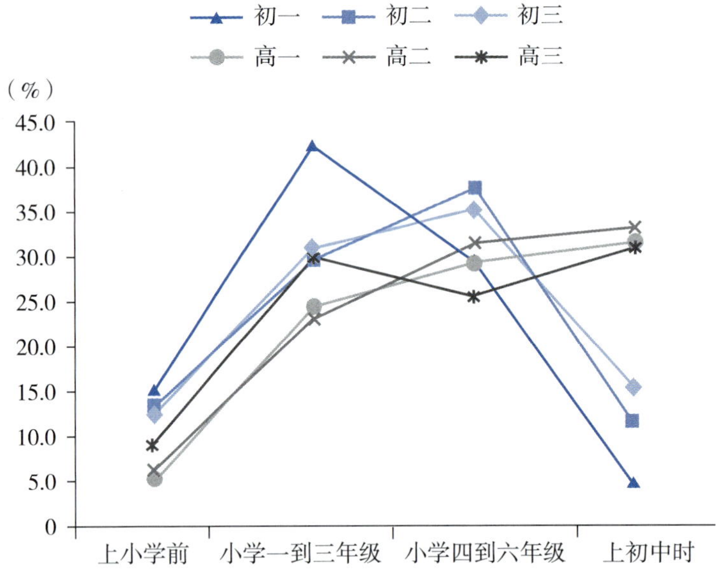

图 2－5　不同年级中学生开始上网的时间

2. 东部地区中学生开始上网的时间最早，西部地区次之，中部地区最晚

基于本调查的数据，由图 2－6 可发现我国东、中、西各区域中学生在开始上网的时间上还是有区别的，在小学三年级以前开始上网的中学生比例，东部地区最高，西部地区次之，而中部地区最低。在小学四到六年级开始上网的中学生比例，各地区基本相当。而在初中阶段开始上网的中学生比例最高的是中部地区，西部地区次之，东部地区最低。

总体而言，在开始上网的时间上，东部地区中学生最早（早期上网的比例最高），西部地区次之，而最晚的是中部地区的中学生（晚期上网的比例最高）。

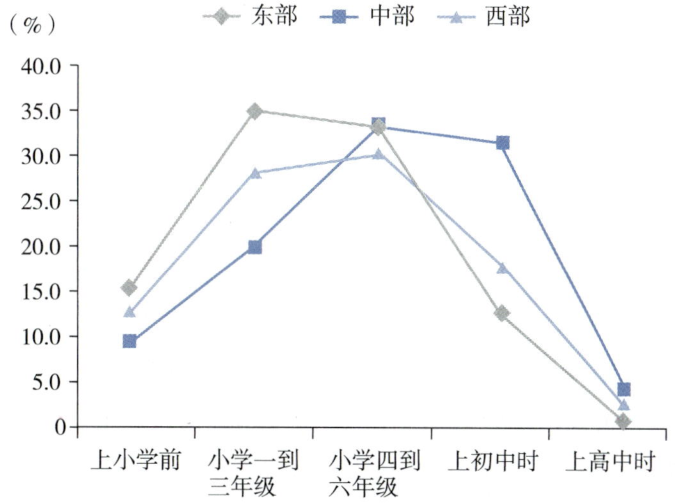

图 2－6 不同地区中学生开始上网的时间

3. 不同地区中学生上网时间的比较

由图 2－7 可见，各地区中学生在上网时间上差别不大，但也存在着一些特点：在学校上学时上网的中学生比例，东部地区最低，中部地区最高；随时上网的中学生比例，东部地区最高。最有趣的现象是，在多数上网时间选择上，中部地区中学生的比例都是最低的（上学时和放学后除外），可以看出中部地区中学生的上网人数比例及其上网频率都相对较低。

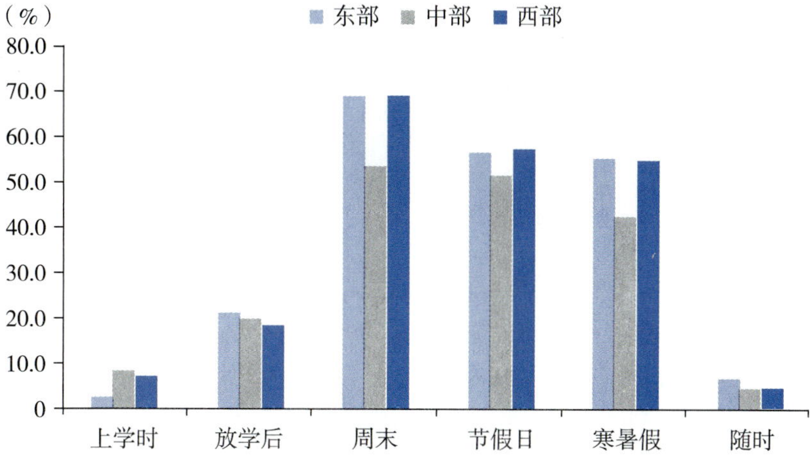

图 2－7 不同地区中学生的上网时间

二、中学生上网方式与内容特征

（一）中学生上网的方式与内容

1. 中学生通过电脑上网最多，手机上网次之

由图 2－8 可以看到，上网中学生最常用的方式是电脑上网（台式电脑和笔记本电脑），其次是手机上网，平板电脑上网是比较新的上网方式，因为目前我国无线网络覆盖区域还比较少，另外由于成本和尚不普及的关系，采用平板电脑上网的人数目前还比较少，但随着平板电脑的普及以及无线网络覆盖面的扩大，相信采用这种上网方式的中学生会越来越多。使用电视机顶盒上网的中学生人数仅相当于使用平板电脑上网的 1/3，另有比使用电视机顶盒人数稍多的中学生使用其他各类终端上网。

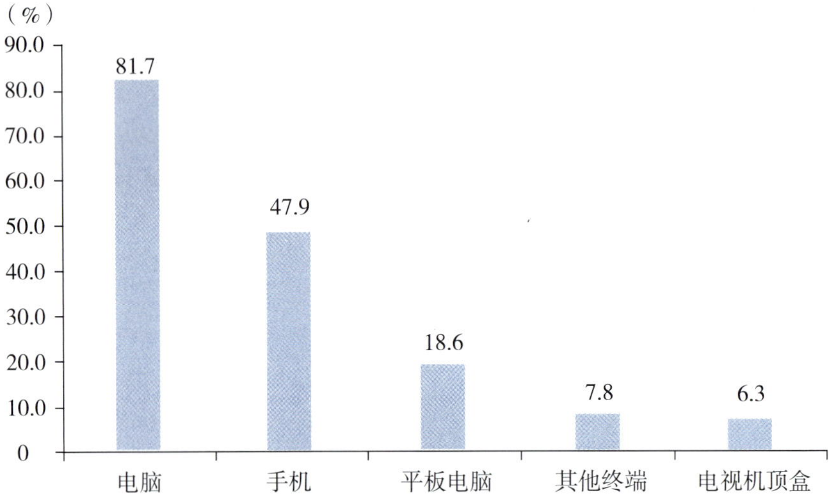

图 2－8　中学生的上网方式（设备）

值得注意的是，中学生在上网方式（最常用的设备）方面与中国网民的总体情况有所不同，电脑是中学生选择最多的上网方式，而就中国网民的总体情况来看，使用手机上网的网民比例已经超过了使用电脑上

网的网民比例。从我们对中学生上网时间的调查结果可知，周末、节假日和寒暑假是中学生最经常的上网时间，在这三块时间上网的地点基本是在家中（由目前中国互联网普及程度可知），而在家里上网当然用电脑会更方便，速度更快，屏幕更是比手机清楚得多，浏览网页内容也更清晰明了，这是一方面的原因。另一方面，许多中学都会对学生在校内使用手机加以限制，所以中学生在校内上网应该也是使用电脑（一般在上信息课时）多于使用手机。因此，中学生用电脑上网的比例会多于用手机上网的比例。

2. 中学生喜爱的上网内容以影音欣赏、网络学习、浏览新闻三项为主

由图2－9可以看出，喜爱的电影、音乐和视频，学习资料和相关的网络课程，网页上的时事与社会新闻，这三项是中学生上网最经常选择的内容，相应的选择比例均超过了50%。而排在第四位的是玩网络游戏（39%），第五位的是网络聊天交友（34.6%），登录博客（微博）或论坛发表博客或评论的中学生与参加网络聊天交友的中学生比例相当。再次是参与网络购物的中学生（29.9%），而参与“网络追星”的中学生比例最低（仅占21.1%）。

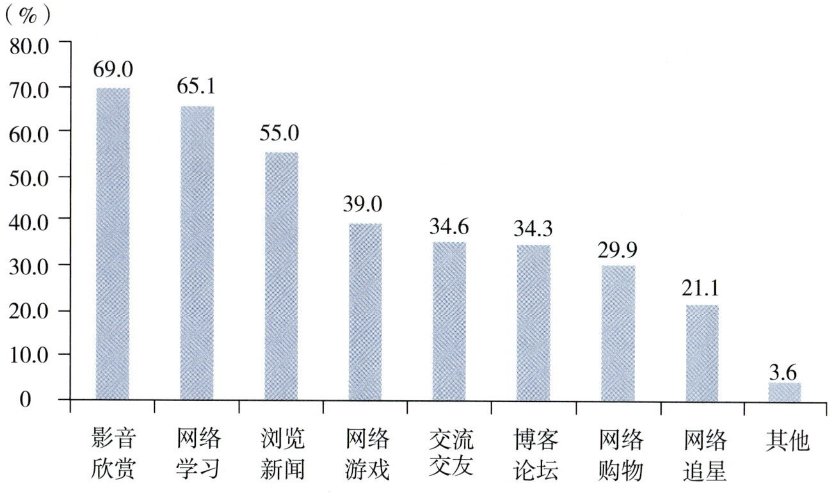

图2－9　中学生的上网内容

（二）不同群体中学生的上网方式与内容

1. 不同性别中学生上网方式基本一致，手机上网女生略多

由图 2－10 可见：使用电脑（台式机/笔记本）上网对男生和女生而言都是最常用的方式，男生和女生选择这一方式的人数比例都在 80.0% 左右；选择手机上网的女生比例超过了 50.0%，而男生比例为 42.9%，说明使用手机上网的女生要比男生多一些；使用平板电脑和电视机顶盒上网的男生和女生比例大致相当；使用其他终端上网的男生比例稍多于女生。

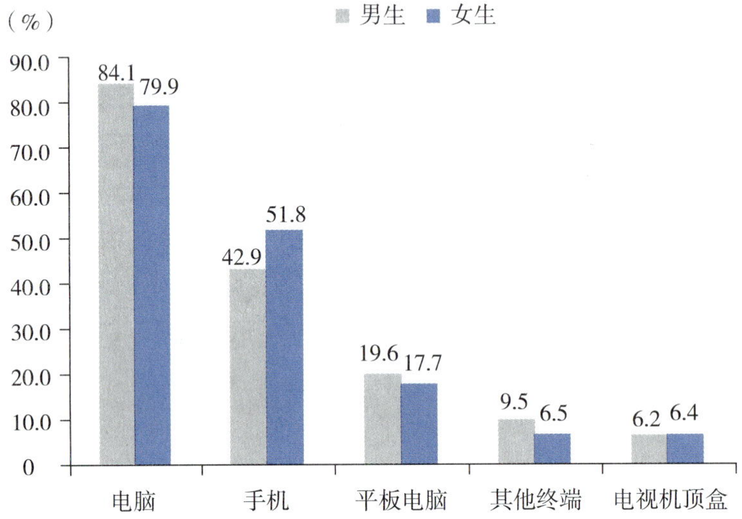

图 2－10　不同性别中学生的上网方式（设备）

2. 在上网内容上，男生选择网络交流和网络游戏的比例超过女生，而女生选择其他各项的比例均超过男生

由图 2－11 可以看到，除了选择交流交友和网络游戏这两项内容的男生比例多于女生以外，其他各类上网内容方面都是女生的比例多于男生。男女生差异最明显的是选择网络游戏的比例，男生（57.6%）几乎是女生（24.6%）的 2 倍，说明男生比女生更喜爱网络游戏，参加的人数更多，兴趣更大；而男生选择网络交流的比例高于女生可能也与网络游戏有关，因为很多网络游戏都是多人的团队游戏，这促进了男生的网络交流和交

友，很多中学生正是通过网络游戏认识了更多的朋友。在“网络追星”方面女生的比例明显高于男生，女生更关注时尚与偶像。在发表博客、微博及论坛发帖方面女生的比例也明显高于男生，可能说明女生更愿意在网络上与别人分享自己的快乐和想法。

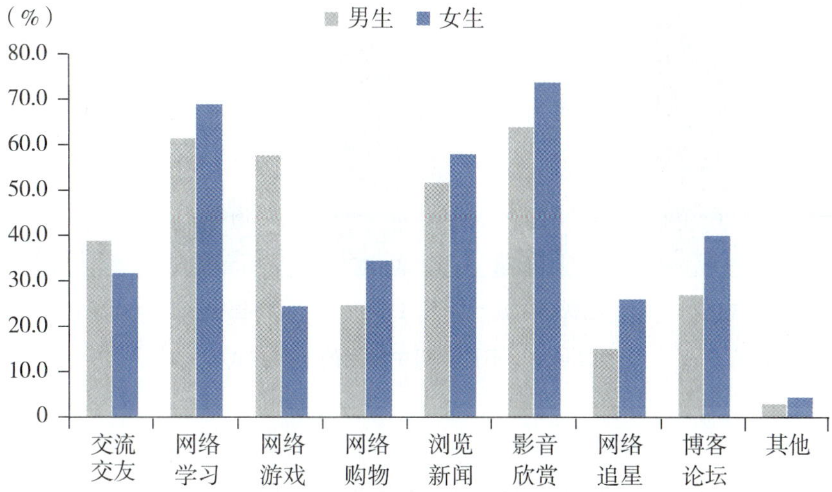

图 2－11　不同性别中学生的上网内容

总体上看，在八项主要的上网内容中，女生在六项内容上选择的比例均高于男生，而男生仅在两项内容上选择比例高于女生，似乎说明女生在上网时涉猎的内容要比男生广，而男生仅在网络游戏上比女生有更大的兴趣。

3. 年级越低的中学生平板电脑使用率越高

由图 2－12 可见，电脑（台式机/笔记本）上网是各年级中学生最常用的上网方式，各年级中学生使用电脑上网的人数比例基本一致，而使用手机上网的比例高中生稍高于初中生。最明显的是各年级中学生使用平板电脑上网的比例，低年级中学生使用平板电脑的比例明显高于高年级中学生，并且随着年级的升高，使用平板电脑上网的比例有很明显的持续下降趋势，这反映了有更多低年级的中学生在使用平板电脑上网。

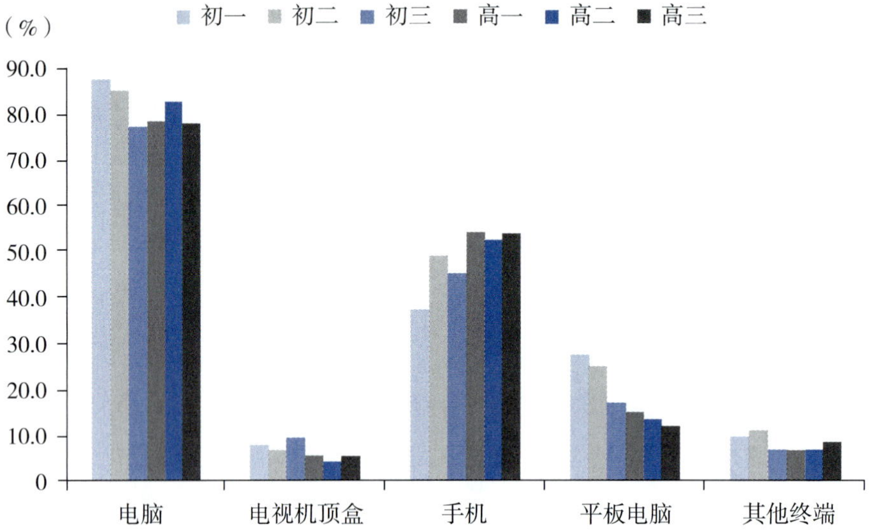

图 2－12　不同年级中学生的上网方式

三、未上网的中学生状况调查分析

（一）乡村学校中学生未上网比例较大

图2－13显示，乡村学校中学生未上网比例稍大，但由于本次调查中乡村学校中学生样本较少，故调查结果尚需进一步验证。

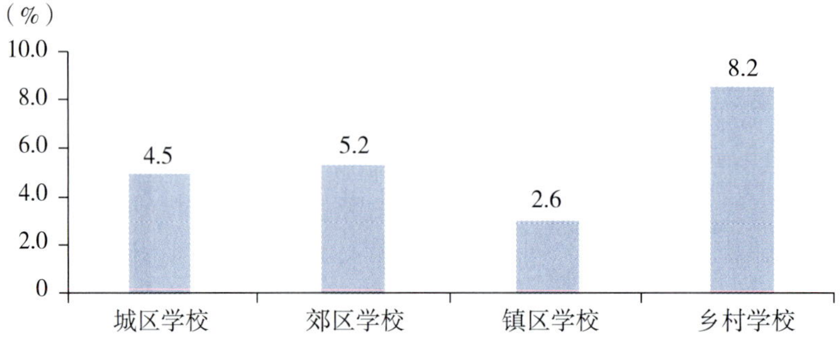

图 2－13　不同类型学校未上网中学生差异

（二）西部地区学校未上网中学生比例较大

从图 2－14 可以明显看出，东、中、西部未上网中学生的比例差异比较大，西部地区未上网中学生的比例达到 7.1%，明显超过东部地区（2.6%）和中部地区（2.9%），而且在数值上均超过了一倍多，说明西部地区中学生在上网率方面与东部和中部地区还存在一定的差距。

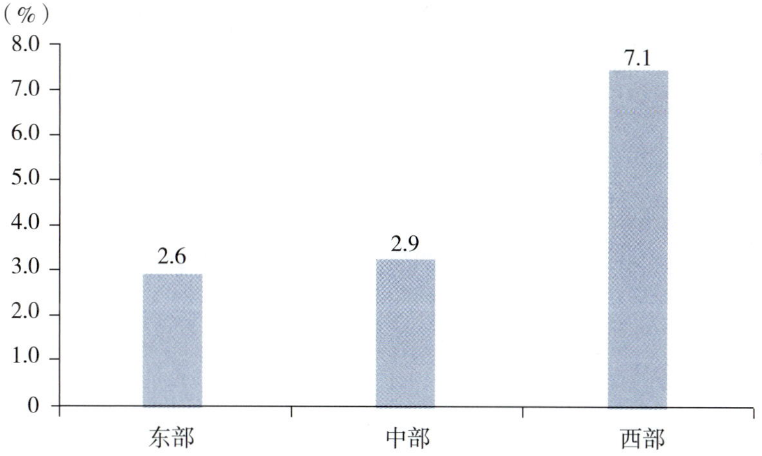

图 2－14　不同地区未上网中学生的比例

（三）父母反对是中学生未上网最主要的原因

由图 2－15 可见，在从未上过网的中学生中，父母不让上网是未上网的主要原因，有 52.1% 的未上网学生选择了这个原因，其次才是经济条件原因（无电脑及支付网费能力等），仅占 13.2%，说明上网费用已不是影响中学生是否上网的主要原因。其他未上网的原因依次是：家庭及学校均未提供网络服务（9.6%），不会上网（9.6%），感觉无上网的必要（8.4%），以及害怕网络上的不良信息（4.2%）等。

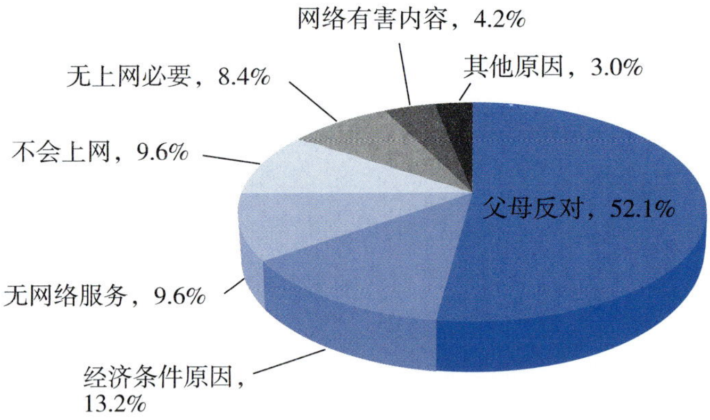

图 2－15　中学生未上网的原因

四、父母对子女上网行为的认知

【访谈案例】

提问：你们父母对你们上网（是）什么态度？

学生 1：放任自由。

提问：你也是吗？

学生 2：我爸是管（得）挺严的，看我玩儿的时间长了，没事儿就唠叨。

学生 1：我如果在爸妈眼皮子底下玩儿久了他们会说我。

提问：他们有主动过来了解你们上网干什么（吗）？

学生 1：小时候有。

学生 2：没有。

提问：只会管束你上网时间太长，具体上网干什么不管？

学生 2：他们一般知道基本上玩儿游戏。

学生 1：我爸偶尔会来看看我，（看）我网页是什么界面。

(一) 近半数父母对子女上网抱支持态度，父亲的态度比母亲更宽松和包容

由图 2－16 可见，有接近半数（48.2%）的父母表示支持子女的上网行为，有 27.5% 的父母表示无所谓，每四个父母中大约有一个（24.3%）会反对自己的子女上网。也就是说，超过 3/4 的父母不反对自己的子女上网。通过对中学生的访谈，我们发现一些父母所谓“不反对”子女上网是有条件和前提的，那就是一不能影响学习成绩，二不能影响身体健康，应该说这些父母还是很理性的，这种情况代表了相当一部分父母对待子女上网的态度。

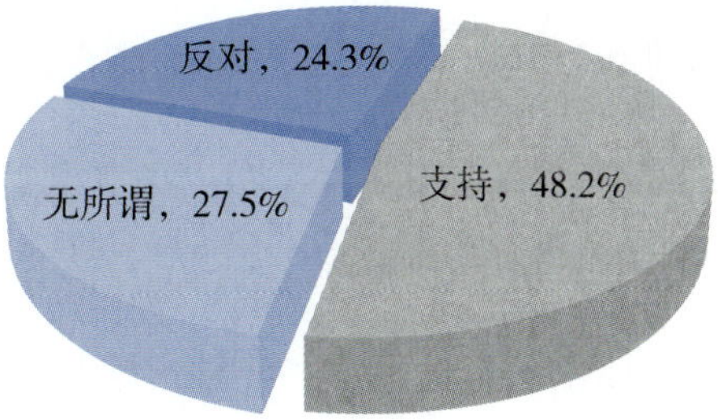

图 2－16　父母对子女上网的态度

对于子女上网父亲和母亲的态度有没有差别呢？通过统计分析软件交叉分析样本数据，我们得到了图 2－17。

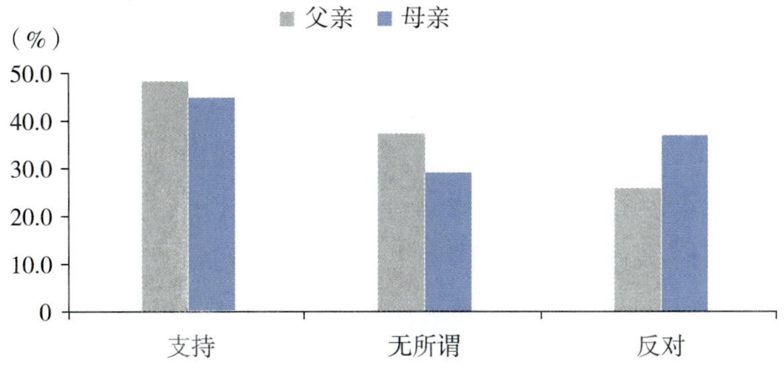

图 2－17　父母对子女上网态度的差别

由图 2－17 可见，父母支持子女上网的比例基本相当，差别不大，父亲的比例（49.4%）稍高于母亲（46.8%）；但表示对子女上网无所谓的父亲比例（31.6%）要高于母亲（22.9%）；反差最大的是反对子女上网的比例，母亲（30.3%）明显地要高过父亲（19.0%）10 个百分点以上。这一点似乎反映了中学生的母亲对自己子女的上网行为更关心、更在意，而父亲们的态度似乎更宽松和包容。

【访谈案例】

学生：对，假期会有通宵什么的。

提问：有过通宵。那你父母知道吗？

学生：应该是知道的，假期的时候电脑一般是放在我房间的。

提问：那他们有过一些约束或者管束吗？

学生：他们觉得身体没问题，学习也还好就随我，不影响学习就行。

（二）超过八成的父母表示会对子女上网“经常”或“有时”进行指导

由图 2－18 可见，有将近一半（48.7%）的中学生父母选择了“有时指导”子女上网，32.9% 的父母选择了“经常指导”子女上网，选择“很少指导”的父母占 13.7%，总体上，“经常指导”和“有时指导”的父母一共占到了样本总数的 81.6%，如果再加上“很少指导”的父母，则总共占到了 95.3%，仅有 4.6% 的父母从未对子女上网进行指导。这说明绝大部分中学生的父母还是比较关心子女上网情况的，会不同程度地抽出时间

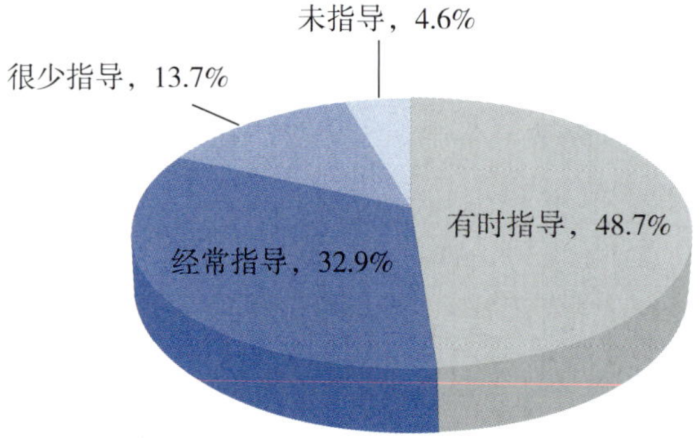

图 2－18　父母对子女上网的指导情况

对子女的上网行为进行指导。

（三）父母对中学生上网行为的了解程度

超过八成的父母都会“有时”或“经常”对子女上网进行指导，这样看来多数父母对自己子女的上网情况应该还是有一定了解的。此外，有97.2%的家长在调查问卷中填写了子女每周上网的总时间。

五、本章小结

（一）主要发现

通过本次调查研究，我们了解了中学生网络生活的时间、方式、内容方面的一些基本状况和特点。

1. 中学生的上网时间

在上网时间方面：超过3/4的上网中学生在上中学之前即开始上网；超过半数的中学生一周或半周上一次网；六成多的上网中学生单次上网时长在2小时以下；中学生最经常的上网时间是周末、节假日及寒暑假；在开始上网的时间上，低年级学生比高年级学生更早开始上网。

2. 中学生的上网方式

在上网方式（设备）方面：使用电脑上网的人数最多，使用手机的次之；使用手机上网的女生比例高于男生，同时年级越低的中学生使用平板电脑上网的比例越高。

3. 中学生的上网内容

在上网内容方面：影音欣赏、网络学习、浏览新闻三项是中学生最经常的上网内容，并且男生参与网络游戏的比例超过女生一倍多。

4. 中学生未上网的原因

在未上网中学生方面，超过半数未上网中学生未上网的原因是父母反对。

5. 父母对子女上网的态度

在父母对子女上网行为的态度方面：近半数的父母抱支持态度，近1/4的父母持反对态度；超过八成的父母会对子女上网进行指导。

（二）对策建议

1. 应加大对中学生上网行为的关注与支持

对中学生的上网行为给予更大的空间、更多的时间和更深入的关爱，对其上网行为要有一定的宽容度，提供更多的支持和帮助，而不是挤压其网络生活的空间或是进行一种表面化和简单化的了解与掌控。

2. 应注意中学生上网的低龄化问题

要特别注意中学生上网低龄化的问题。一方面要密切观察、随时了解低龄学生上网的生理和心理变化，及时给予引导、帮助和扶持；另一方面要注意对其上网活动的适度把控，防止出现网络世界对低龄学生的过度侵扰。

3. 应促进各地区互联网发展的均衡化

政府应加强互联网络软硬件建设，确保不同地区的中学生能尽可能地享受均衡的上网条件，让每个学生都能同等地在网络世界中拥有美好的生活。

第三章

中学生网络信息获取状态分析

一、中学生信息获取主要渠道的特征

（一）中学生信息获取的渠道

图 3－1 显示，当前中学生信息获取最主要的渠道仍然是传统媒体。从电视、报纸、广播等传统媒体了解信息的中学生占到了 36.4%。相比之下，使用网络获取信息的中学生只有 20.0%，比前者少 16.4%。在这之后，依次为同学朋友、父母长辈。由此可见，在网络高速发展的时代，传统媒体在中学生的生活中，尤其是获取信息的过程中还扮演着极为重要的作用。同时，这一数据也表明，无论对中学生进行哪一方面的教育，传统媒体和网络媒体都是不可忽视的。

（二）不同群体中学生信息获取的渠道

1. 男女中学生都认为最主要的信息获取渠道仍然是传统媒体

分性别来看，男女生都认为最主要的信息获取渠道是传统媒体，比例分别为 37.5% 和 35.6%。紧随其后的同样是网络，两个群体中分别有 20.1% 和 19.9% 的人持这种观点（见图 3－2）。男女生各自的趋势均与中学生整体的趋势相同，两者之间不存在明显差异。

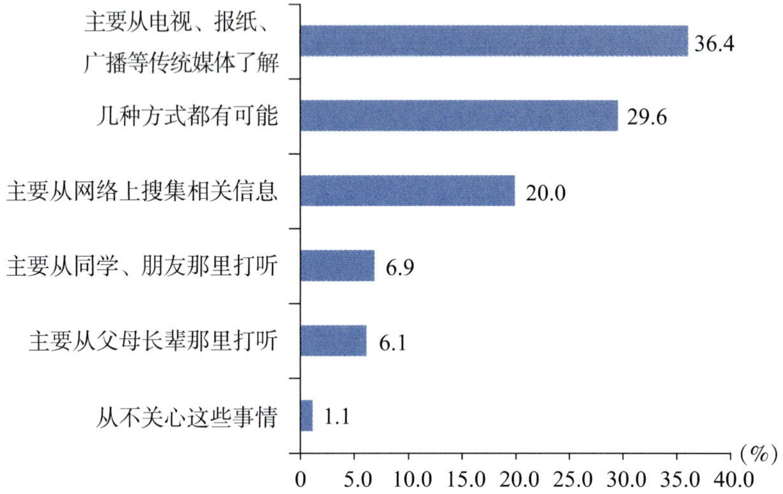

图3－1　中学生的信息获取渠道

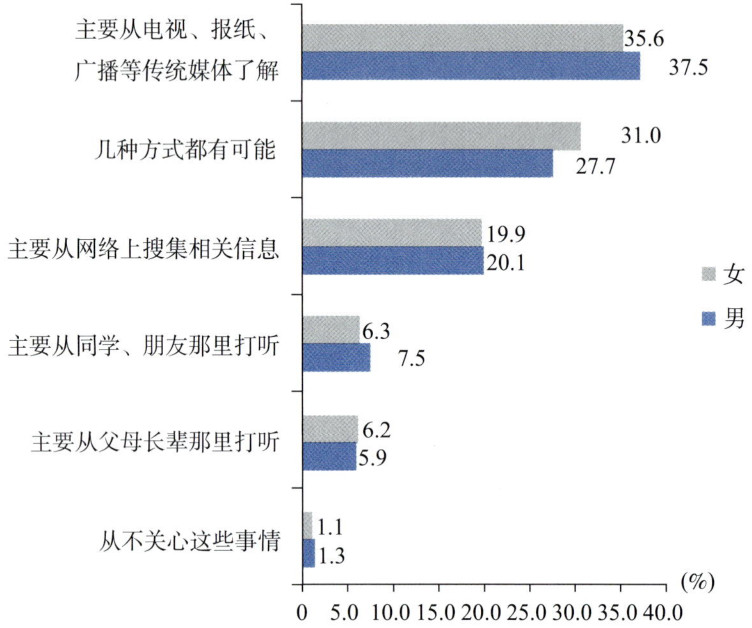

图3－2　不同性别中学生的信息获取渠道

2. 不同年级中学生网络信息获取的渠道和比例明显不同

由图3－3可以看出两个明显的趋势。第一，随着年级的升高，选择从传统媒体，如电视、报纸、广播等获取信息的中学生比例总体上呈降低趋势，高三年级又略有升高（35.9%），高于初三（35.0%）、高一（33.8%）和高二（32.9%）。高三学生学习压力较大，这极大地压缩了他们的上网时间，因此有更大的比例选择从传统媒体获取信息是合情合理的。第二，初中和高中两个阶段的学生，选择通过网络获取信息的比例都是随着年级的升高而降低的，同时高中生选择通过网络获取信息的比例要远高于初中生。

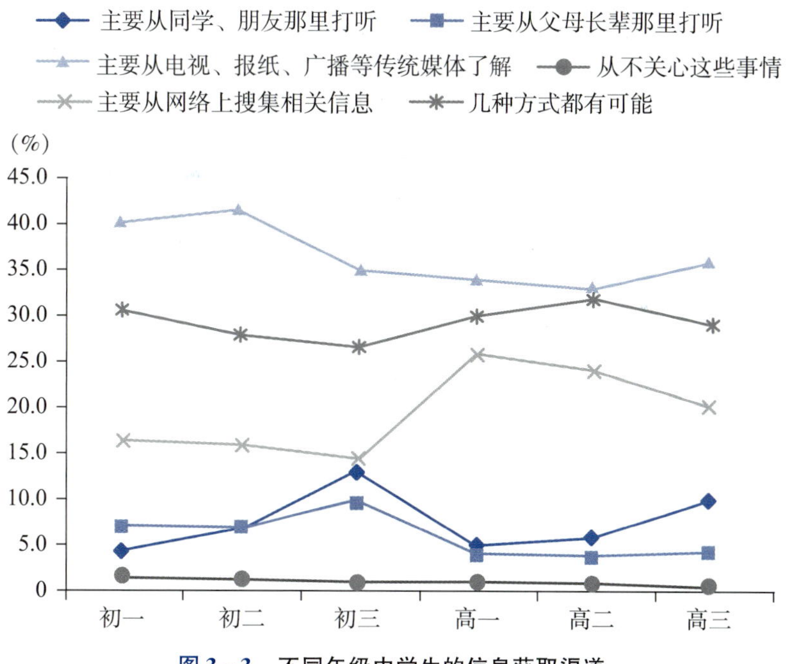

图3－3　不同年级中学生的信息获取渠道

3. 中学生开始接触网络时间的早晚与信息获取渠道的关系

如果按照首次上网时间将中学生分为几个群体，从图3－4可以看出，在小学四到六年级开始接触网络的学生选择从传统媒体获取信息的比例最高，达到了39.3%，在上小学前接触网络的学生选择此项的比例最低，为32.5%。与这种现象正好相反，上小学前开始接触网络的中学生选择从网络获取信息的比例最高，为23.4%，而小学四到六年级开始接触网络的学生选择从网络获取信息的比例最低，为18.3%。

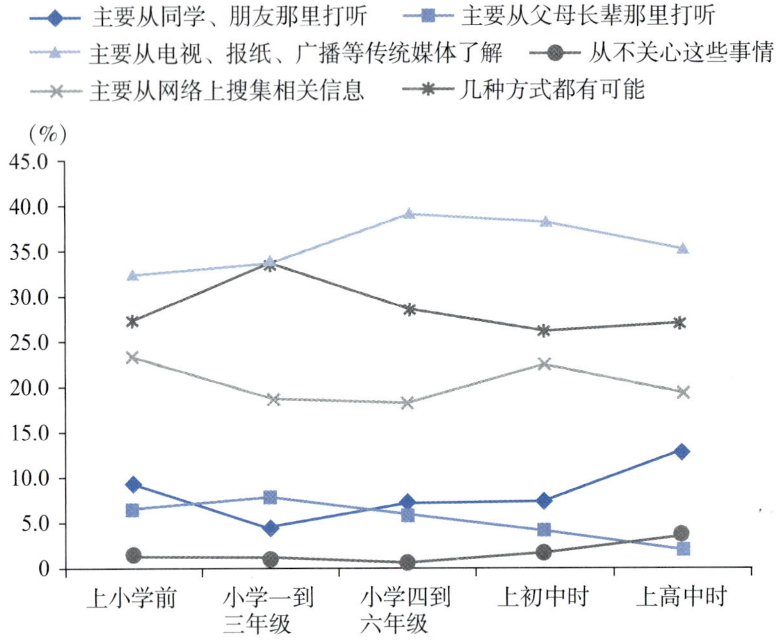

图3－4　不同首次上网时间中学生的信息获取渠道

4. 中学生从传统媒体获取信息的比例随着使用网络频率的降低而上升

从使用网络频率的角度看，随着使用网络频率的降低，中学生从传统媒体获取信息的比例总体上呈现上升趋势。一天上网多次的中学生选择通过传统媒体获取信息的比例只有22.4%，而数月上网一次的中学生相应的比例则高得多，达到52.0%。与此同时，选择通过网络获取信息的中学生比例却呈现相反的变化趋势。一天上网多次的中学生选择通过网络获取信息的比例达到27.0%，而数月上网一次的中学生相应的比例仅有12.0%（见图3－5）。上网的频率决定了信息获取渠道的不同，这是非常显而易见的。

5. 选择通过传统方式获取信息的中学生比例随着单次上网时长的增加先上升后下降

随着单次上网时长的增加，选择从传统媒体获取信息的中学生比例呈现先上升后下降的趋势。其中，最高的比例出现在单次上网时长在1—2小时的群体中，比例为38.4%，最低的比例出现在单次上网3小时以上的群体中，比例为29.4%（见图3－6）。而随着单次上网时长的增加，选择从网络获取信息的中学生比例逐渐升高。

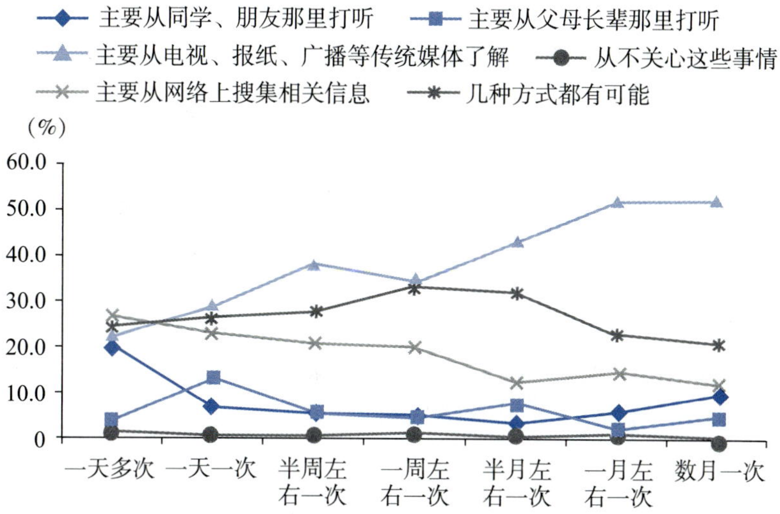

图3－5　不同网络使用频率中学生的信息获取渠道

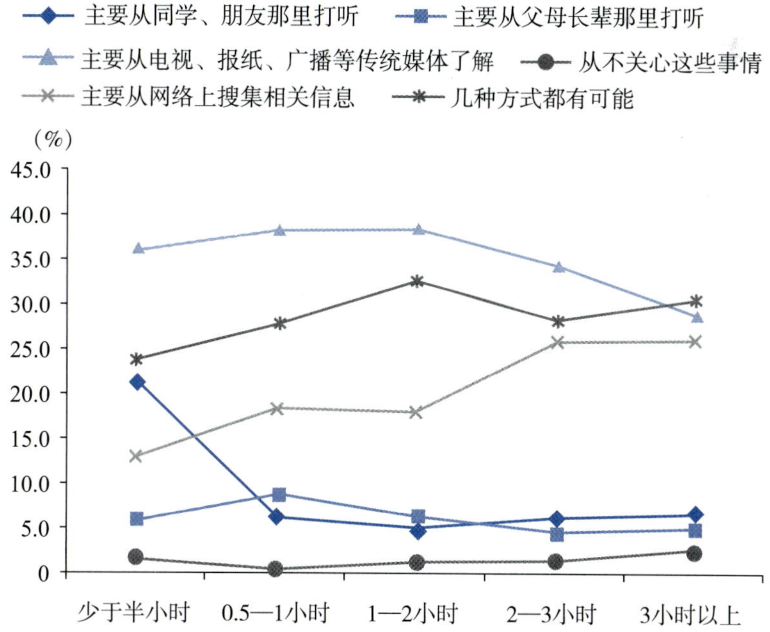

图3－6　不同单次上网时长中学生的信息获取渠道

二、中学生信息获取意愿倾向的特征

（一）中学生信息获取的意愿倾向

与中学生信息获取的主要渠道相对应，中学生中认为电视、报纸、广播等传统媒体上发布的信息较其他渠道的信息更加可信的比例最高，达46.8%。而一些经过网络权威机构认证的信息也得到了中学生的认可，这些权威机构包括政府网站、综合性的门户新闻网站（新浪新闻、搜狐新闻、腾讯新闻）等，中学生的选择比例达42.0%。另外，调查也显示，中学生认为从熟人那里听来的消息、网络论坛和微博的消息可信度较高的比例分别只有6.1%和5.1%（见图3－7）。

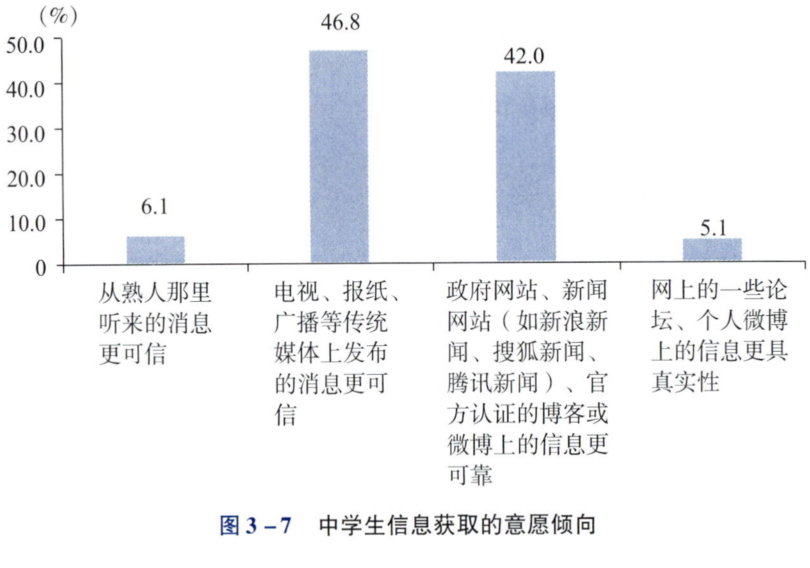

图3－7　中学生信息获取的意愿倾向

（二）不同群体中学生对信息渠道的信任程度

1. 在对信息渠道的信任程度上，男生与女生的选择整体一致

分性别来看，男女生对不同信息渠道的信任程度整体是一致的，差异

在于女生中认为传统媒体更可信的比例高于男生，前者为48.0%，后者为45.2%。男生更加倾向于相信从熟人那里得到的消息，比例为7.6%，而女生的比例为4.9%（见图3-8）。

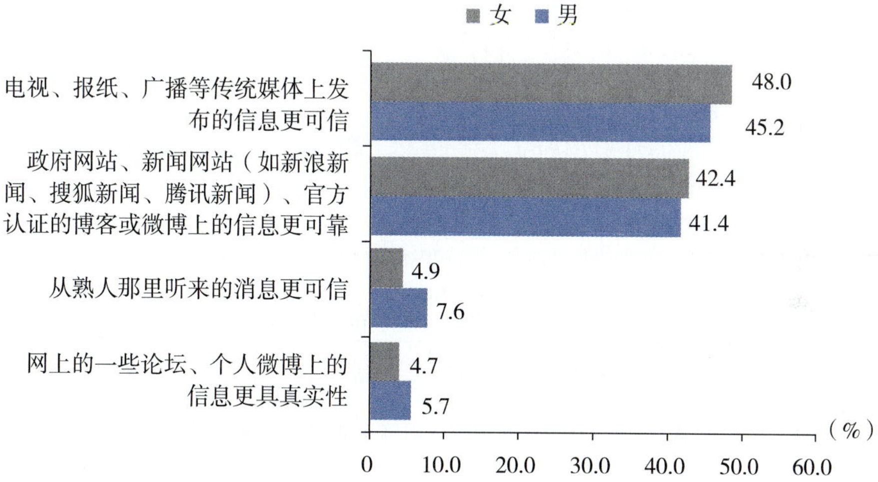

图3-8　不同性别中学生对信息渠道的信任程度

2. 随着年级的升高中学生认为传统媒体更可信的比例越来越少

不同年级的中学生对待传统媒体上发布的信息态度是不同的。随着年级的升高，有越来越少的学生认为传统媒体的消息更可信。初一的学生中，认为电视、报纸、广播等传统媒体上发布的信息更可信的比例为52.5%，而高二学生中持此态度的比例则减少到40.2%。高三学生持此态度的比例有所上升，为45.0%，其原因可能是高三学生学习压力较大，无暇上网，从而认为传统媒体的消息更可信（见图3-9）。对于政府网站、综合性新闻网站的消息，高中生认可的比例明显高于初中生。

3. 中学生首次上网时间越晚，越倾向于认为电视、报纸、广播等传统媒体上发布的信息更可信

首次上网时间越晚，越倾向于认为电视、报纸、广播等传统媒体上发布的信息更可信，所以图中标记正方形的曲线整体上呈上升趋势：“上小学前”的最低点处，比例为40.0%；“上高中时”的最高点处，比例为50.5%（见图3-10）。

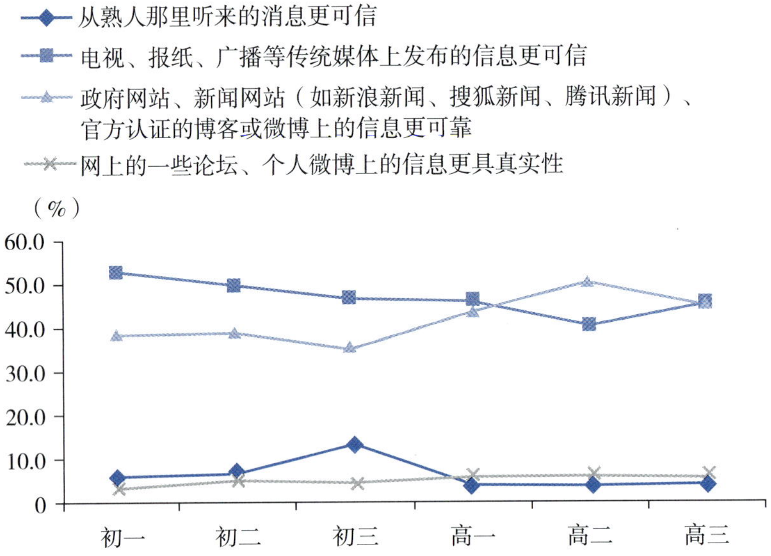

图 3-9　不同年级中学生对信息渠道的信任程度

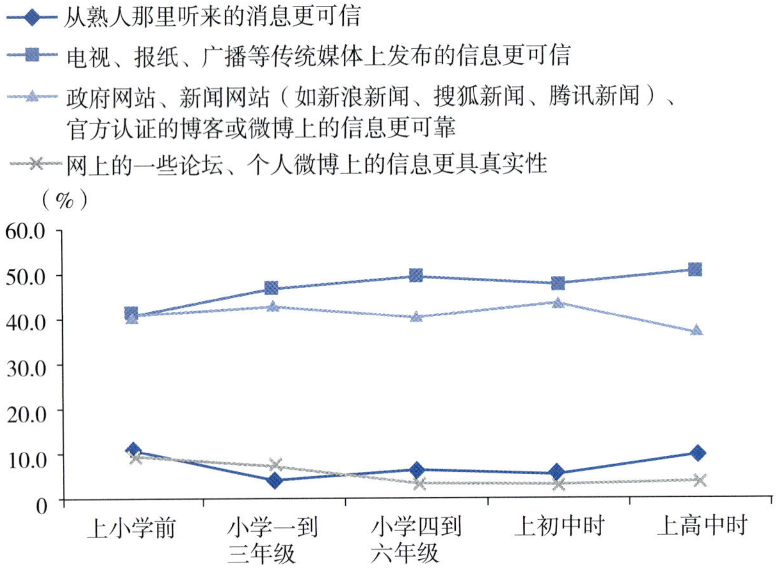

图 3-10　不同首次上网时间中学生对信息渠道的信任程度

4. 随着上网频率的减少中学生更倾向于接受传统媒体上发布的信息

网络的使用频率深刻影响着中学生信息获取的意愿和倾向。调查表明，随着上网频率的减少，中学生更倾向于接受传统媒体上发布的信息，其中一天上网多次的学生中只有 34.6% 的人认为传统媒体更可信，而数月上网一次的学生中认为传统媒体更可信的比例则达到了 58.5%（见图 3－11）。随着上网频率的减少，认为政府网站、新闻网站更可信的学生比例呈现出先增长后减少的趋势，其中最高点出现在半周左右上网一次的学生中。

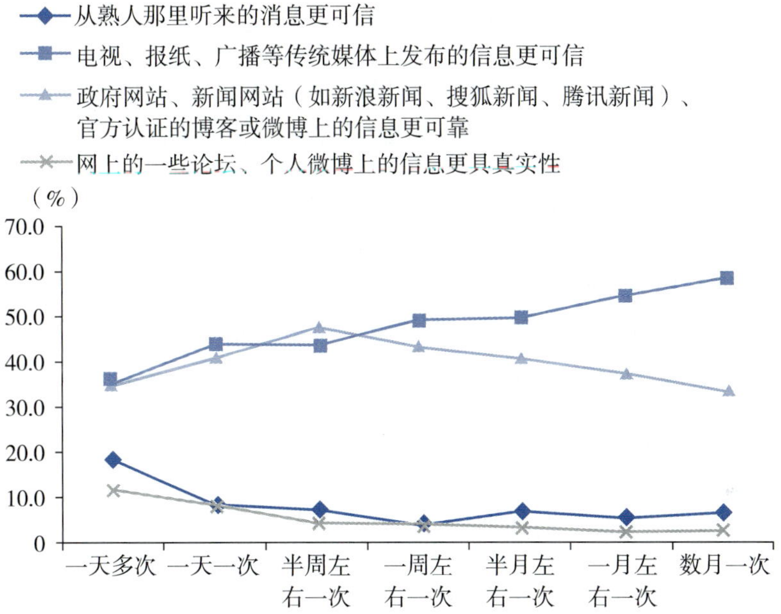

图 3－11　不同上网频率中学生对信息渠道的信任程度

三、中学生从不通过网络获取信息的原因

（一）中学生从不通过网络获取信息的原因

在从不通过获取网络信息的中学生中，绝大部分人是出于主观原因而非客观原因，其中认为“网络上的信息不可靠，还是更相信传统的信息获取方式”的占 43.0%，选择“听说通过网络获取信息比较麻烦，不方便”的占 29.1%，选择“想通过网络获取信息，但不会用”的占 18.6%，选择“根本不知道可以通过网络获取信息”的占 9.3%（见图 3－12）。

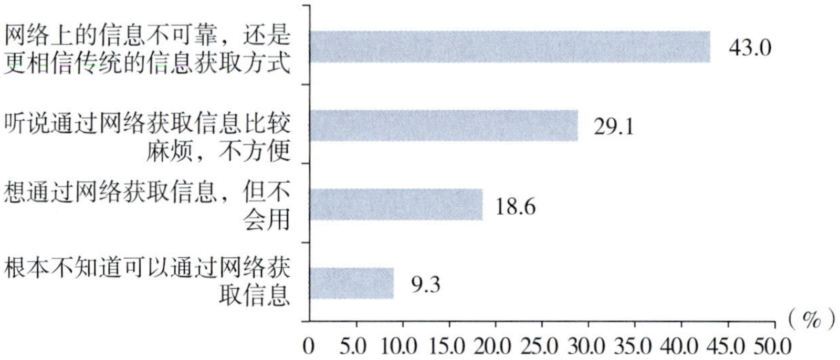

图 3－12　中学生从不通过网络获取信息的原因

（二）不同群体中学生从不通过网络获取信息的原因

1. 男女生不通过网络获取信息原因的一致性与差异性

男女两个群体各自的趋势与中学生整体的趋势是基本一致的。但在各个方面，男女生又表现出了一些差异。其中女生认为“网络上的信息不可靠，还是更相信传统的信息获取方式”的比例超过了男生，前者为47.7%，后者为38.1%。女生选择“根本不知道可以通过网络获取信息”的比例同样高于男生，前者为11.4%，后者为7.1%。而男生选择“听说通过网络获取信息比较麻烦，不方便”的比例超过女生，前者为33.3%，后者为25.0%。男生选择“想通过网络获取信息，但不会用”的比例高于女生，前者为21.4%，后者为15.9%（见图3－13）。

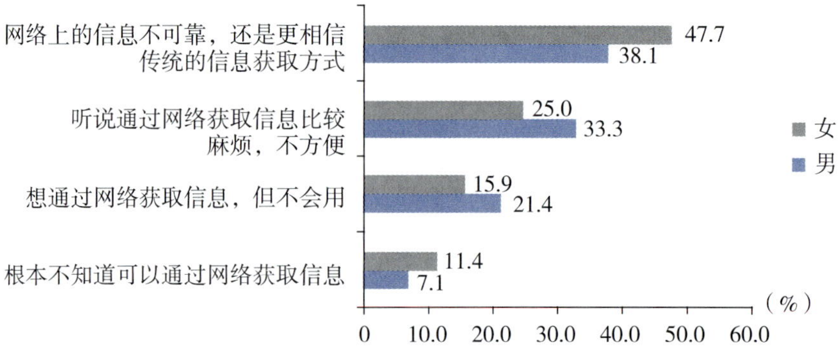

图 3－13　不同性别中学生从不通过网络获取信息的原因

2. 初中和高中两个学段的中学生不通过网络获取信息原因的比较

在两个方面，高中生和初中生存在明显的差异。初中生选择“想通过网络获取信息，但不会用”的比例远高于高中生，前者为23.5%，后者为11.4%。初中生选择“听说通过网络获取信息比较麻烦，不方便”的比例同样远低于高中生，前者为23.5%，后者为37.1%（见图3－14）。

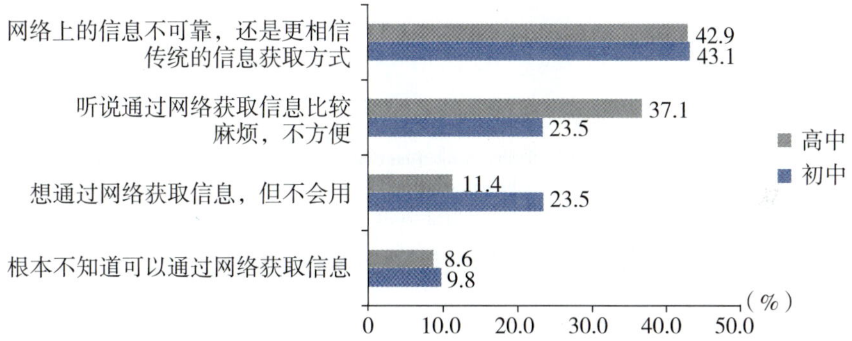

图3－14　不同学段中学生从不通过网络获取信息的原因

四、父母对子女通过网络获取信息的认知

（一）父母对子女通过网络获取信息的了解程度

图3－15表明，仅有6.3%的父母对子女是否通过网络获取信息不太了解。而其余93.7%的父母都对子女的网络信息获取有较为清醒的认识。

（二）父母对子女通过网络获取信息的总体态度

父母对子女通过网络获取信息的态度总体上是支持的。有78.8%的父母表示支持子女从网络获取信息，有14.9%的父母持无所谓的态度，而只有6.0%的父母反对子女从网络获取信息（见图3－16）。

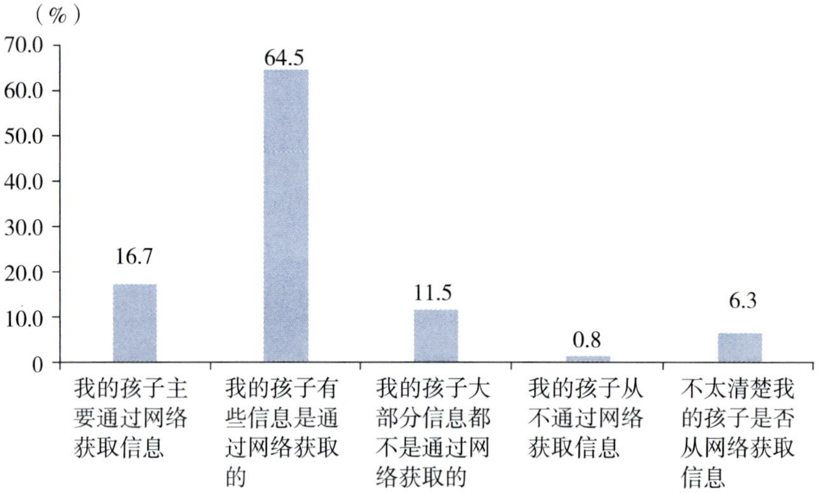

图 3－15　父母对子女通过网络获取信息的了解程度

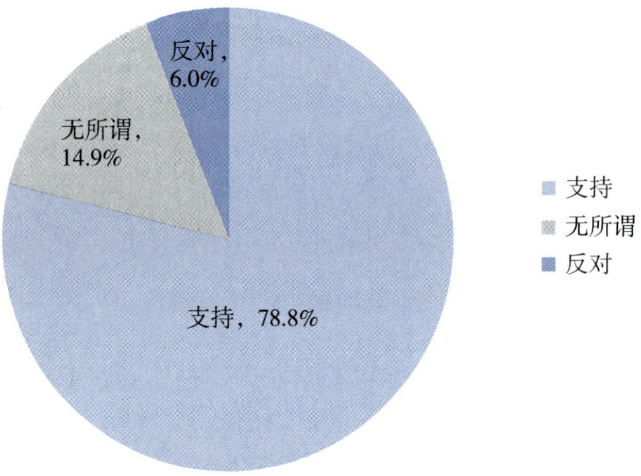

图 3－16　父母对子女通过网络获取信息的总体态度

（三）父母对子女通过网络获取信息的指导情况

调查表明对子女网络信息获取进行指导的父母占了绝大部分，其中34.9%的父母“经常指导”，49.6%的父母“有时指导”，而只有10.5%和4.8%的父母选择了“很少指导”和“未指导”（见图3－17）。这反映出两个方面的信息，一是父母对于子女通过网络获取信息是比较重视的，二是中学生父母对于网络的认识和驾驭能力在不断提高。

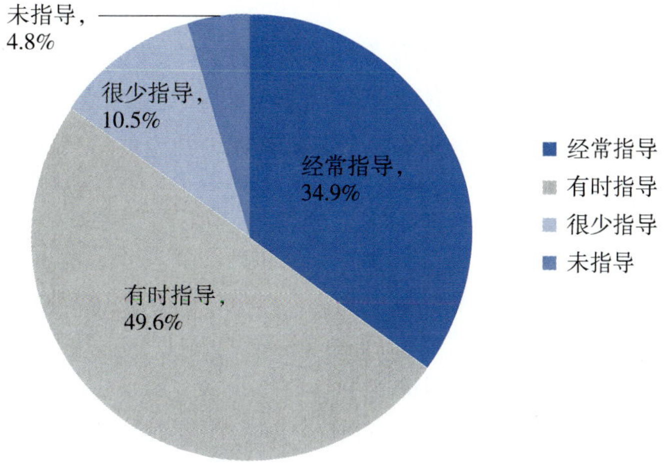

图 3－17　父母对子女通过网络获取信息的指导情况

五、本章小结

（一）主要发现

1. 传统媒体仍然是信息获取的主要渠道

总体看来，中学生信息获取的渠道比较固定和集中。他们选择最多的渠道仍然是传统媒体，但是网络作为信息传播重要的载体也是中学生获取信息的非常重要的渠道。在对信息渠道的信任程度上，认为传统媒体中报道的信息以及正规网站的信息更可信的学生占了绝大多数。在这一点上，中学生表现出了非常理智的态度。

2. 不同群体中学生在信息获取方面具有不同的特征

将中学生按照背景信息、网络生活习惯分为不同的群体，这些群体表现出了不同的特征。这些特征也从一个侧面折射出当前信息载体之间的博弈，即传统媒体与网络新媒体之争。随着网络使用频率的降低，中学生从传统媒体获取信息的比例总体上呈上升的趋势。随着年级的升高，随着首次接触网络时间的提前，随着上网频率的增加，认为传统媒体中的信息更可信的中学生比例降低。

3. 网络已成为中学生获取信息的重要渠道

从这些调查数据看来，传统媒体仍然是中学生信息获取的主要渠道。但网络作为一种不同于传统媒体的新载体，在中学生的心目中已经成为一个重要的信息获取渠道。

（二）对策建议

1. 重视信息获取的公平

从以上的分析结果看，目前中学生信息获取的渠道中传统媒体和网络媒体都占据着非常重要的位置。所以，无论是为中学生提供教育资源还是对其进行各方面的培养，必须同时重视传统媒体和网络媒体，这样才能更好地覆盖中学生群体，这关乎信息获取的公平问题。

2. 保证信息获取的效率

但是在面对具体的群体时，还要有差异化的对待，在资源提供和学生发展培养中、在渠道的选择上有所区别。在实现整体覆盖的前提下，做到更有成效，这关乎信息获取的效率问题。

第四章

中学生网络社交状态分析

一、中学生网络社交的特征

（一）中学生的网络社交

1. 大部分中学生上网时都会进行网络社交

从图 4－1 中可以看出，中学生只要在上网，一般都会有网络社交行为，“经常”和“总是”比例之和为 62.3%，“很少”和“从不”的比例很小，相加才有 12.2%。

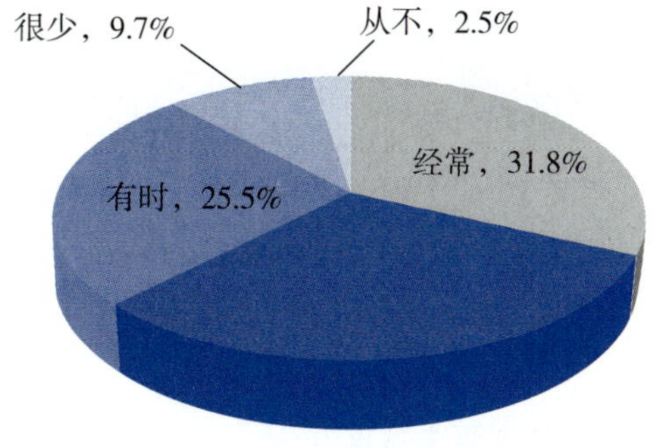

图 4－1　中学生网络社交的频次

2. 中学生网络交往对象主要是同学，陌生人很少

图4－2显示，中学生网络交往的主要对象为同学，占83.5%，其次为生活中认识的朋友，占70.3%，亲友列第三位，占58.5%，陌生人所占的比例很小，仅为18.3%。

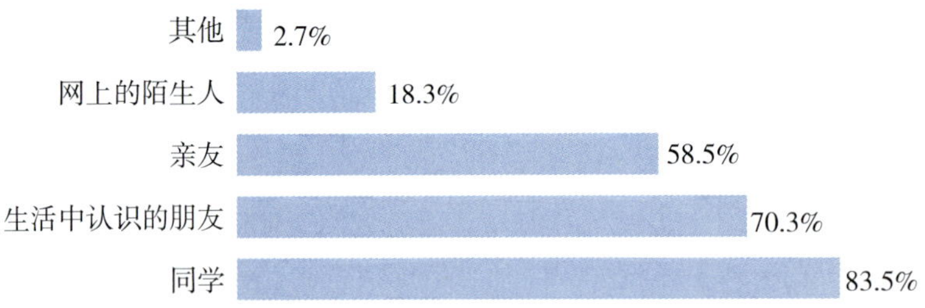

图4－2　中学生网络社交的对象

3. 大多数中学生在网络上与陌生人交往很谨慎，有自我保护意识

图4－3显示，在网络上与陌生人交往时，大多数中学生态度比较谨慎，能有意识地采取自我保护措施，表示不会深入沟通和不予理睬的共占91.2%，只有7.9%的中学生会比较信任网络陌生人，仅0.9%的中学生会与网上结识的陌生人交换电话，比例很小。

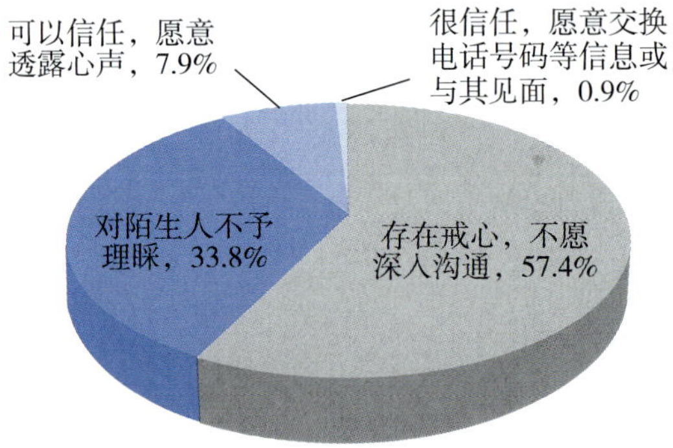

图4－3　中学生对网络陌生人的态度

【访谈案例】

问：是否在网络上结交陌生网友？

共10个学生回答。

7 个学生答：没有，不认识没必要加。

1 个学生答：没有，害怕坏人。

1 个学生答：没有，不喜欢，没时间。

1 个学生答：只加 NBA 社区的人，但聊的也很少。

4. 大部分中学生对网络交友持负面态度

图 4 – 4 显示，对网络交友，认为“新奇”和“很好”的中学生总共占 14.7%，其余的中学生都是持负面态度。59.5% 的中学生认为网络结识朋友不可靠，说明大部分中学生对网络交友方式抱有警惕性。

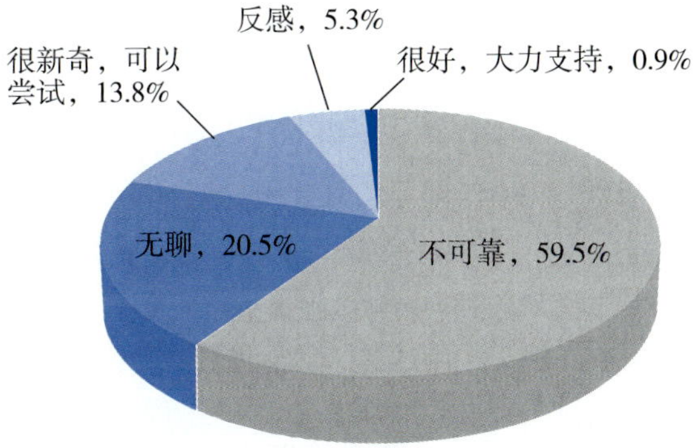

图 4 – 4　中学生对网络交友的态度

5. 近一半中学生网络交友的原因是可以在更大范围内认识新朋友

图 4 – 5 显示，中学生在网上结识陌生人的很大一部分原因是为了认识更多新朋友，占 48.3%，这与他们的年龄特征相符；认为只不过就是多了

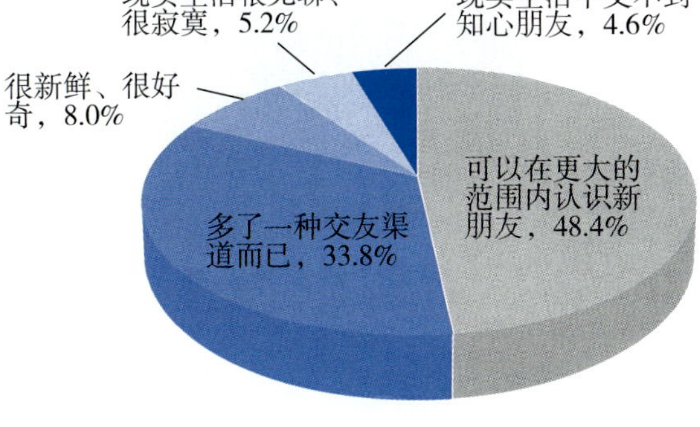

图 4 – 5　中学生网络交友的原因

一种交友渠道的比例为33.8%，说明也有相当一部分中学生不认为这种方式有什么特别，这只是他们日常交友的方式之一。

6. 中学生网络社交的主要渠道是聊天工具，网络上认识的陌生人多在10人以下

图4-6至图4-8显示，如果中学生在网络上结识陌生人，也多在10人以下（占51.0%）。结识渠道主要以QQ、MSN、微信等聊天工具为主（占79.4%），另外一个所占比例比较大的渠道是熟识人引见（占39.5%）。有87.5%的中学生参加过至少一个网友圈或群，这也可以说明中学生社交以聊天工具为主。

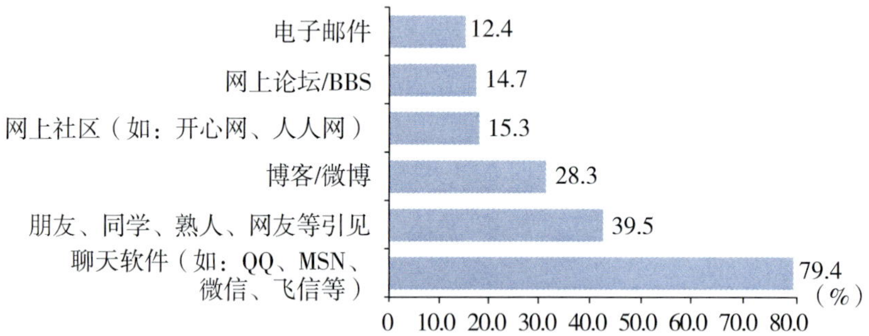

图4-6　中学生网络交友的渠道

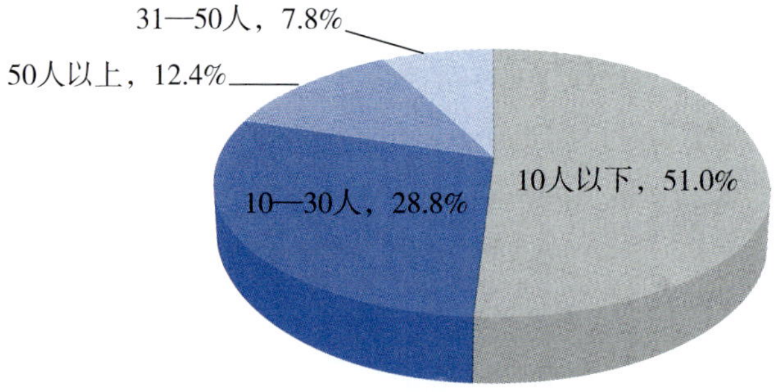

图4-7　中学生结识陌生网友的数量

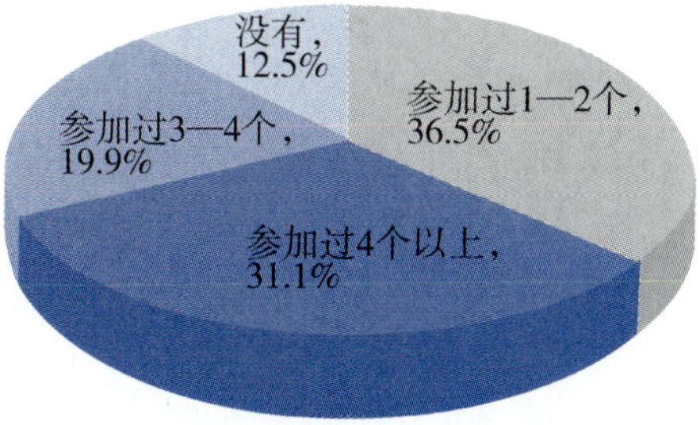

图4－8　中学生参加网络交友群/圈的数量

【访谈案例】

问：网络上主要和谁交流，用什么工具？

共10人回答。

10人都答：同学，QQ。

其中1人还提及了一个交流对象——亲人。

2人还提及了一个交流工具——百度贴吧。

2人还提及了一个交流工具——微博。

7. 大部分中学生交往的朋友以现实生活中的朋友为主

图4－9显示，中学生交往的朋友以现实中朋友（现实中的朋友多些和占绝大多数相加）为主的比例为79.8%，网上结识的朋友比现实中多的仅占4.8%，说明大部分中学生交友还是以现实中的朋友为主。

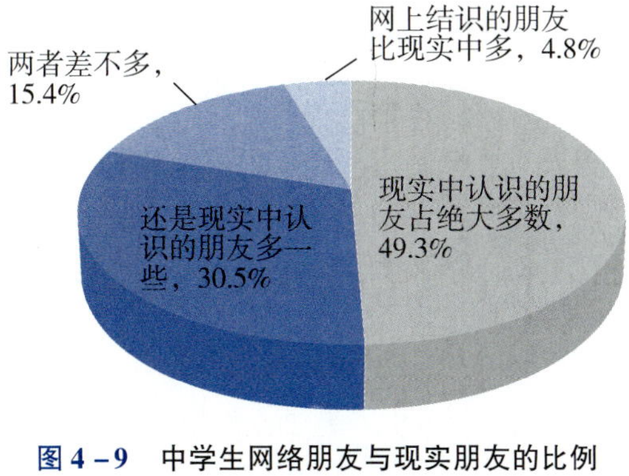

图4－9　中学生网络朋友与现实朋友的比例

8. 大部分中学生认为网络交友对自己的影响是正面的

图4－10显示，大多数中学生认为网络交友有正面的意义，认为通过网络交友更好地认识了社会，也学到了很多东西的中学生占51.6%，认为扩大了自己的交际圈，认识了很多新朋友的中学生占37.5%，而认为交际圈变小和不愿意与人交流的中学生共占7.6%。这说明中学生还是认可网络交友的。

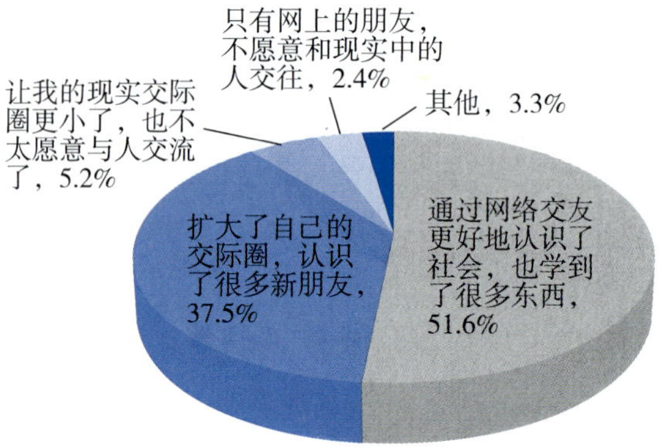

图4－10　中学生对网络交友的态度

9. 大部分中学生不会在网络上与人分享情感

图4－11显示，在情感分享上，中学生对网络朋友的认可度较小。有半数（50.2%）中学生“偶尔会”和网友倾吐心声，占比最高。选择“不会”的占22.8%，和选择“有时会”的比例（20.4%）差不多，选择“经常会”的仅为6.6%。这说明大部分中学生不接受与网络朋友分享情感。

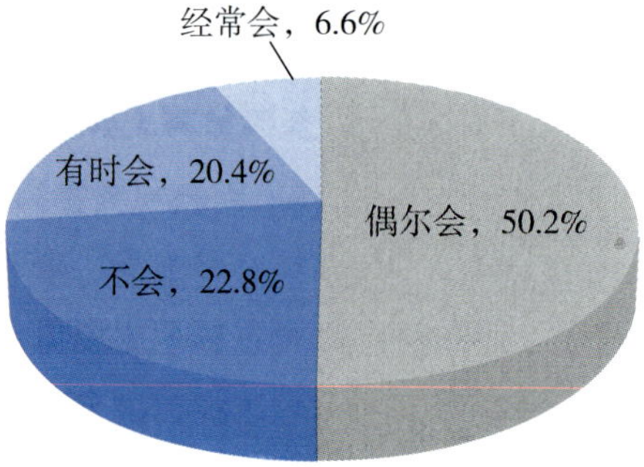

图4－11　中学生在网络上分享情感的频次

10. 同学间最主要的交流内容不是学习

图4－12显示，在中学生学习生活的大多数方面，中学生选择比例最高的交流对象仍然是同学，比如学习方面愿意与同学交流的比例为56.3%，情感方面为53.8%等，只有在“家庭琐事”和“生活常识”两项上愿意与父母交流的中学生比例最高，分别为55.3%和52.6%，显示出目前中学生在网络上交流或交往的重心都是同学。这一点与我们之前的预期相符合。他们最爱交流的内容是“八卦娱乐”和“兴趣爱好”，比例分别为74.1%、73.9%，“同学关系”和“无聊闲谈”也占了比较大的份额，比例分别为65.0%和61.5%，学习则排在后面，说明同学间最主要的交流内容不是学习。另外，教师与学生的交流仅在学习方面占33.6%，而在其他内容上都仅占很小的比例，不到10.0%，说明教师与学生之间的交流偏少，在学生的网络交流中不占据主要地位。

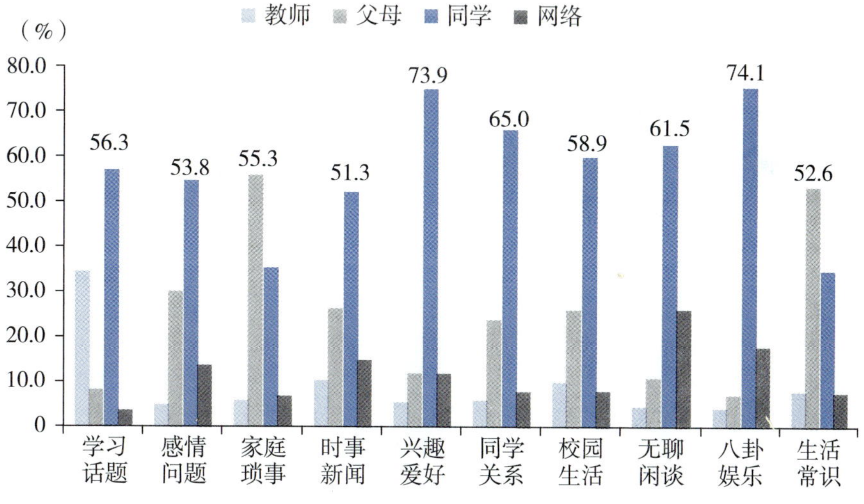

图4－12　中学生网络交流的内容与对象

（二）不同群体中学生的网络社交

1. 女生比男生网络社交频次更高

图4－13显示，男生“总是”和“经常”（59.5%）进行网络社交的

比例比女生（64.5%）小，而“有时”和“很少”的比例比女生大，“从不”进行网络社交的男女生比例一样。可以看出，女生比男生更倾向于网络社交。

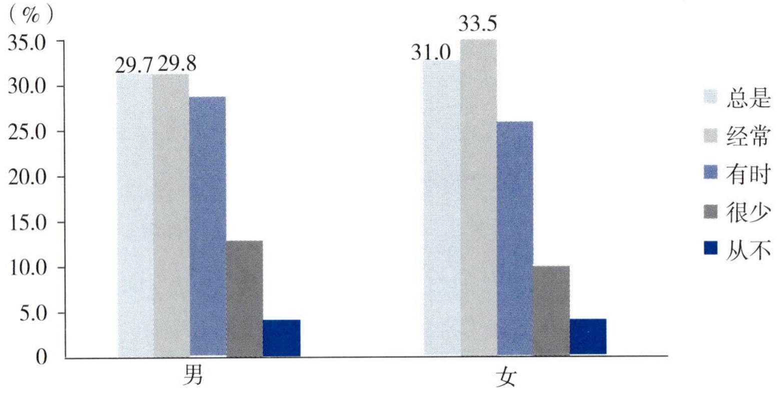

图 4－13　不同性别中学生网络社交的频次

2. 女生网络交流对象中现实生活中的朋友比例高些

图 4－14 显示，在网络交流对象上，男生和女生趋势基本一致，但男生选择“网上的陌生人”的比例比女生高，女生选择“生活中认识的朋

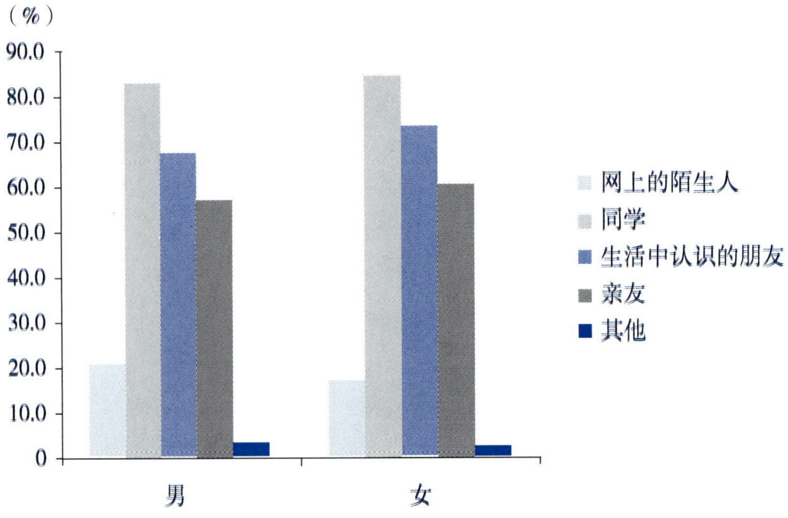

图 4－14　不同性别中学生网络交流的对象

友”和“亲友”的比例比男生高。

图 4 – 15 显示，在网上遇到陌生人时，男生和女生趋势基本一致，选择“不予理睬”和“存在戒心”的中学生占多数，比例较高，但是男生觉得可以信任的比例比女生高，女生则刚好相反，选择不予理睬的比例比男生高。

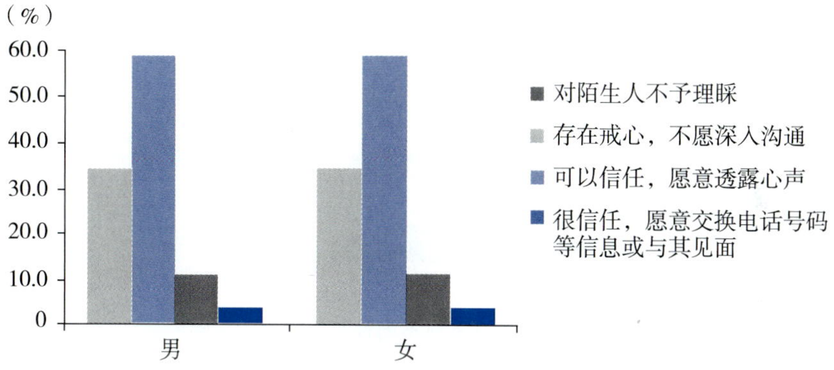

图 4 – 15　不同性别中学生对网络陌生人的态度

3. 女生网络上结识的陌生网友人数普遍少于男生

图 4 – 16 显示，男生和女生趋势一致，都是在网络上结识的陌生网友少于 10 人的比例最高，31—50 人的比例最低。但男生少于 10 人的比例明显比女生低，而 50 人以上的比例明显比女生高。可以看出，女生在网络上结识的陌生网友人数普遍少于男生。

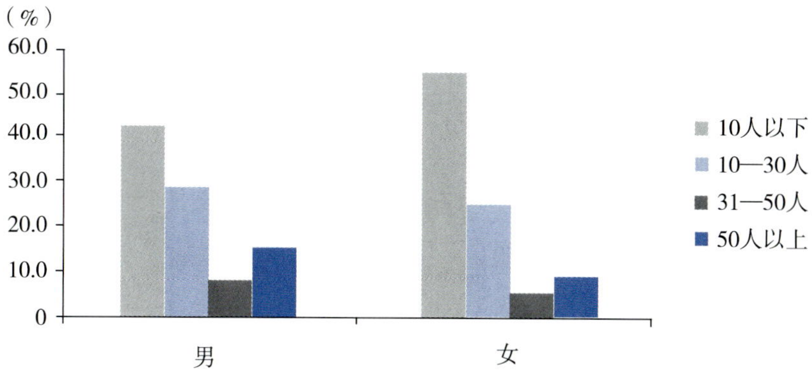

图 4 – 16　不同性别中学生结识网友的数量

4. 男生认为网络交友让自己更不愿意与现实朋友交往的比例高于女生

图4－17显示，在网络交友对自己的影响上，男生和女生持正面态度的比例高，但是男生认为让自己更局限于网络朋友，不愿在现实中与人交往的比例比女生高，女生选择“其他”的比例比男生高。

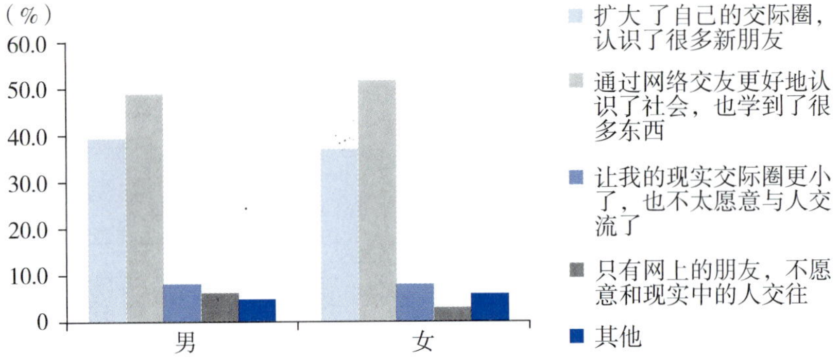

图4－17　网络交友对不同性别中学生的影响

5. 中学生网络交友的原因随年级升高由正面转为负面

如图4－18所示，各年级中学生认为网络交友不过就是“多了一种交友渠道而已”的比例最高，而认为“现实生活中交不到知心朋友”的比例多数都是最低的，只有初三年级学生是“现实生活很无聊，很寂寞”的比例最低。相对而言，高二学生认为网络交友不过就是“多了一种交友渠道”的比例最高，高三学生认为“很新鲜、很好奇”的比例最高。

6. 年级越高的中学生网络朋友越少，现实朋友越多

如图4－19所示，各年级中学生选择比例最高的一项都是“现实中认识的朋友占绝大多数”，但相对而言，高中三个年级选择的比例明显比初中三个年级更高。而在另一选项“网上结识的朋友比现实中认识的朋友多”上，初中三个年级选择的比例则高于高中三个年级，其中，初一、初三学生选择的比例最高。可见，高年级学生的网友数量明显少于现实朋友，低年级学生交友虽然仍以现实朋友为主，但网友也占了相当比重。这也许与中学生心理、思维的成熟度有关。低年级学生对网络交友处于非常好奇的阶段，还不怎么能辨识网友的好坏、真伪，高年级学生见识多了，

思想和心理也成熟了，对网络交友有一定的辨识能力。

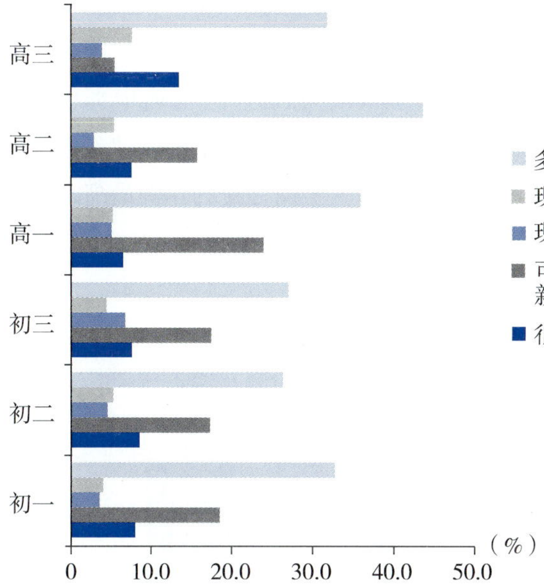

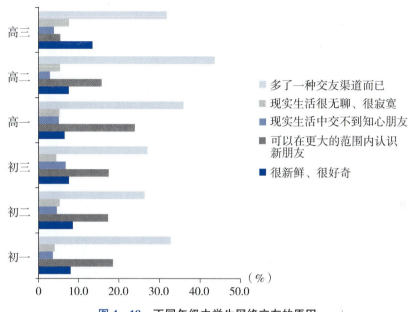

图 4－18　不同年级中学生网络交友的原因

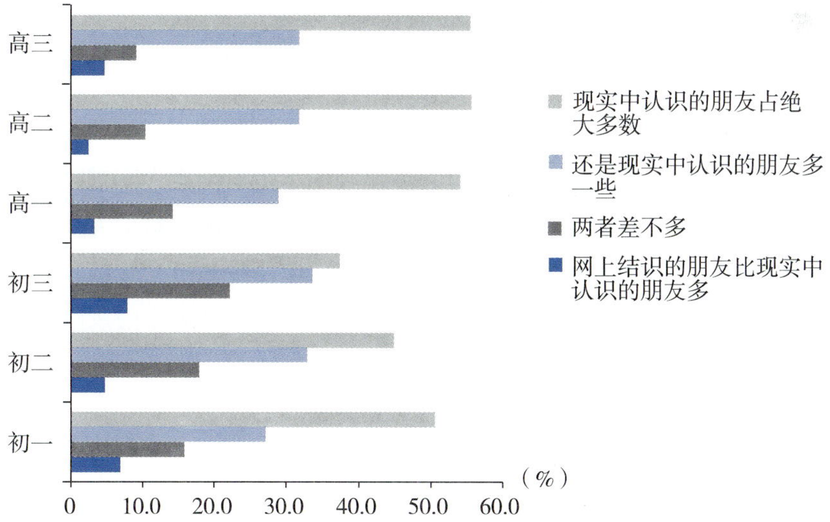

图 4－19　不同年级中学生网络朋友与现实朋友分布比较

7. 中部地区中学生网络社交的频次略低

如图 4－20 所示，在地域分布上，“总是”和“经常”上网社交的中学生比例由高到低排列依次为西部、东部、中部，“有时”、“很少”的中学生比例由高到低排列依次为中部、东部、西部。这说明中部中学生比东、西部中学生上网社交的频次低。东部和西部中学生都是“经常”上网社交的比例最大，而中部中学生是“有时”上网社交的比例最高。

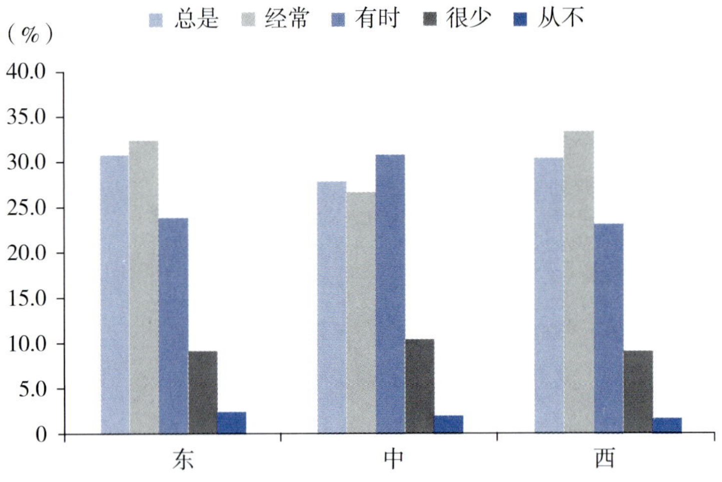

图 4－20　不同地区中学生网络社交的频次

8. 东部中学生比西部中学生对网络陌生人更有警惕性

如图 4－21 所示，东、中、西三个地区中学生对陌生人不理睬和存戒心的比例都很高，但相对而言，东部中学生在网络上遇到陌生人时不予理睬的比例最高，中部中学生是很信任的比例最高，西部中学生则是可以信任的比例最高。可以看出，东部中学生比中、西部中学生对网络陌生人更有警惕性。

9. 中学生首次上网时间越早，网络社交的频次越高

如图 4－22 所示，首次上网时间在上小学前的中学生“总是”进行网络社交的比例最高，为 49.3%，然后依次是“经常”（27.7%）、“有时”（15.5%）、“很少”（5.6%）、“从不”（1.9%）；首次上网时间在小学一到三年级的中学生也呈现了这一趋势，“总是”占比最高，达 35.7%，“从

不”占比最低，为1.8%；从另一个角度看，在“总是”进行网络社交的中学生中，首次上网时间越早的中学生比例越高，最高的是小学前首次上网的中学生，最低的是上高中时首次上网的中学生。可以看出，首次上网时间越早，中学生网络社交的频次就越高。

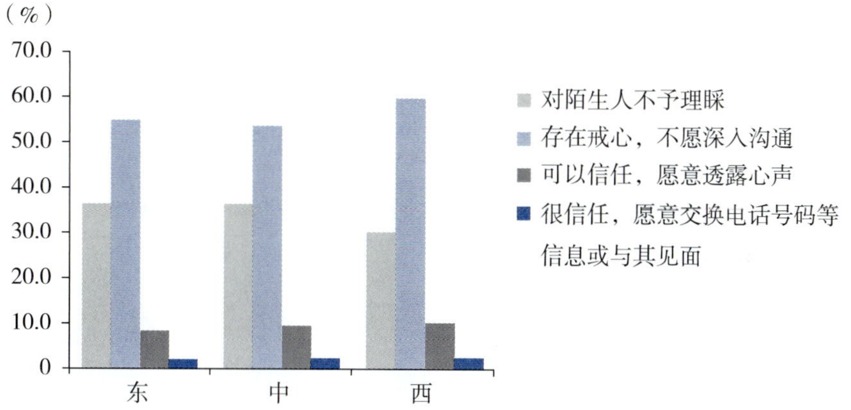

图4－21　不同地区中学生对网络陌生人的信任程度

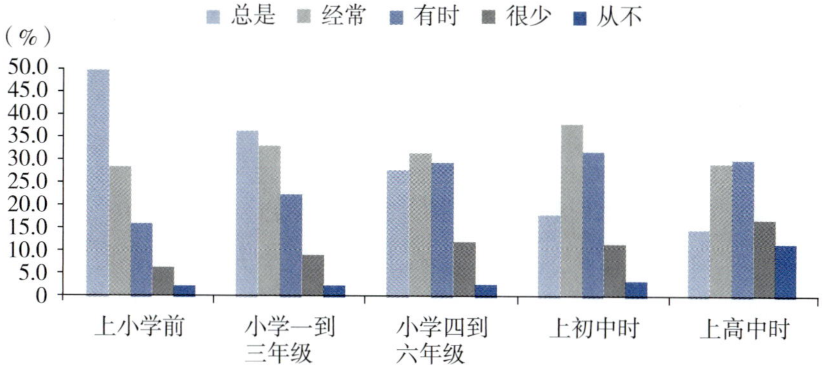

图4－22　中学生网络社交频次与首次上网时间的关联

10. 中学生首次上网时间越早，参加网络交友群/圈的个数越多，没有参加的比例越低

如图4－23所示，在小学前首次上网的中学生参加过4个以上网络交友群/圈的比例最高，没有参加的比例最低，而在高中才首次上网的中学生正好相反，参加过4个以上网络交友群/圈的比例最低，没有参加的比例

最高。参加过4个以上网络交友群/圈的比例随着首次上网时间的推迟呈现出递减的趋势，而没有参加过的比例则随着首次上网时间的推迟而递增。可以看出，首次上网时间越早，中学生参加网络交友群/圈的个数越多。

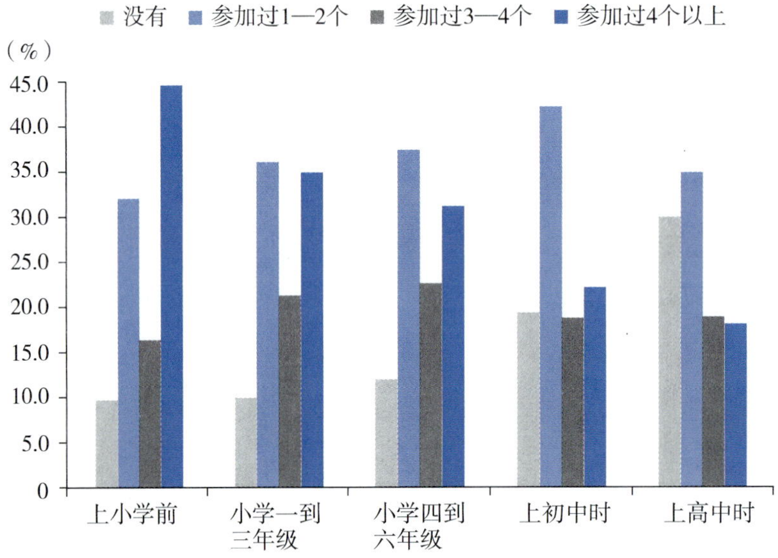

图4－23　中学生首次上网时间与参加网络交友群/圈数量的关联

11. 上网频次越高，参加多个网络交友群/圈的比例越高

如图4－24所示，一天多次上网和一天一次上网的中学生参加4个以上网络交友群/圈的比例最高，半周一次和一周一次上网的中学生则是参加过3—4个的比例最高，一个月左右上网一次的是参加过1—2个的比例最高，而半个月左右上网和数月上网一次的则是没有参加过的比例最高。与此相对应，一天多次、一天一次、半周一次、一周一次上网的中学生没有参加的比例更低，而半月一次、一月一次、数月一次上网的中学生没有参加的比例明显上升。

可以看出，随着上网频次的降低，参加多个网络交友群/圈的中学生比例递减，而没有参加的比例递增。即上网频次越高，中学生参加多个网络交友群/圈的比例越高，上网频次越低，没有参加的比例越高。

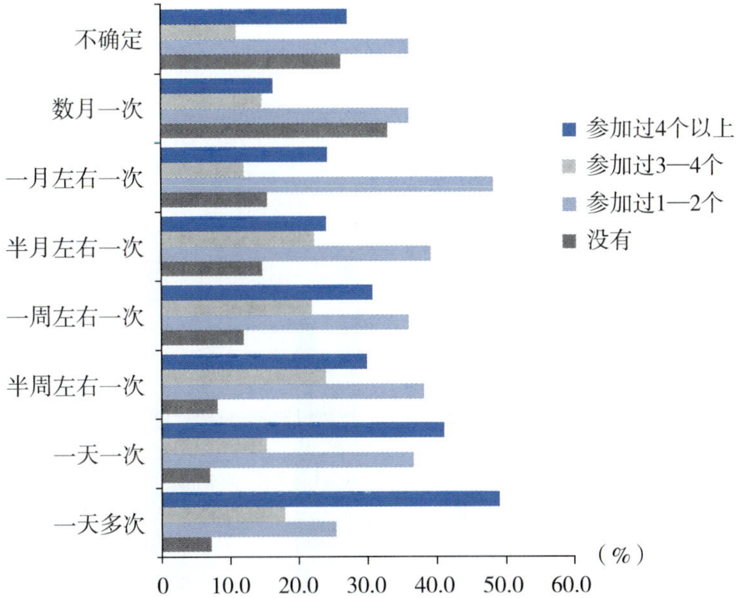

图 4－24　中学生上网频次与参加网络交友群/圈数量的关联

12. 中学生上网时长越长，参加多个交友群/圈的比例越高

如图 4－25 所示，相比而言，上网时长少于半小时的中学生参加 3—4 个网络交友群/圈的比例最低，而上网时长在 0.5—1 小时、1—2 小时、2—3 小时、3 小时以上的中学生没有参加的比例更低，随着上网时长的递增，参加 4 个网络交友群/圈的中学生比例也递增，上网时长在 2—3 小时、3 小时以上的中学生比例明显更高。

可以看出：中学生上网时长越长，参加多个网络交友群/圈的比例越高；上网时长越短，没有参加的比例越高。

13. 中学生网络社交的频次越高，参加多个网络交友群/圈的比例越高

如图 4－26 所示，“总是”进行网络社交的中学生“参加过 4 个以上”网络交友群/圈的比例最高，“没有”参加的比例最低，而“从不”进行网络社交的中学生“没有”参加网络交友群/圈的比例最高。相对而言，随着社交频次的降低，“参加过 4 个以上”网络交友群/圈的中学生比例在降低，而“没有”的比例在上升。

可以看出：中学生网络社交的频次越高，参加多个网络交友群/圈的

比例越高；网络社交频次越低，没有参加的比例越高。

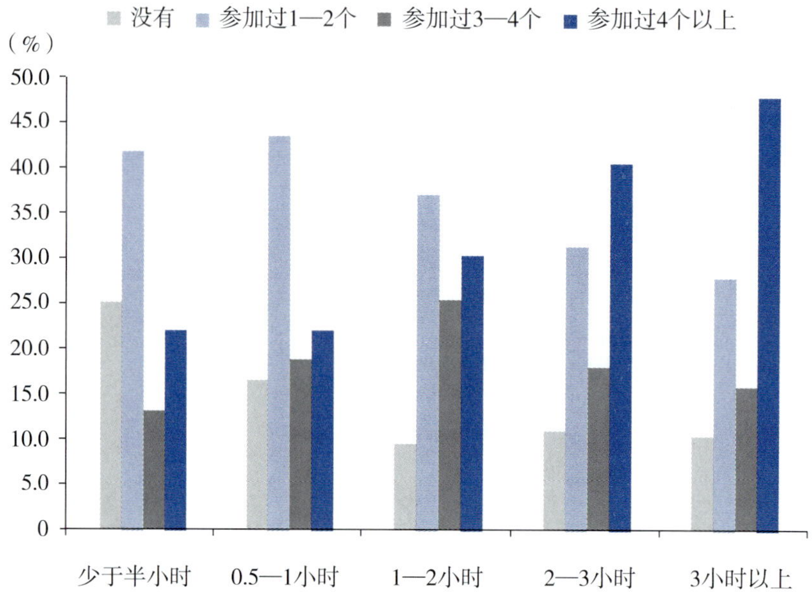

图 4－25　中学生上网时长与参加网络交友群/圈数量的关联

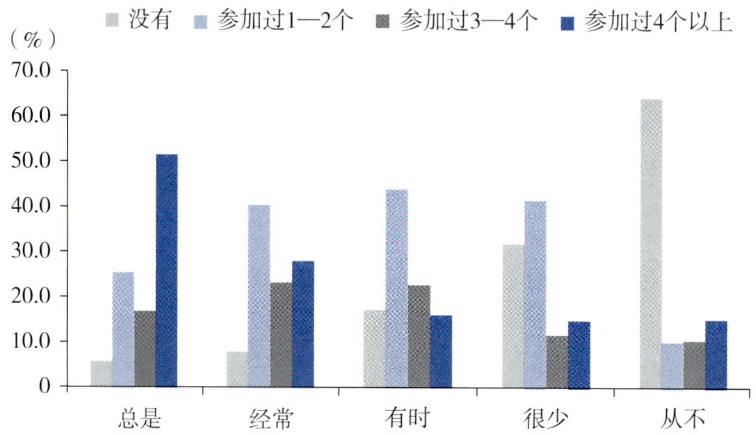

图 4－26　中学生网络社交频次与参加网络交友群/圈数量的关联

二、中学生网络语言交流的特征

（一）中学生的网络语言交流

1. 多数中学生没有创造网络语言

近半数的中学生及其交往的朋友没有创造过网络语言（48.5%），偶尔创造过的比例为43.9%。总体来看，多数中学生创造网络语言的频次并不高。

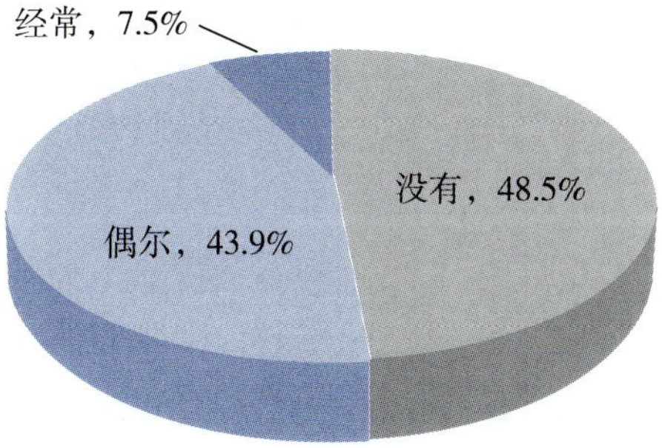

图4－27　中学生创造网络语言的情况

2. 超过1/2的中学生上网时习惯日常用语和网络语言混用

上网时日常语言和网络语言混用的中学生占一半多点（52.6%），比例最高（见图4－28）。

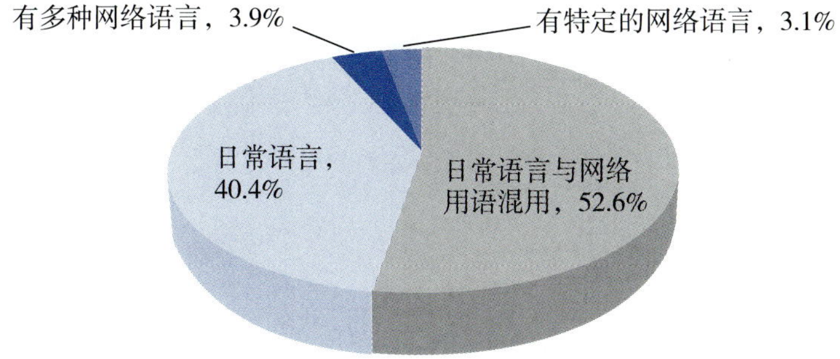

图4－28　中学生网络交流使用的语言

3. 中学生认为网络语言不规范的比例最高

对于网络语言，整体而言（见图4－29），中学生群体的态度并没有表现出明显的倾向性。持“不规范”、“无聊”、“反感”的负面观点的人，与持“是对语言的创新”、“更有意思”、“有认同感”、“很时髦”的正面观点的人，都有一定的比例，但整体占比都不是特别高。其中认为“不规范”的比例最高，超过1/3，同时认为“是对语言的创新”的比例也接近1/3。这说明中学生对于网络语言这一新生事物尚存争议。

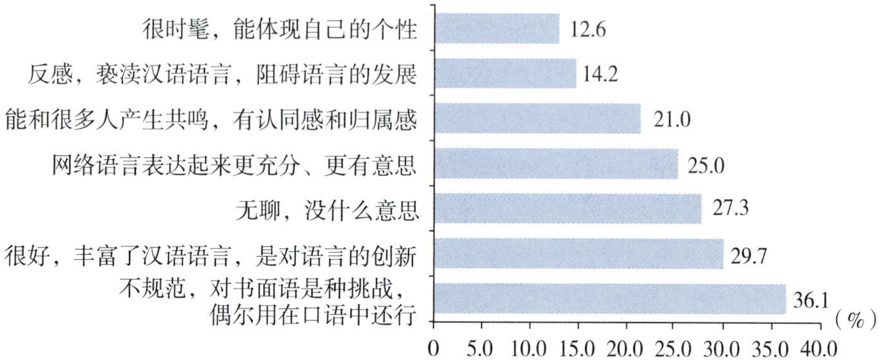

图4－29 中学生对网络语言的看法

4. 大部分中学生仅仅把网络语言当作有趣的日常用语偶尔使用，较少作为正式语言用来交流

对于网络语言，大多数中学生抱有认可的态度，认为在生活中或网络上使用可以接受，上网时日常语言和网络语言混用的中学生占一半多点（52.6%），生活中偶尔使用，觉得有趣的占59.7%，认为网络语中出现的错别字无所谓的占59.0%，但在正式场合（如作文或者日记）近半数倾向于不用网络语言（占49.5%）。说明大部分中学生仅仅把网络语言当作有趣的日常用语偶尔使用，较少作为正式语言用来交流。

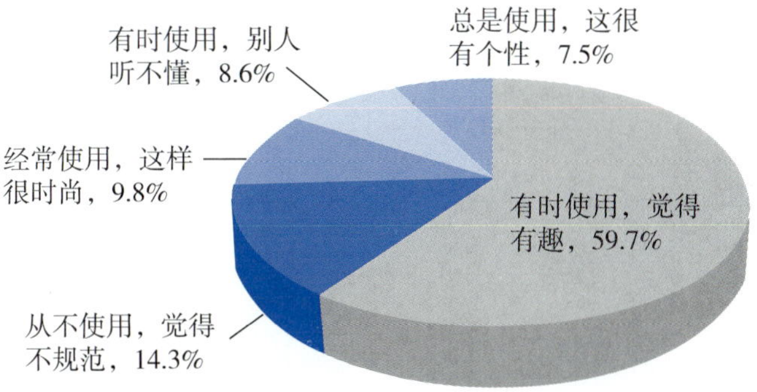

图 4 – 30　中学生在生活中使用网络语言的频次

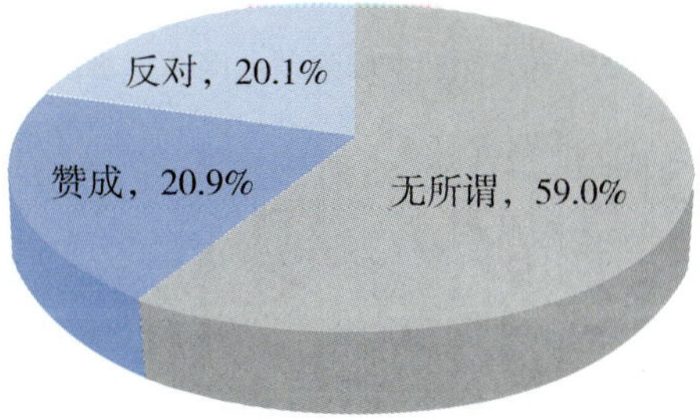

图 4 – 31　中学生对网络语言中错别字的态度

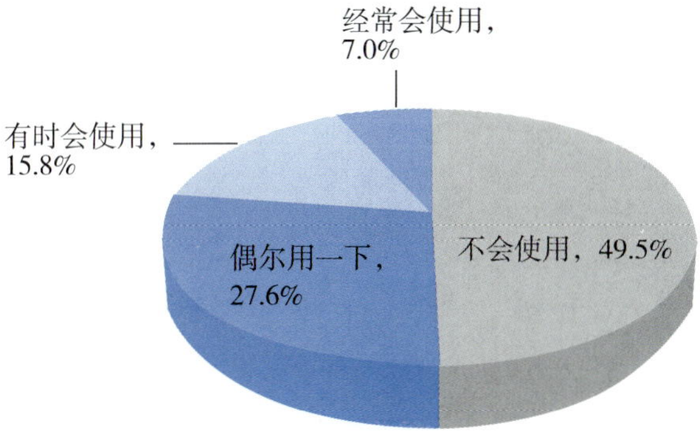

图 4 – 32　中学生在正式场合使用网络语言的频次

（二）关于不同中学生群体的网络语言交流

1. 男女生创造网络语言的频率比较接近

图 4 – 33 显示，男女生创造过网络语言的频率相近，女生没有创造过

网络语言的比例高于男生，男生经常创造的比例高于女生。

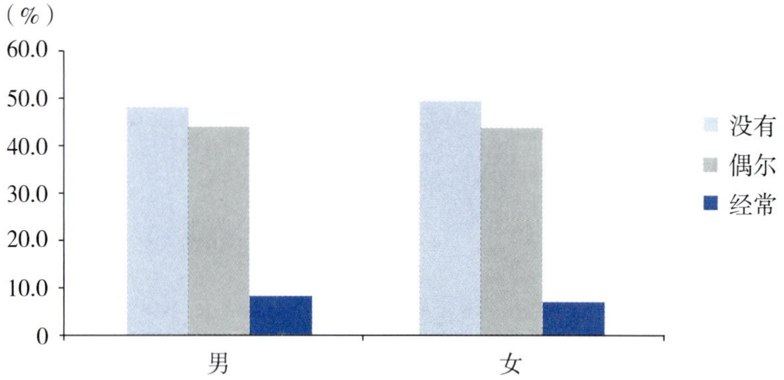

图 4－33　不同性别中学生创造网络语言的情况

2. 女生日常语言和网络用语混用的比例更高

图 4－34 显示，在网络交流使用的语言上，男生和女生选择最多的是“日常语言和网络语言混用”，但女生选择的比例明显更高，男生和女生对“有特定的网络语言”和“有多种的网络语言”的选择比例都不高，但相对而言男生略高。女生上网交流时日常语言与网络语言混用的比例最高，而男生则是使用日常语言、特定网络语言、有多种网络语言的比例比女生高。男生更倾向于使用特定的网络语言和多种网络语言。

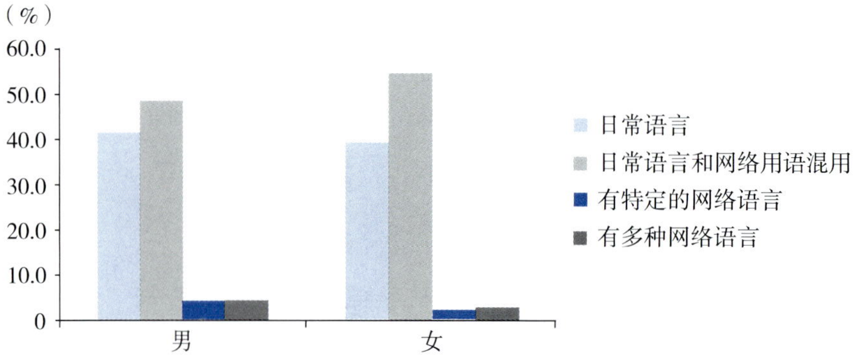

图 4－34　不同性别中学生网络交流使用的语言的情况

3. 生活中男生表示“经常”和“从不”使用网络语言的比例均高于女生

男生和女生在生活中对网络语言的使用表现出一定的共性，又略有区别。在生活中总是使用网络语言的女生比例低于男生，而男生表示从不使用的比例又高于女生。

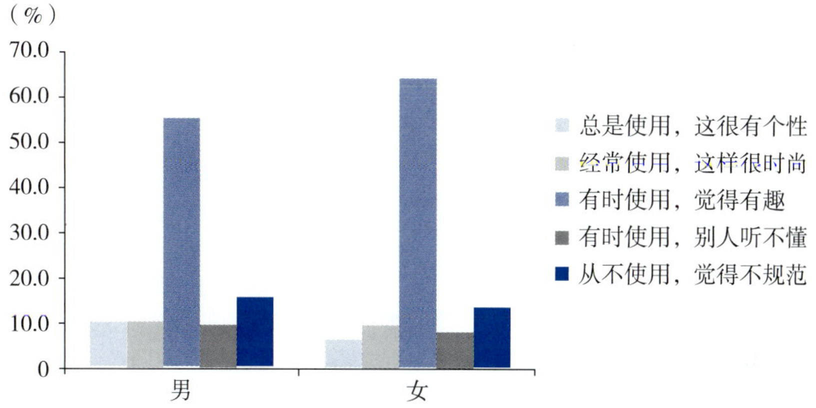

图 4－35　不同性别中学生生活中使用网络语言的频次

4. 在正式场合，女生更倾向于使用正规语言

在平时完成日记和作业等正式场合，男生“经常会使用”网络语言的比例比女生高，女生“偶尔用一下”的比例比男生高。在正式场合，女生更倾向于使用正规语言。

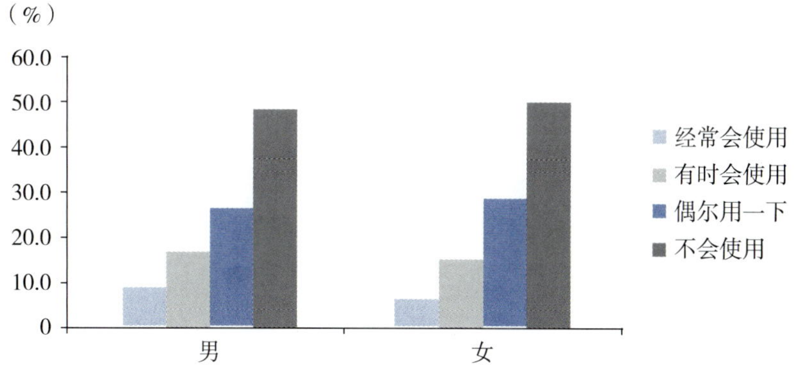

图 4－36　不同性别中学生在正式场合使用网络语言的频次

5. 东部中学生网络语言比中部、西部中学生更丰富

如图 4－37 所示，相对而言，东、中、西部地区中学生在上网时的语言使用上表现出一定的共同趋势，又有所不同。其中西部、中部中学生上

网时使用“日常语言”的比例相对更高，而“网络语言与日常语言混用”、“有多种网络语言”、“有特定网络语言”则是东部中学生选择比例更高。可以看出，东部中学生网络语言比中部、西部中学生略丰富。

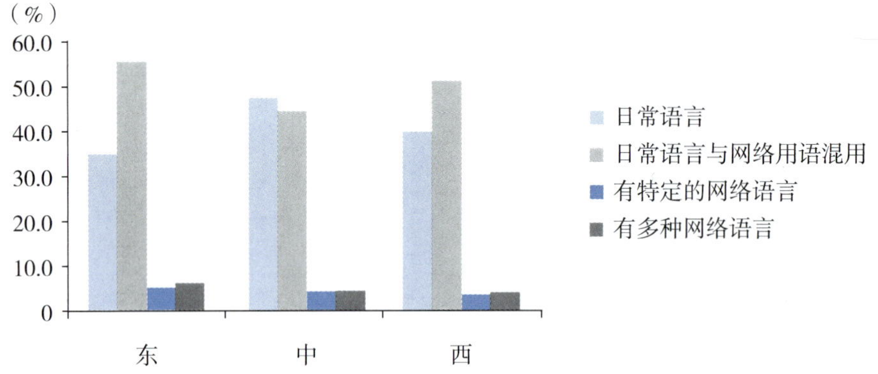

图 4－37　不同地区中学生网络语言的丰富性

6. 首次上网时间越早，网络语言就越丰富

如图 4－38 所示，相对而言，选择“有多种网络语言”比例最高的是首次上网在小学前的中学生，随着首次上网年级的升高，选择该项的比例依次降低。另外，选择使用“日常语言”比例最低的也是首次上网在小学

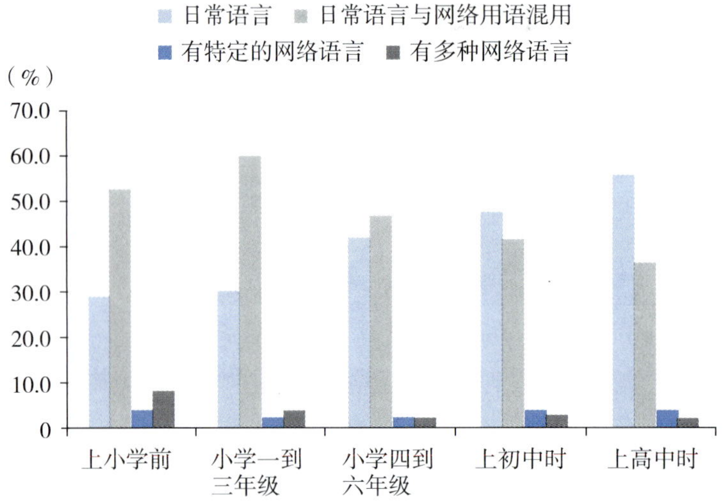

图 4－38　中学生首次上网时间与网络语言丰富性的关联

前的中学生，随着年级升高，选择该项的比例依次增加，其中首次上网在高中阶段的中学生最高。可以看出，首次上网时间越早，中学生网络语言就越丰富。

7. 中学生首次上网时间越早，生活中使用网络语言的频次越高

如图 4－39 所示，生活中“总是使用”和“经常使用”网络语言的中学生中，首次上网在小学前的比例最高，随着首次上网年龄升高，比例依次降低。而生活中“从不使用”网络语言的中学生中，则是首次上网在小学前的比例最低，随着首次上网年龄升高，比例依次递增，其中首次上网在高中的中学生比例最高。

可以看出，中学生首次上网时间越早，生活中使用网络语言的频次越高。

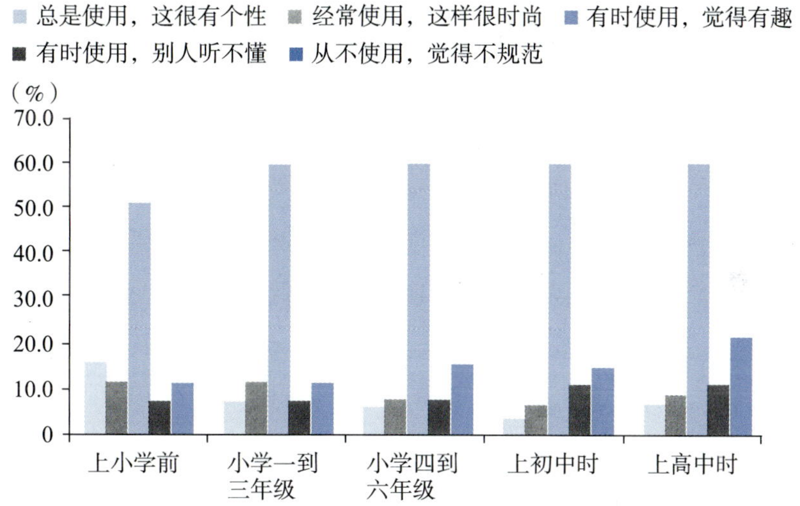

图 4－39　中学生首次上网时间与生活中使用网络语言频次的关联

8. 中学生上网频次越高，网络语言也越丰富

如图 4－40 所示，相对而言，一天多次上网的中学生“有多种网络语言”的比例最高，随着中学生上网频次的降低，“有多种网络语言”的比例也在降低。与此相对应，一天多次上网的中学生在网络上使用“日常语言”的比例最低，随着上网频次的降低，中学生使用“日常语言”的比例依次递增。

可以看出，中学生上网频次越高，网络语言也越丰富。

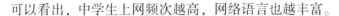

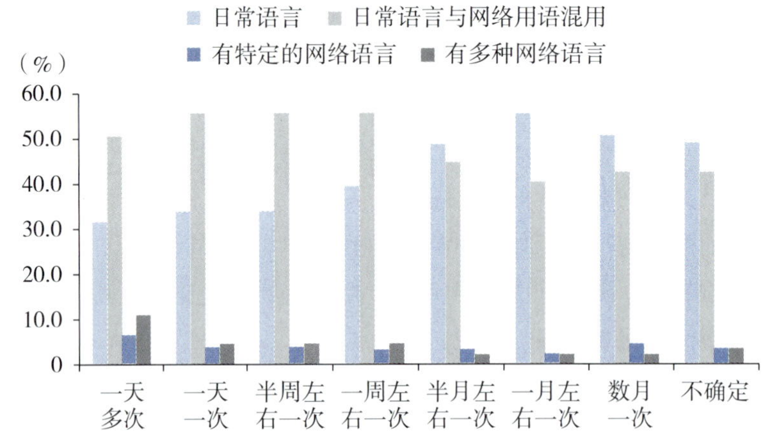

图 4－40　中学生上网频次与网络语言丰富性的关联

9. 中学生上网频次越高，生活中使用网络语言的频次也越高

如图 4－41 所示，一天多次上网的中学生在生活中“总是使用”和“经常使用”网络语言的比例最高，随着中学生上网频次的降低，“总是使用”和“经常使用”的比例也在降低。与此相对应，一天多次上网的中学生在生活中“从不使用”网络语言的比例最低，随着上网频次的降低，

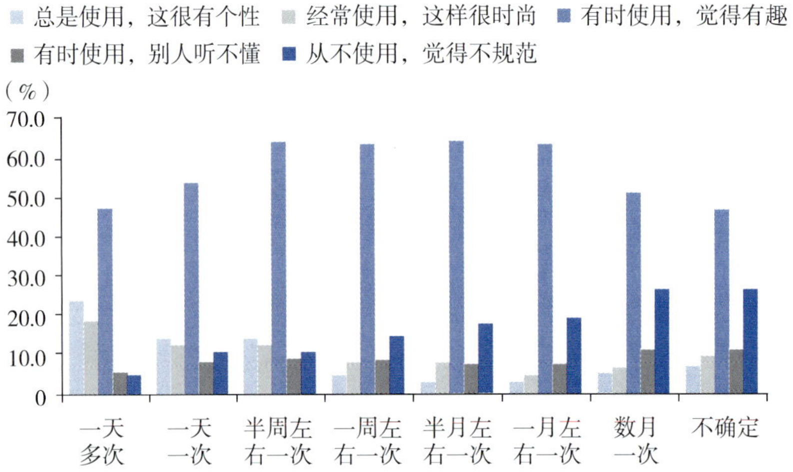

图 4－41　中学生上网频次与在生活中使用网络语言频次的关联

“从不使用”的中学生比例逐步递增，其中数月上网一次的中学生比例最高。

可以看出，中学生上网频次越高，生活中使用网络语言的频次也越高。

10. 中学生上网时间越长，网络语言也就越丰富

如图 4－42 所示，上网时长“少于半小时”的中学生在网络上使用“日常语言”的比例最高，随着上网时间的增加，中学生使用“日常语言”的比例递减。与此相对应，上网时长“少于半小时”的中学生“有多种网络语言”的比例最低，随着上网时间的增加，中学生“有多种网络语言”的比例递增，其中上网时间在“3 小时以上”的中学生比例最高。

可以看出，中学生上网时间越长，网络语言也就越丰富。

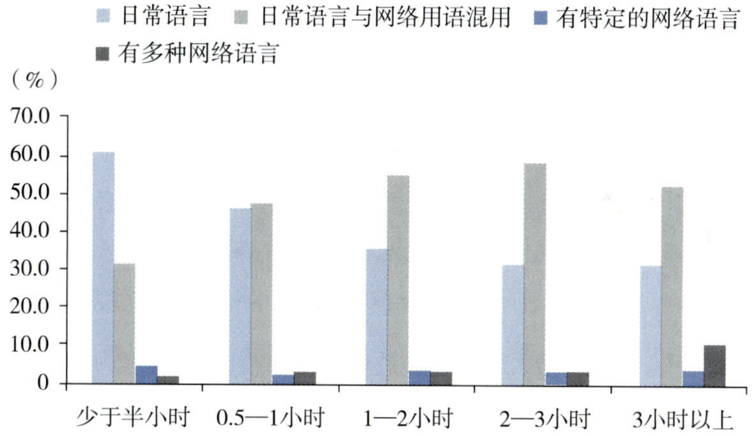

图 4－42　中学生上网时长与网络语言丰富性的关联

11. 中学生网络社交频次越高，网络语言越丰富

如图 4－43 所示，相对而言，“总是”进行网络社交的中学生上网时使用“日常语言”的比例最低，随着网络社交频次的降低，中学生选择使用“日常语言”的比例递增，其中“从不”进行网络社交的中学生比例最高。与此相对应，“总是”进行网络社交的中学生“有多种网络语言”的比例最高，随着网络社交的频次降低，“有多种网络语言”的中学生比例递减。

可以看出，中学生网络社交频次越高，在网络中使用的语言越丰富。

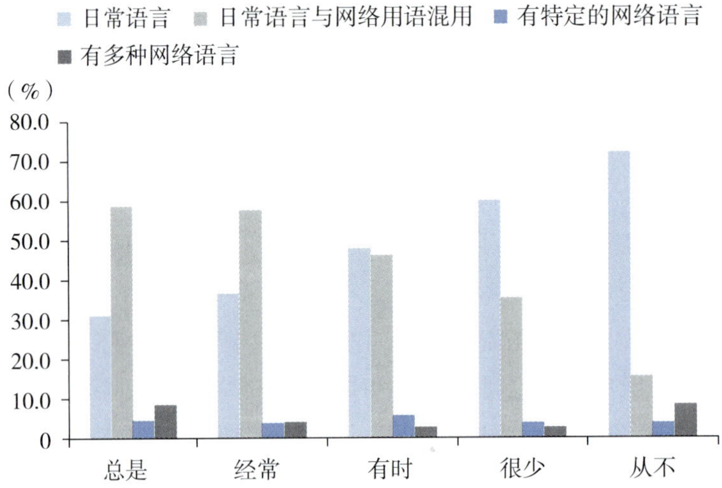

图 4－43　中学生网络社交频次与网络语言丰富性的关联

12. 中学生网络社交频次越高，生活中使用网络语言的频次也越高

如图 4－44 所示，相对而言，“总是”进行网络社交的中学生在生活中“总是使用”和“经常使用”网络语言的比例最高，随着网络社交频次的降低，中学生在生活中使用网络语言的频次递减。而“从不使用”网络语言的比例在“总是”进行网络社交的中学生中最低，随着网络社交频次

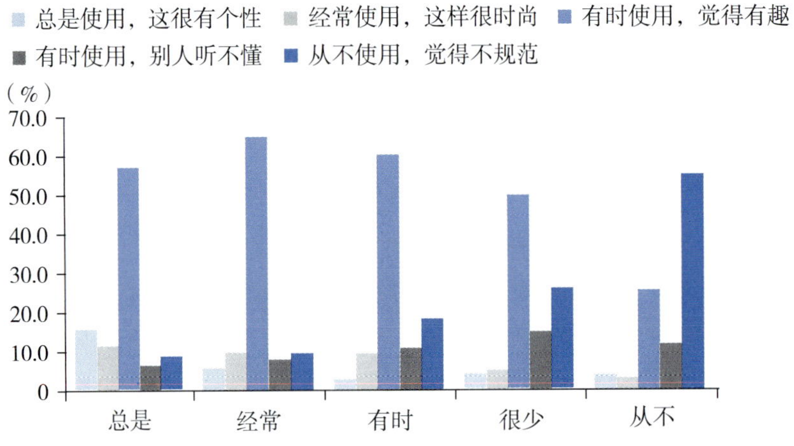

图 4－44　中学生网络社交频次与生活中使用网络语言频次的关联

的降低，“从不使用”的比例递增，其中“从不”进行网络社交的中学生比例最高。

可以看出，中学生网络社交频次越高，使用网络语言的频次也越高。

三、中学生不进行网络社交或不使用网络语言的原因

（一）中学生不进行网络社交或不使用网络语言的原因

【访谈案例】

问：如何看待网络交友？

共10人回答。

10人都答：不与陌生人交往。

其中5人还答：自己比较理智，不轻易相信别人。

另5人还答：父母和老师经常警告，容易碰到坏人。

1. 不喜欢通过网络结识朋友是中学生不进行网络社交的主要原因

在不进行网络社交的中学生中，选择不喜欢网络社交的比例达44.3%，占比最大，选择不敢和不会的比例相当，都是18.2%，还有部分中学生（12.5%）是因为长辈不允许而不进行网络社交。

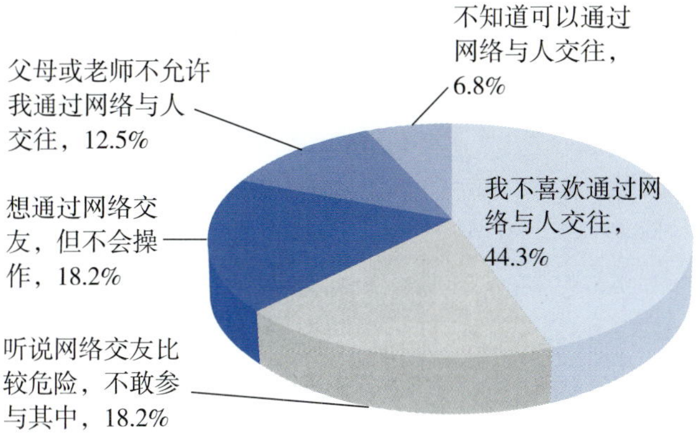

图4－45　中学生不进行网络交友的原因

2. 表示对陌生人不予理睬的中学生大部分对与网上陌生人打交道抱有警惕

54.9%的中学生选择对网上的陌生人不予理睬，表明他们抱有安全意识，认为网上的陌生人不安全，对陌生人有戒心。

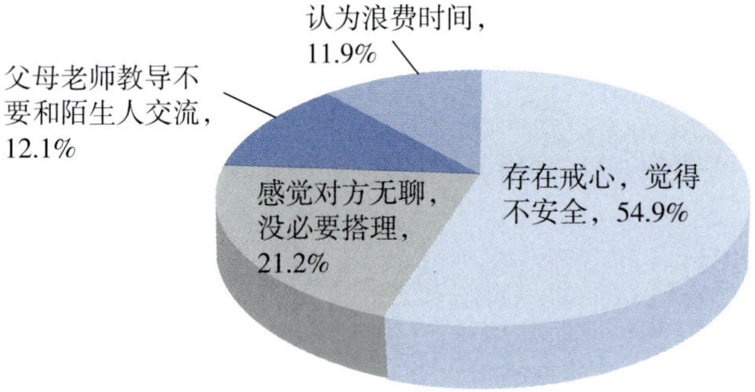

图4－46　不进行网络交友的中学生对网络陌生人的态度

3. 不使用网络语言的中学生主要是由于不了解网络语言或认为网络语言不方便、不正规

在中学生不使用网络语言的原因中，不了解网络语言的比例最高，为38.5%，觉得网络语言不如日常语言方便的占35.5%，而认为网络语言不正规的也有23.5%。中学生不使用网络语言有相当部分的原因是不了解，也有相当部分原因是觉得不方便、不正规。

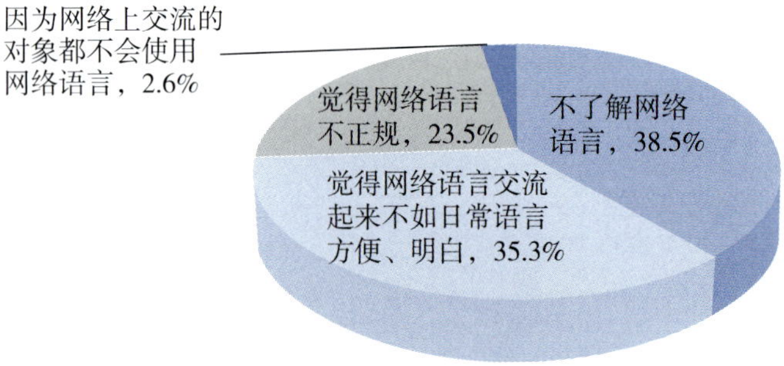

图4－47　中学生不使用网络语言的原因

（二）不同群体中学生不进行网络社交或不使用网络语言的原因

1. 不进行网络交友的原因，男生不知道的比例相对更高，女生不会操作的比例相对更高

在不进行网络交友的原因中，相对而言，女生选择想通过网络交友但是“不会操作”的比例更高，男生选择“不知道可以通过网络与人交往”的比例更高。

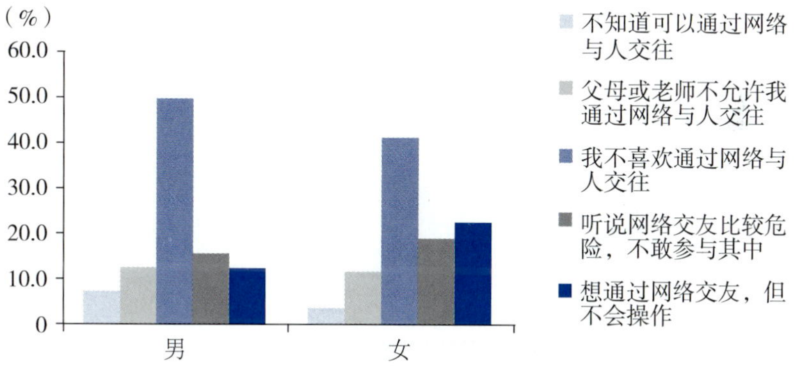

图 4－48　不同性别中学生不进行网络交友的原因

2. 之所以不理睬网络陌生人，男生更多的是因为有警惕性

对于不理睬网络陌生人的原因，男生选择“存在戒心，觉得不安全”以及“认为浪费时间”的比例比女生高，女生选择“觉得对方无聊，没必要搭理”的比例比男生高。

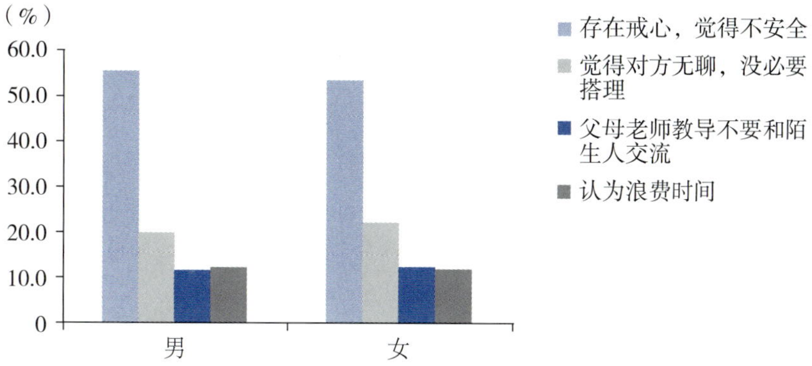

图 4－49　不同性别中学生对网络陌生人的态度

3. 不理睬网络陌生人的中学生中，男生表示可以尝试的比例比女生高

表示对网络陌生人不予理睬的中学生中，对于网络交友，女生认为“不可靠”、“反感”的比例高于男生，而男生认为“很新奇，可以尝试”以及“很好，大力支持”的比例高于女生。可以看出，这部分男生对网络交友仍有一定认可度。

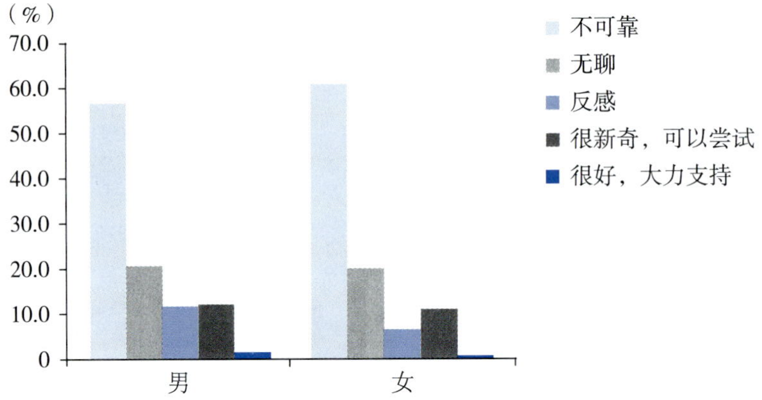

图 4－50 不同性别中学生对网络交友的态度

4. 上网时长少于半小时的中学生因不会操作而不进行网络交友的比例最高

如图 4－51 所示，相对而言，上网时长少于半小时的中学生因不会操作而不进行网络交友的比例最高，上网时长在 0.5—1 小时的中学生因长辈不允许而不进行网络交友的比例最高，上网时长在 1—2 小时的中学生不敢参与的比例最高，上网时长在 2—3 小时的中学生是不喜欢的比例最高，上网时长在 3 小时以上的中学生是不知道的比例最高。

5. 女生更倾向于认为网络语言不方便而不使用网络语言

在不使用网络语言的原因中，女生选择“觉得网络语言交流起来不如日常语言方便、明白”的比例比男生高，而男生对其他三项的选择比例比女生高。

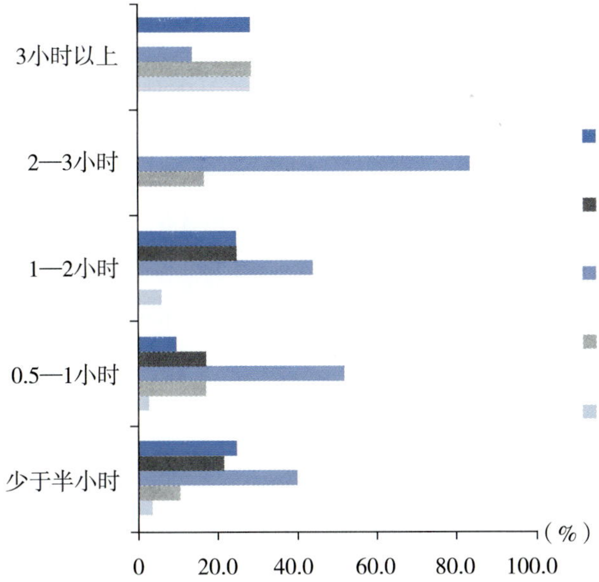

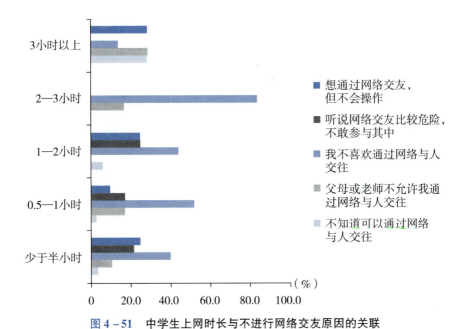

图 4－51　中学生上网时长与不进行网络交友原因的关联

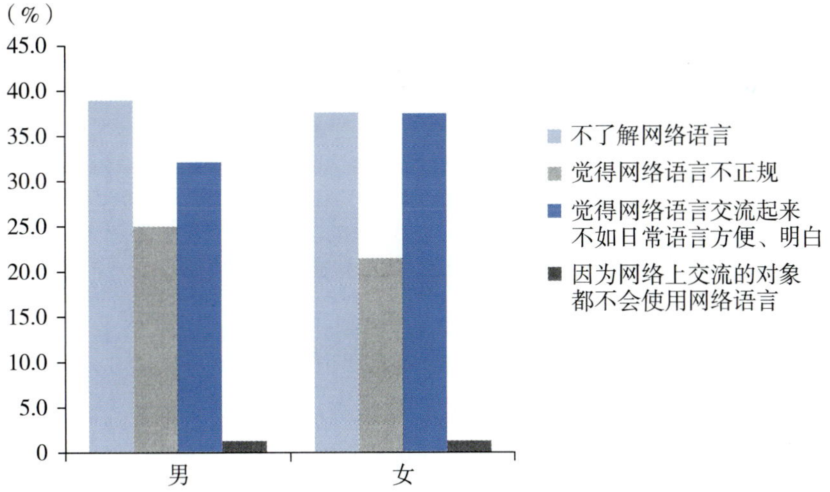

图 4－52　不同性别中学生不使用网络语言的原因

6. 中部中学生由于不了解而不使用网络语言的比例最高

相对而言，在不使用网络语言的原因中，西部中学生选择不如日常语言交流起来方便的比例最高，中部中学生选择不了解的比例最高，东部中学生选择交流对象不会使用以及觉得网络语言不正规的比例最高。

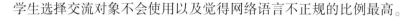

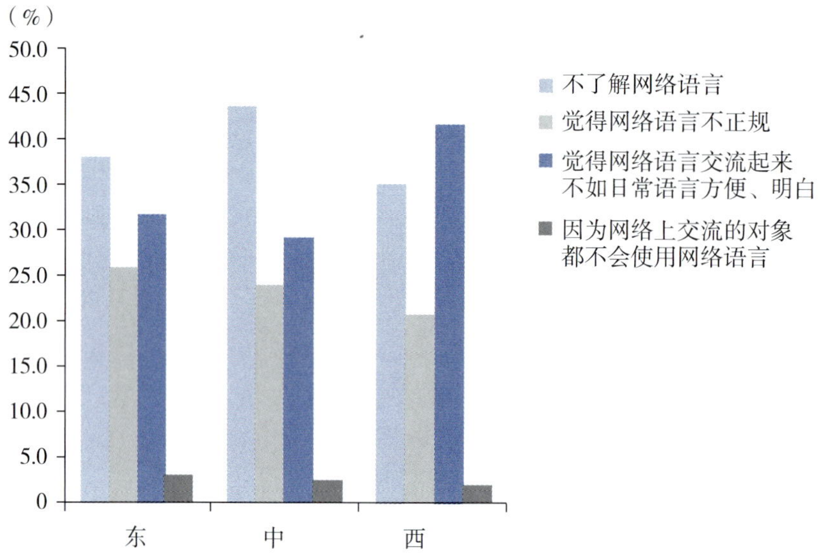

图 4-53 不同地区的中学生不使用网络语言的原因

四、父母对子女网络社交和网络语言的认知

(一) 父母对子女网络社交的认知

1. 大部分父母对子女的网络社交情况都有所了解

父母对子女网络社交“了解一些”的占半数以上，“不太了解”的占1/5强，“很清楚”的占近1/5，“完全不知道”的仅占约1/50，“不太了解”和“完全不知道”的合计约占1/4。

可以看出，大部分父母对子女的网络交友情况都有所了解，但是了解的程度不够，还有相当一部分的父母对子女的网络社交情况不清楚。

2. 母亲更不了解子女的网络社交情况

总体看，母亲“不太了解”和“完全不知道”子女网络社交情况的比例比父亲高，说明母亲更不了解子女的网络社交情况。

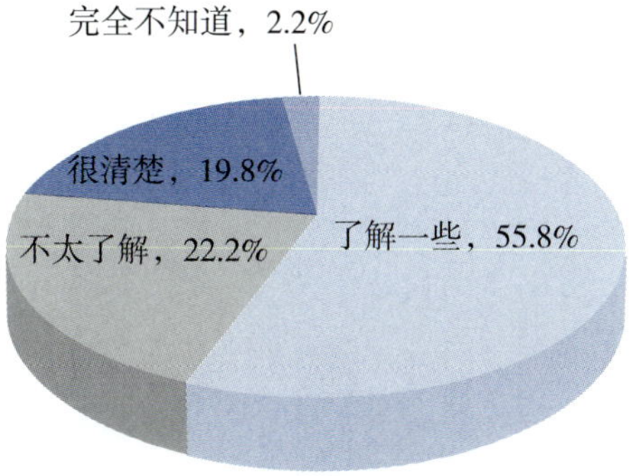

图 4－54　父母对子女网络社交的了解程度

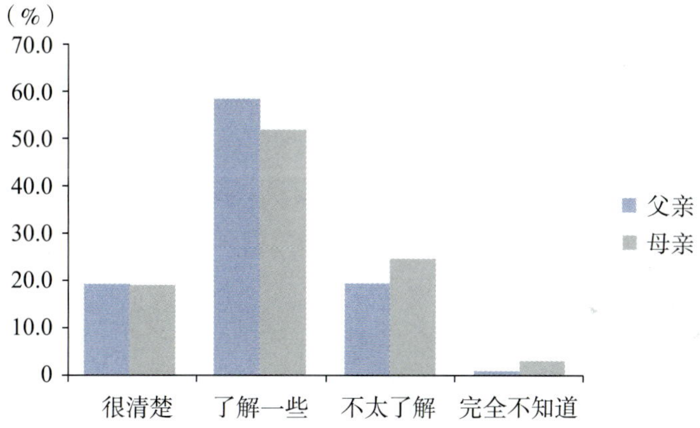

图 4－55　父亲和母亲对子女网络社交的了解程度

3. 父母对子女网络社交情况越了解，就越支持子女的网络社交

对子女网络社交情况很清楚的父母支持子女网络社交的比例最高，了解一些情况的父母选择支持与无所谓的合计比例仅次于很清楚子女网络社交情况的父母，而不太了解、完全不知道子女网络社交情况的父母则是反对的比例最高。随着对子女网络社交情况了解程度的降低，父母支持子女网络社交的比例也相应降低，而反对的比例相应提高。总体看来，对子女网络社交情况了解得越清楚，父母就越支持子女网络社交。

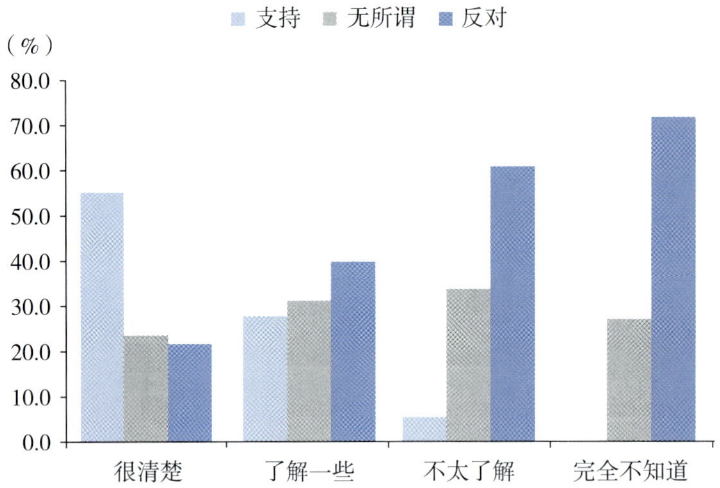

图 4－56　父母对子女网络社交了解程度和支持程度的关联

4. 反对子女进行网络社交的父母更多些

有约四成父母对子女网络社交持反对态度，认为无所谓的约占三成，只有近三成的父母支持子女网络社交。总体看来，反对子女进行网络社交的父母占更大比例。

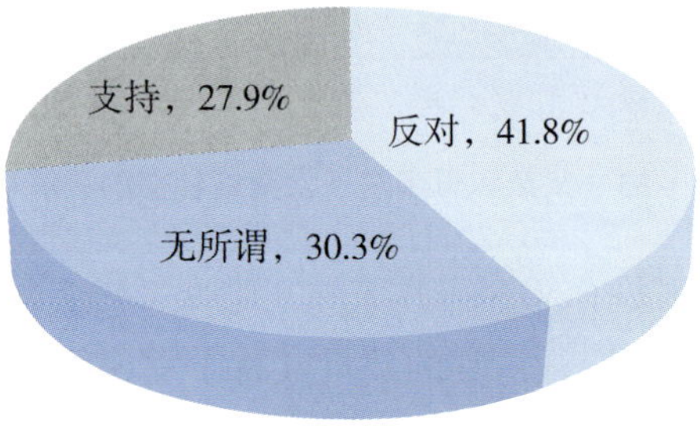

图 4－57　父母对子女网络社交的态度

5. 大部分父母会指导子女进行网络社交

父母对中学生网络交往有时指导的约占四成，经常指导的约占三成，很少和未指导的约占三成。大部分父母（约七成）会对中学生的网络交往进行指导。

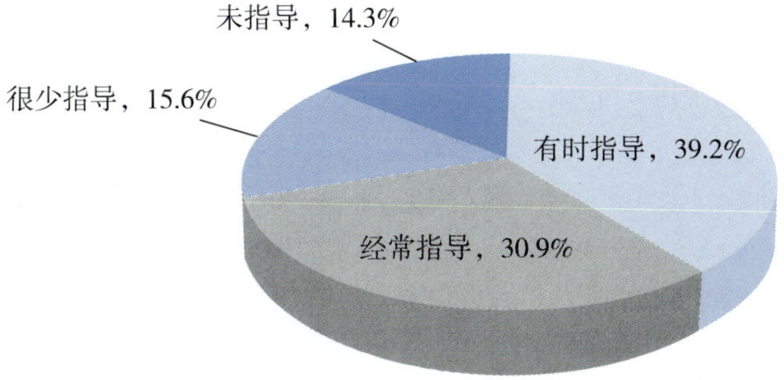

图 4－58　父母对子女网络社交的指导频次

6. 父母对子女网络社交情况了解得越清楚，指导的频次就越高

对子女网络社交情况很清楚的父母经常指导的比例最高，而在完全不知道的父母中则没有一个人经常指导子女网络社交，这类父母中有六成多的人未指导过子女网络社交。可以看出，父母对子女网络社交情况了解程度越高，指导的频次就越高。

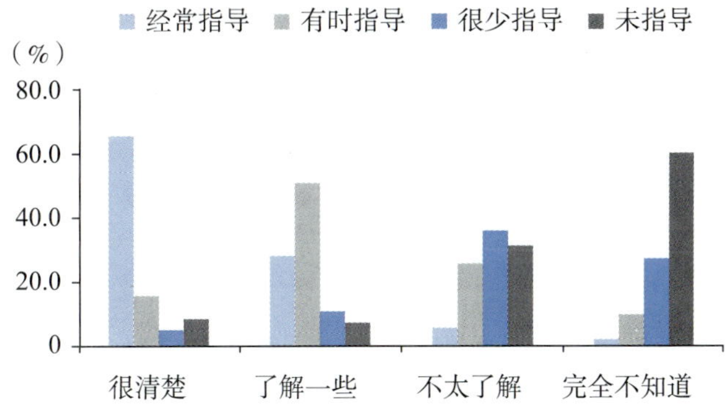

图 4－59　父母对子女网络社交的了解程度与指导频次的关联

（二）父母对子女使用网络语言的认知

1. 大部分父母了解子女的网络语言使用情况

如图 4－60 所示，父母大都能发现子女使用网络语言的情况，表示不清楚的占比最低，仅为 2.6%。这说明大部分父母了解子女的网络语言使用情况。

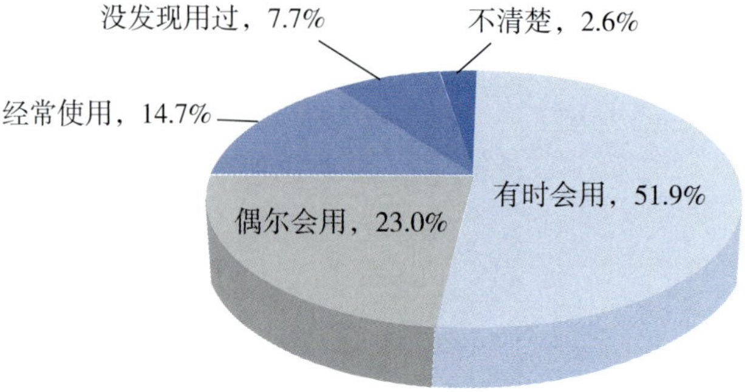

图 4－60　父母对子女使用网络语言的了解程度

2. 大部分父母不反对子女使用网络语言，甚至还有相当一部分父母表示支持

父母对子女使用网络语言认为无所谓的占大部分，约为六成，支持的约占1/4，反对的仅为一成多。这说明大部分父母不反对子女使用网络语言，甚至还有相当一部分父母持支持态度。

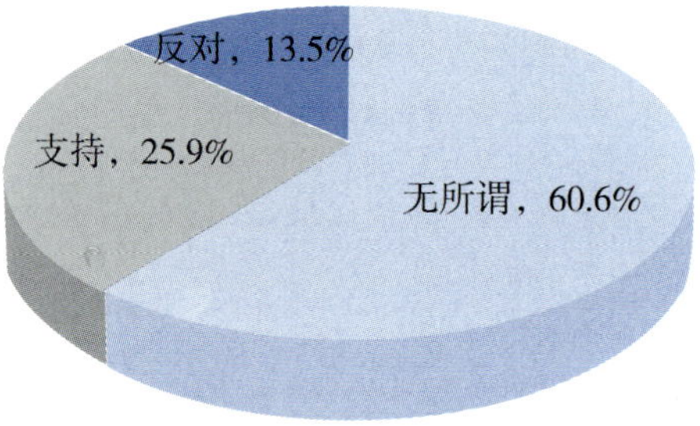

图 4－61　父母对子女使用网络语言的态度

3. 大部分父母指导过子女使用网络语言

大部分父母（约七成）都对子女使用网络语言进行过指导，很少和未指导的约占三成，说明大部分父母对子女如何使用网络语言进行过指导。

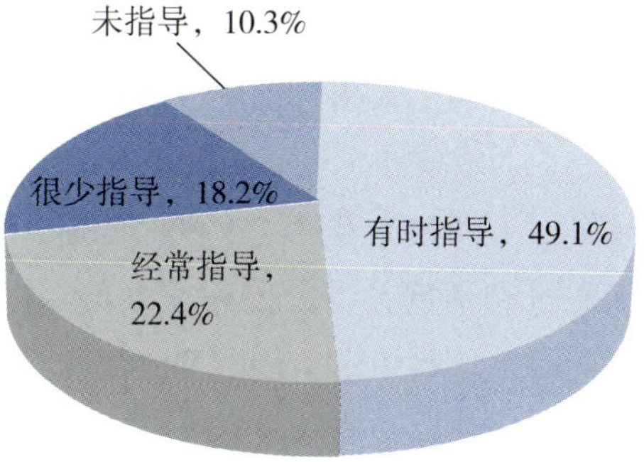

图 4－62　父母对中学生使用网络语言的指导频次

五、本章小结

（一）主要发现

1. 中学生一般都会进行网络社交，但是交往的大多是熟人，自我保护意识比较强

大部分中学生只要上网一般都会进行网络社交活动，交往的对象大部分是熟悉的人，其中同学是主要交流对象，陌生人很少，中学生也很少在网络上与人共享情感，对陌生人很警惕，自我保护意识比较强。对于网络社交，一方面，大部分中学生觉得不可靠，另一方面，部分中学生认为对自己有正面积极的影响。中学生进行网络社交使用的主要工具是聊天软件，熟人引见也是一个比较主要的渠道。同学间最主要的交流内容不是学习，而是八卦娱乐、兴趣爱好和同学关系。教师与学生间的交流偏少，在学生的网络交流中不占主要地位。家长在生活常识等日常生活方面是中学生的主要交流对象。

2. 中学生一般没有过度沉迷于网络语言

大部分中学生都没有创造过网络语言，上网时经常网络语言与日常语言混用，在正式场合很少使用网络语言，仅仅是有时在生活中把它作为有趣用语来使用。

3. 不同群体中学生的网络社交有差异

女生比男生更倾向于网络社交，但是交流对象以现实生活中的朋友为主，对陌生人更不信任，结识的人数也比男生少，更不倾向于在网络上与人分享情感。男生在生活中和正式场合更倾向于使用网络语言，创造网络语言的倾向性也更强。

首次上网时间越早、上网频次越高、上网时间越长，中学生网络社交的频次越高，网络社交也越活跃，参加网络交友圈/群的个数越多，结识的网络陌生人越多。同时，这些中学生创造网络语言的频次也越高，网络语言越丰富，在生活中和正规场合使用网络语言的频次也越高。

4. 父母对子女网络社交情况一般都有所了解，但是了解程度不够

大部分父母对子女网络社交和使用网络语言的情况都有所了解，但是了解的程度不够，父母了解得越清楚，就越支持子女进行网络社交，指导的频次也越高。

（二）对策建议

1. 学校应该开展网络社交的辅导，提供讨论平台

根据大部分中学生认为网络社交不可靠，但是又有正面积极意义的情况，学校应该开展网络社交方面的辅导，提供讨论沟通的平台。社会也可设立交流、讨论中心，引导中学生更好地进行网络社交。

2. 父母应该加强与子女的沟通，从而更好地指导中学生的网络社交

父母应该加强与子女的沟通，尽可能全面了解子女的网络社交和使用网络语言等方面的情况，从而更有针对性地指导子女网络社交。

3. 针对特殊阶段的中学生，学校和家长需要给予更多的关注和指导

针对初三年级中学生，学校和家长应该密切关注他们的网络社交情况以及各方面的变化，给予更多的沟通和指导。

4. 针对中学生网络社交，学校和家长需要注意控制中学生首次上网时间、上网频次和上网时长

对于中学生网络社交，学校和家长需要更好地控制他们首次上网的时间、上网频次和上网时长，以防止他们出现过度网络社交倾向，沉溺于网络社交而忽略了现实生活中的交流。

第五章

中学生网络学习状态分析

一、中学生网络学习行为的特征

（一）中学生的网络学习

如图 5 – 1 所示，从中学生网络学习的频率来看，只有 7.9% 的中学生从未参与过网络学习，大部分中学生都有过网络学习的经历。其中，超过1/3的中学生选择了“有时”参与网络学习，所占比例最大。“总是”或“经常”参与网络学习以及“很少”参与网络学习的中学生比例都在 1/5 左右。

从中学生网络学习时间占上网时间的比例来看，将近 40% 的中学生选择了“一般”，选择“较少”或“比较多”的中学生都在 1/5 左右，选择“非常多”或“很少”的中学生约占 1/10（见图 5 – 2）。

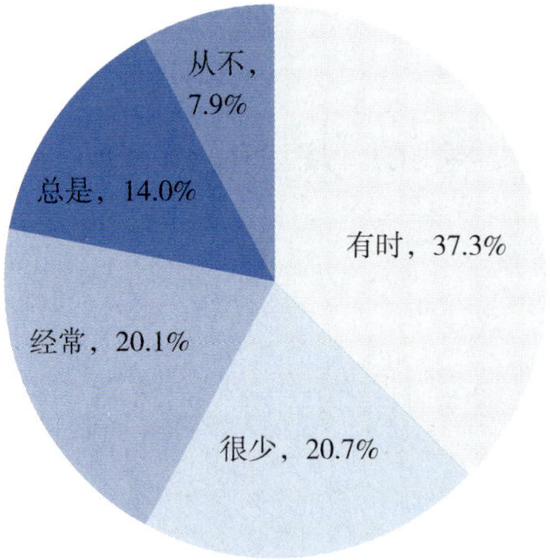

图 5－1　中学生网络学习的频率

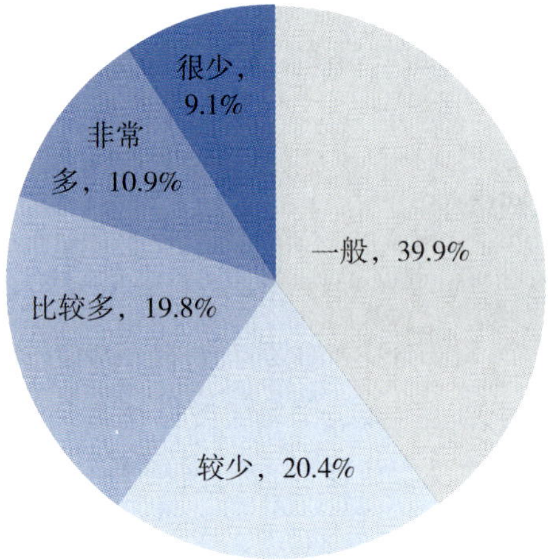

图 5－2　中学生网络学习时间占上网时间的比例

从开展网络学习的目的来看，以发展个人兴趣、拓展视野为目的的人占比最大，达 72.4%；以完成老师或家长布置的学习任务为目的的人占比最小，只有 23.0%（见图 5－3）。可见，目前中学生的网络学习大多以自发为主，老师或家长鼓励、引导的网络学习很少。

从进行网络学习的时间段来看，在周末和寒暑假进行网络学习的比例最高，均达到了一半以上，在在校时间和上学、放学路上的比例最低（见

图 5－4）。

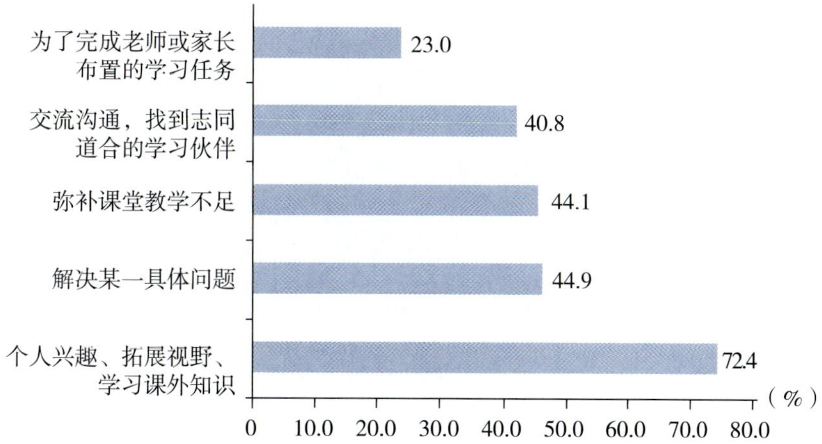

图 5－3　中学生网络学习的目的

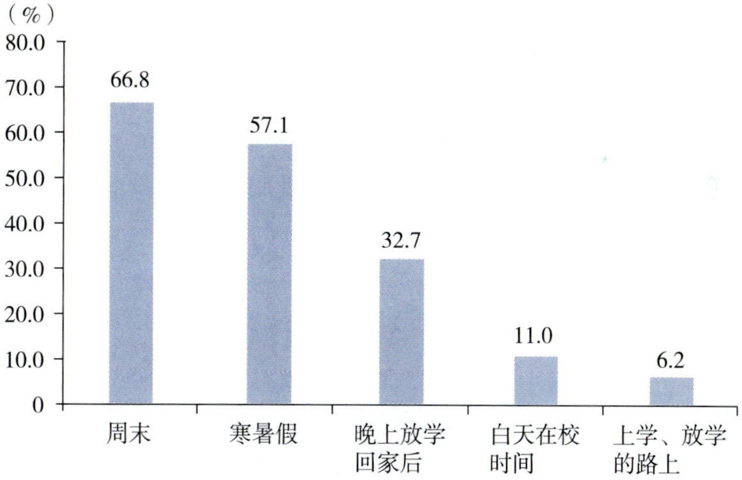

图 5－4　中学生网络学习的时间段

图 5－5 显示，从网络学习的具体内容来看，搜索、下载学习资料的最多，比例达 47.1%，这与以发展个人兴趣为主的学习目的不谋而合。然后是通过网络学习网站下载或在线学习课程。参与各类论坛讨论和通过游戏类网站边玩边学的比例都不高。

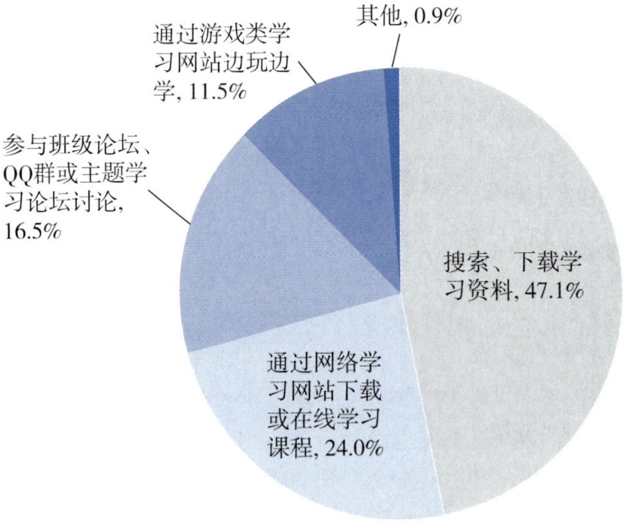

图5－5　中学生网络学习的内容

从自主学习与协作学习的比例来看，只有自主学习和自主学习多于协作学习的中学生比例之和为64.8%，只有协作学习和协作学习多于自主学习的中学生比例之和为17.5%（见图5－6）。可见，中学生进行网络学习

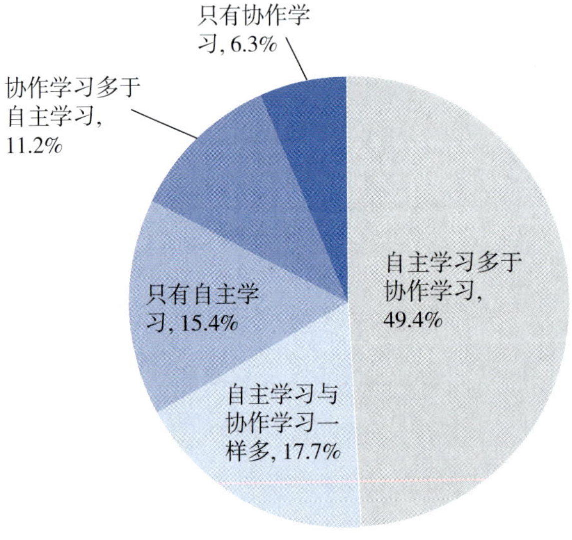

图5－6　中学生网络学习的方式

时大多以自主学习为主，协作学习的程度远远低于自主学习。这进一步验证了中学生以发展个人兴趣为主要目的，以搜索、下载学习资料为主要内容的网络学习特征。

在学习过程中遇到难题时，大部分中学生的第一反应是求助于同学、朋友，只有1/5的中学生会选择向老师请教（见图5－7）。这可能是因为中学生已经有了自学能力和分析能力，而且与老师相比，从周围的同学和朋友那里能更方便、更及时地获得帮助。

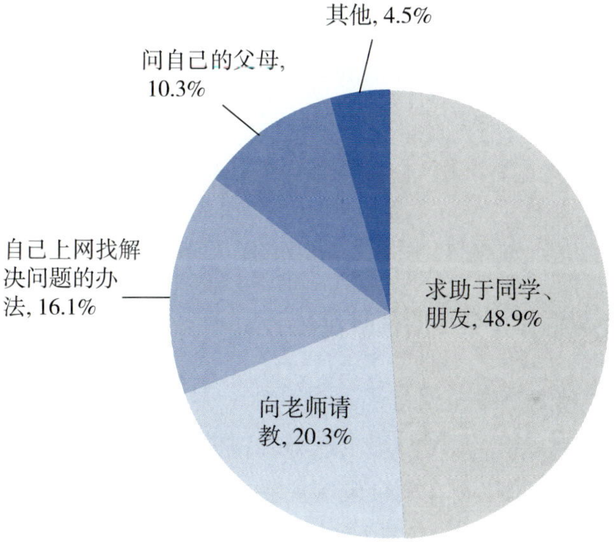

图5－7　中学生学习过程中遇到难题的第一反应

如图5－8所示，在学习或生活中遇到问题时，中学生首先想到的利用网络解决问题的方式是使用搜索引擎，选择比例最低的是发帖求助。这表明，中学生利用网络的水平仍停留在单向接受的阶段，而对网络交互等技能的应用还不充分。

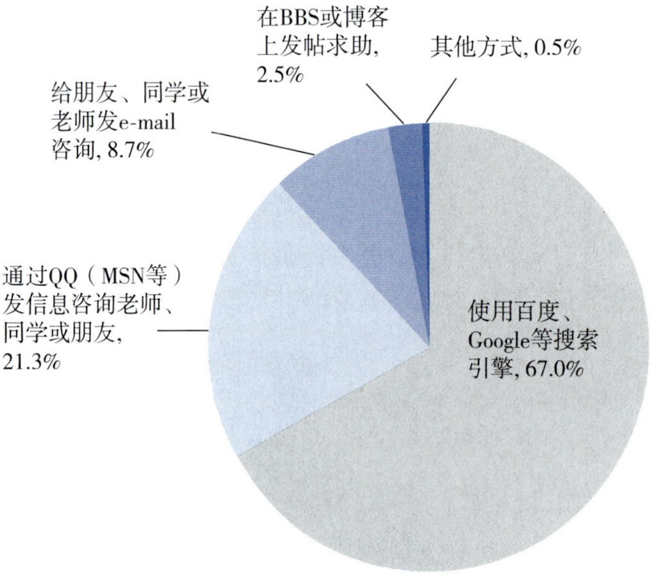

图 5－8　中学生利用网络解决问题的方式

（二）不同群体中学生的网络学习

1. 男女中学生网络学习情况差异不大

在网络学习频率、上网时用于网络学习的时间、网络学习方式三个方面，与女生相比，男生存在两个极端现象。

图 5－9 显示，男生“总是”参与网络学习和“从不”参与网络学习的比例均高于女生，而“经常”、“有时”和“很少”参与网络学习的比例均略低于女生。

图 5－10 显示，男生上网时用于网络学习的时间“非常多”、“较少”和“很少”的比例均高于女生，而选择“一般”这一中间选项的比例则是女生高于男生。

图 5－11 显示，男女生在网络学习方式上无明显差异，都是自主学习多于协作学习，其中男生只有自主学习和只有协作学习的比例均高于女生，也体现了男生网络学习中的极端现象。

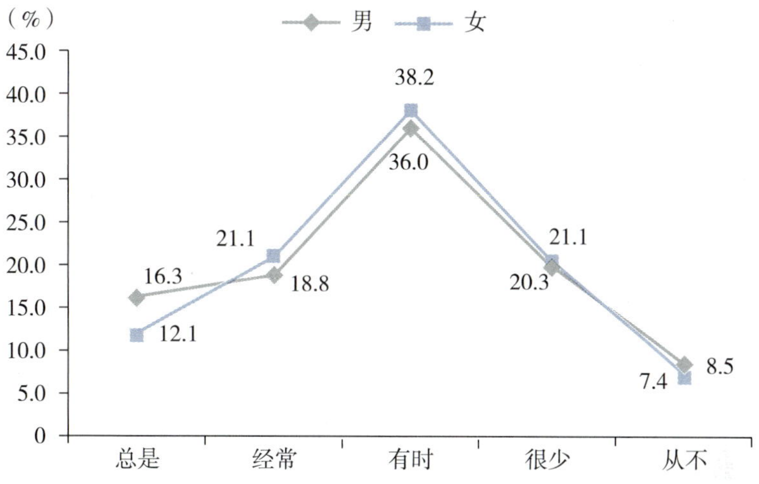

图 5－9　不同性别中学生网络学习的频率

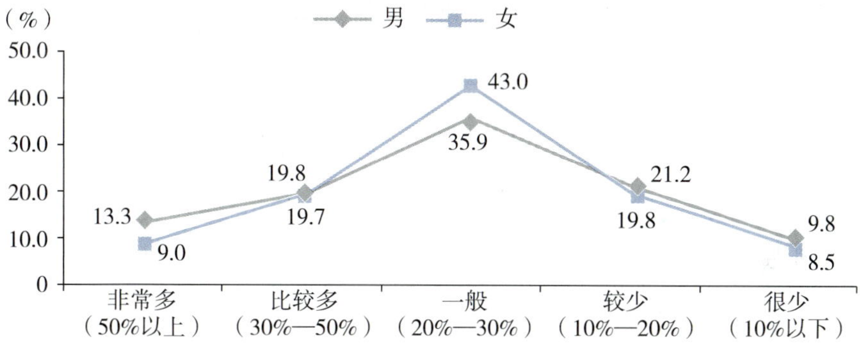

图 5－10　不同性别中学生网络学习时间占上网时间的比例

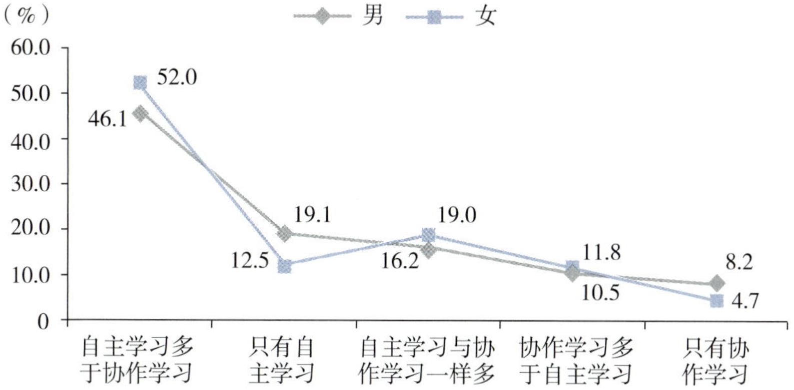

图 5－11　不同性别中学生网络学习的方式

图5－12显示，男生通过游戏类学习网站边玩边学的比例远高于女生。除此之外，男女生在网络学习内容上没有明显差异。

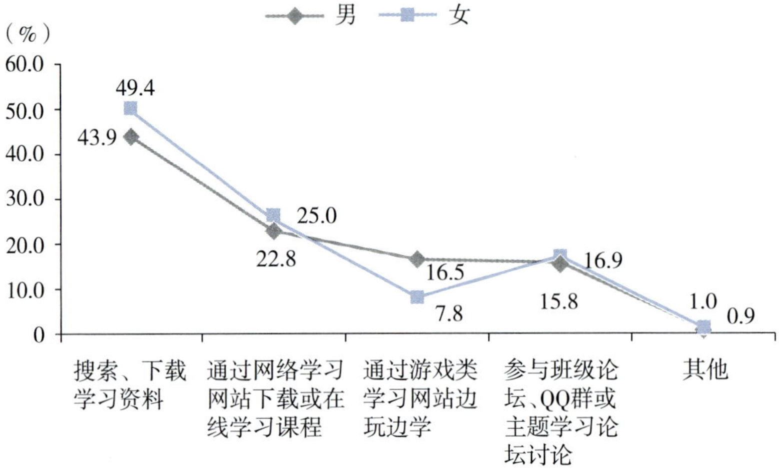

图5－12　不同性别中学生网络学习的内容

2. 与高中生相比，初中生参与网络学习的频率更高，时间更多

图5－13显示，从参与网络学习的频率看，总是或经常参与网络学习的中学生比例从初一到初三依次递增，高中三个年级差别不大，其中初中

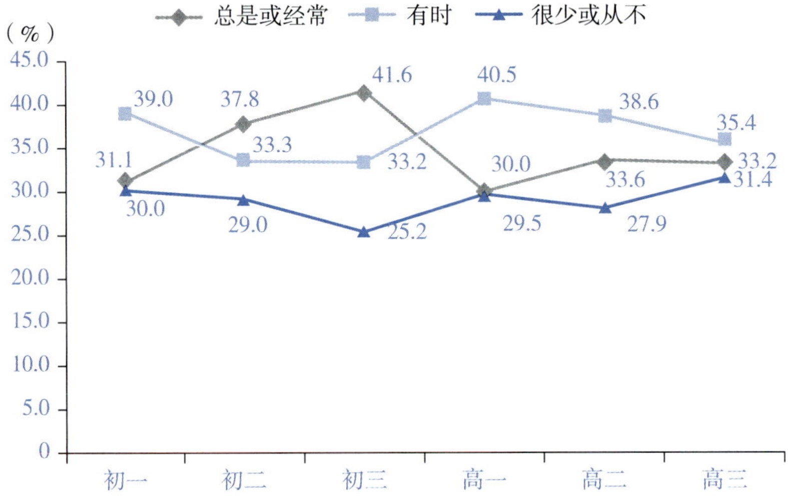

图5－13　不同年级中学生网络学习的频率

三个年级总是或经常参与网络学习的中学生比例明显高于高中三个年级。六个年级中，初三学生经常或总是参与网络学习的比例最高，达 41.6%。有时参与网络学习的比例在初中和高中都是从一年级到三年级依次递减。从不参与网络学习的比例高三最高（$\chi^2=26.636$，$p<0.001$）。

网络学习时间方面，分年级来看，初一、初二和初三学生上网时用于网络学习的时间比较多或非常多的比例普遍高于高中生（见图 5-14）。整体而言，35.4% 的初中生会将“非常多或比较多”的上网时间用于网络学习，高中生的这一比例只有 25.5%。而初中生用于网络学习的时间较少或很少的比例（24.9%）普遍低于高中生（34.3%）（见图 5-15）（$\chi^2=70.898$，$p<0.001$）。这说明上网时初中生用于网络学习的时间多于高中生。

3. 初一、初二学生更重视网络学习的交流沟通作用

选择参与班级论坛等主题学习论坛讨论的比例，初一、初二学生远高于其他各年级学生，分别为 20.1% 和 19.8%，而其他年级全部在 14% 左右（见图 5-16）（$\chi^2=32.689$，$p=0.036<0.05$）。

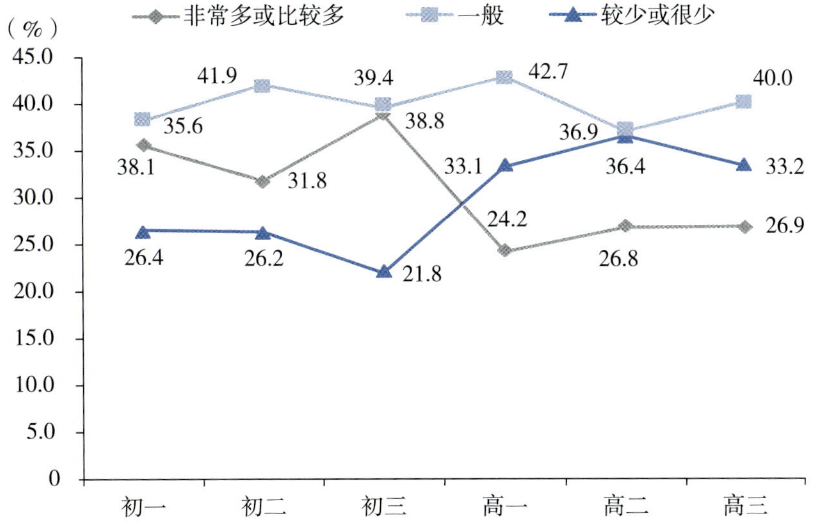

图 5-14　不同年级中学生网络学习的时间

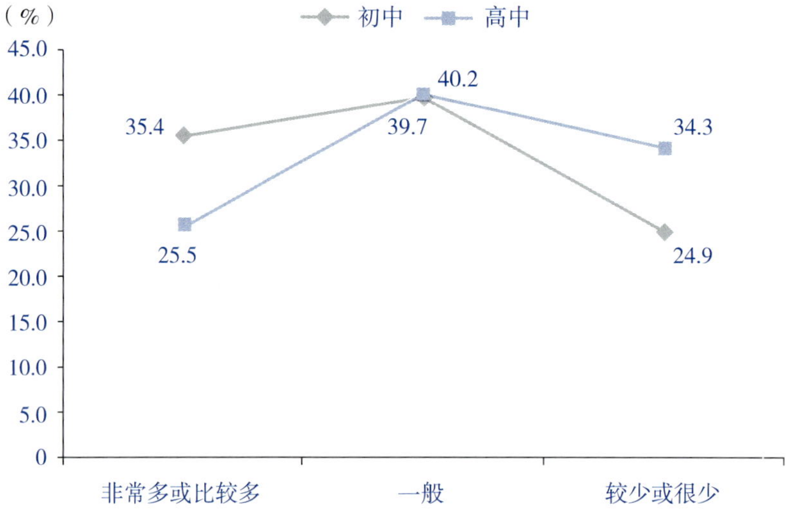

图 5－15　不同年级中学生网络学习时间占上网时间的比例

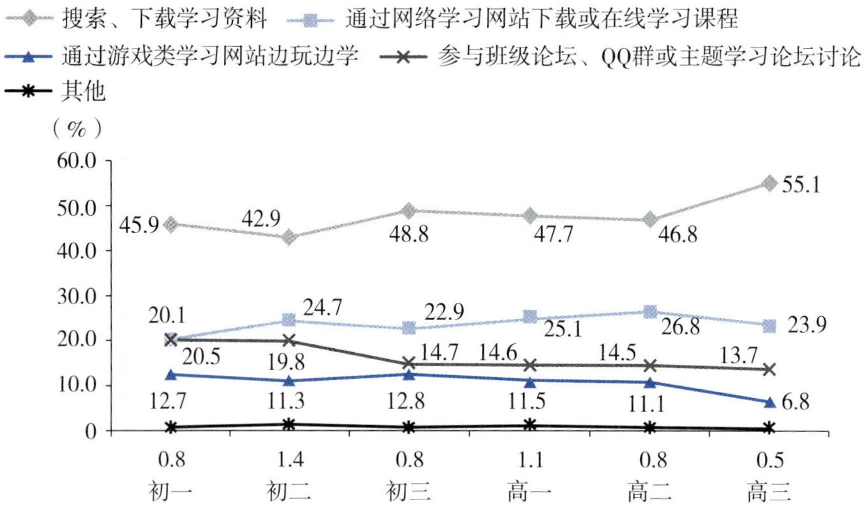

图 5－16　不同年级中学生网络学习的内容

总体而言，高中生搜索下载学习资料和学习在线课程的比例略高于初中生。55.1%的高三学生网络学习的内容以搜索、下载学习资料为主（见图 5－17）。

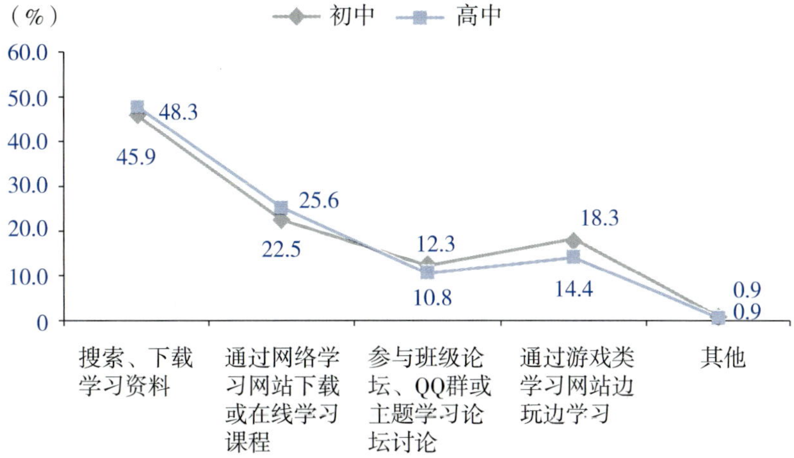

图 5－17　不同学段中学生网络学习的内容

图 5－18 显示，在网络学习的目的上，各个年级都有超过 2/3 的学生是以发展个人兴趣、拓展视野为主，初一和初二年级以交流沟通、找到学习伙伴为目的的学生比例明显高于其他年级。

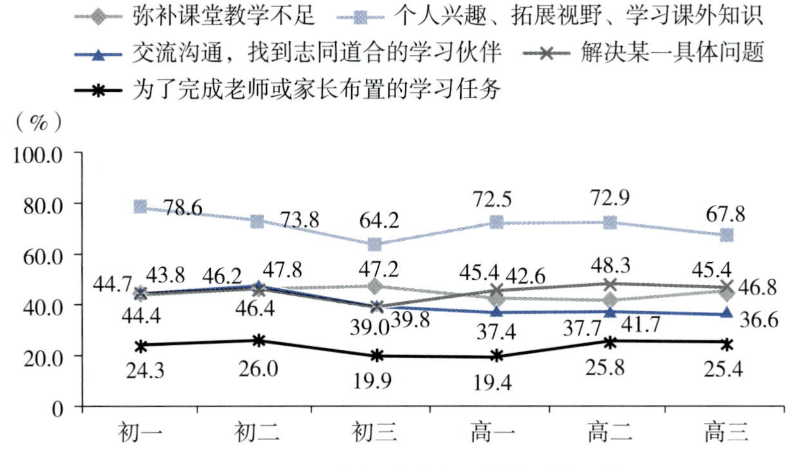

图 5－18　不同年级中学生网络学习的目的

综上所述，在网络学习目的与网络学习方式上，初一、初二学生对交流沟通的重视都明显高于其他年级。这表明，初一、初二年级的学生更重视网络学习的交流沟通作用，也愿意在网络学习中与其他同学交流互助。

此外，数据分析表明：不同性别、不同地区的中学生网络学习动机无明显差异；不同地区的中学生网络学习方式、网络学习内容无明显差异；不同年级中学生的网络学习方式无明显差异。

4. 中学生上网频率与网络学习的频率存在一定的关联

根据数据，提出假设：中学生上网频率与网络学习频率有关。计算检验统计量的值及其概率得出，$\chi^2 = 191.736$，$p < 0.001$，在 0.001 的显著性水平上认为假设成立。

图 5－19 显示，一天多次上网的学生中，总是或经常进行网络学习的学生占比最多，将近一半，半周左右上网一次或一天上网一次的学生中总是或经常进行网络学习的学生占比也达到了 1/3 以上。一个月左右上网一次、数月上网一次的学生中，很少或从不进行网络学习的学生占比最大，均达到了 1/3 以上。

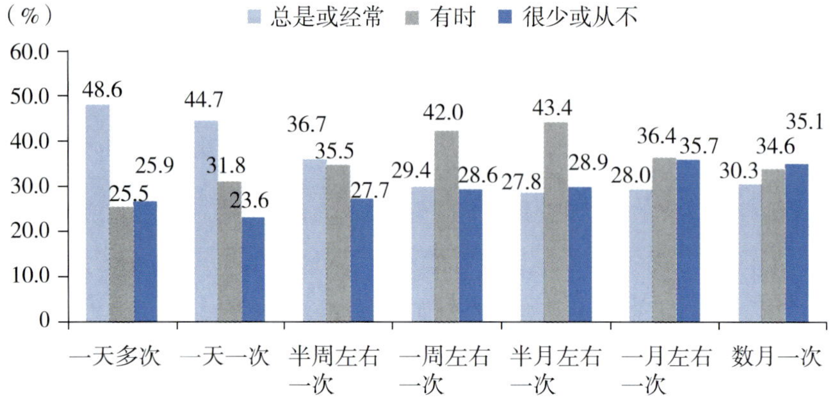

图 5－19　不同上网频率中学生网络学习的频率

至少半周左右上网一次的学生中，有 1/3 多的人总是或经常进行网络学习，只有约 1/4 的学生很少或从不进行网络学习。而半月左右甚至更长时间上网一次的学生中，总是或经常进行网络学习的比例普遍低于上网频率高的学生，而且有 1/3 多的学生很少或从不进行网络学习。

上网频率在一天多次到一周左右一次的学生，上网频率高，网络学习频率也高。半月左右或更长时间上网一次的学生，上网频率对其开展网络学习频率的影响不大。中学生上网频率与网络学习的频率存在一定的关联。

5. 中学生上网频率与用于网络学习的时间存在一定的关联

根据数据，提出假设：学生上网频率与用于网络学习的时间有关。计算检验统计量的值及其概率得出，$\chi^2 = 126.457$，$p < 0.001$，在 0.001 的显著性水平上认为假设成立。

图 5-20 显示，上网频率介于一天多次到一周左右一次的中学生中，上网时用于网络学习的时间非常多或比较多的比例依次递减，在这个范围内，上网频率越高的中学生上网时用于网络学习的时间比例越高。而对于上网频率为半月一次或更低的中学生，则上网频率对网络学习时间没有显著影响。

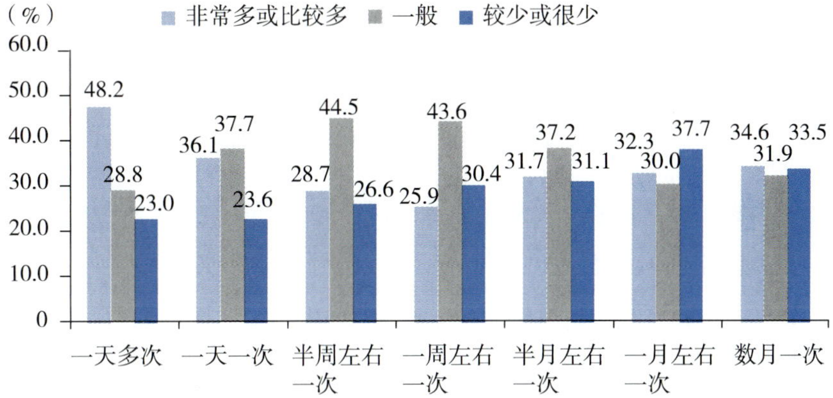

图 5-20　不同上网频率中学生网络学习时间占上网时间的比例

学生上网频率与用于网络学习的时间存在一定的关联，至少半周左右上一次网的学生中，1/4 以上的学生用于网络学习的时间非常多或比较多。半月左右甚至更长时间上网一次的学生中，上网时用于网络学习的时间无明显规律。

6. 中学生每次上网时长与网络学习频率成反比

根据数据，提出假设：中学生上网时长与网络学习频率有关。计算检验统计量的值及其概率得出，$\chi^2 = 851.135$，$p < 0.001$，在 0.001 的显著性

水平上认为假设成立。

比较各上网时长学生中总是或经常进行网络学习的学生比例，可以发现，每次上网时间少于半小时的学生中，有 47.1% 的学生总是或经常进行网络学习，占比最高；每次上网 3 小时以上的学生中，只有 25.6% 的学生总是或经常进行网络学习，占比最低，很少或从不进行网络学习的学生占比最大，达 39.9%（见图 5 - 21）。可见，中学生每次上网时长并不与网络学习频率成正比，反而是正好成反比。

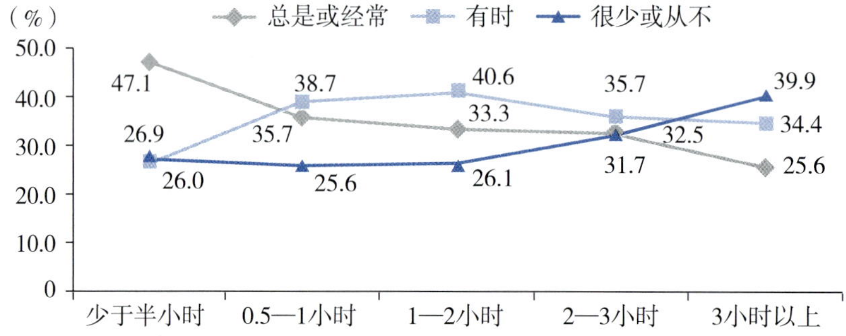

图 5 - 21　不同上网时长中学生网络学习的频率

7. 中学生上网时长与网络学习时间占上网时间的比例基本成反比

根据数据，提出假设：中学生上网时长与用于网络学习的时间有关。计算检验统计量的值及其概率得出，$\chi^2 = 215.091$，$p < 0.001$，在 0.001 的显著性水平上认为假设成立。

图 5 - 22 显示，每次上网时长在少于半小时到 2—3 小时范围内的中学生中，用于网络学习的时间非常多或比较多的比例依次递减，每次上网时间少于半小时的学生中，感觉自己在网上用于学习的时间比例非常多或比较多的学生占比最大，达 45.3%，每次上网 2—3 小时的学生中，感觉自己在网上用于学习的时间比例非常多或比较多的学生占比最小，为 23.4%。

每次上网超出 3 小时的中学生与每次上网 2—3 小时的中学生中，用于网络学习的时间非常多或比较多的比例十分接近，分别为 23.7% 和 23.4%，前者上网时用于网络学习的时间比例很少或较少的比例最大，达44.3%。

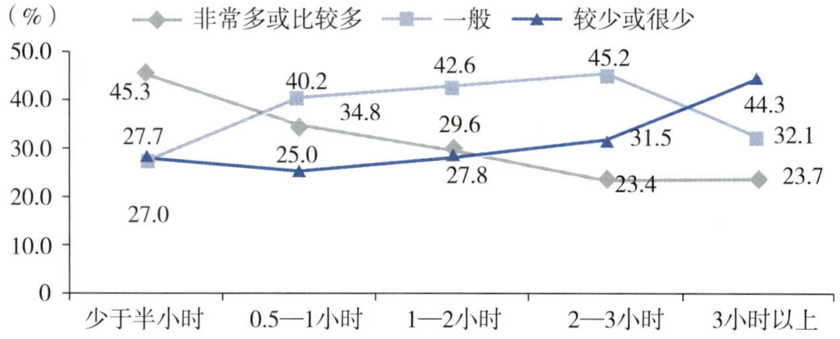

图5-22　不同上网时长中学生网络学习时间占上网时间的比例

可见，上网时长与用于网络学习的时间的比例基本成反比。

此外，数据分析表明：不同上网方式对中学生网络学习频率、时间、方式、内容、动机均无明显影响；不同上网频率对中学生网络学习方式、内容、动机无明显影响；不同上网时长对中学生网络学习方式、内容、动机无明显影响。

8. 越是经常通过网络获取信息的中学生网络学习的频率越高

根据数据，提出假设：中学生通过网络获取信息的频率与网络学习的频率有关。计算检验统计量的值及其概率得出，$\chi^2 = 736.524$，$p < 0.001$，在0.001的显著性水平上认为假设成立。

如图5-23所示，横坐标为中学生通过网络获取信息的频率，纵坐标为中学生网络学习的频率，随着网络获取信息频率的降低，总是或经常参与网络学习的比例变化为58.9%—42.1%—21.9%—21.6%—21.2%，很少或从不参与网络学习的比例变化为17.7%—20.1%—33.3%—47.5%—61.2%。可以很明显地看出，通过网络获取信息频率越高的中学生中，总是或经常参与网络学习的学生比例越高，通过网络获取信息频率越低的中学生中，总是或经常参与网络学习的学生比例越低。越是经常通过网络获取信息的中学生，进行网络学习的频率也越高。

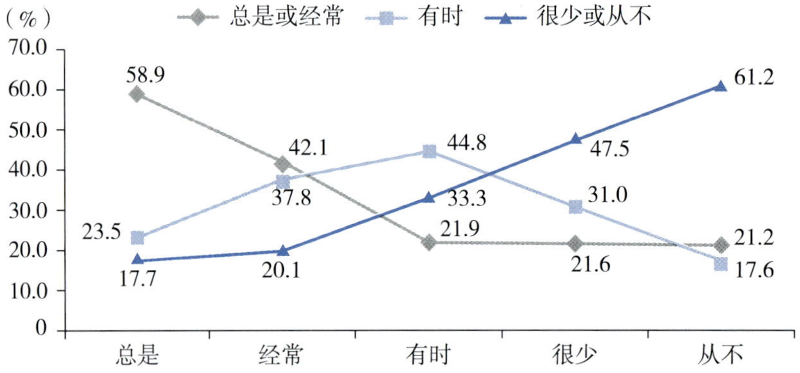

图 5－23　不同网络获取信息频率中学生网络学习的频率

9. 越是经常参与网络社交的中学生网络学习的频率越高

根据数据，提出假设：中学生参与网络社交的频率与网络学习的频率有关。计算检验统计量的值及其概率得出，$\chi^2=221.079$，$p<0.001$，在 0.001 的显著性水平上认为假设成立。

如图 5－24 所示，横坐标为中学生参与网络社交的频率，纵坐标为中学生网络学习的频率，随着参与网络社交频率的降低，经常或总是参与网络学习的比例变化为 39.0%—34.2%—30.9%—30.3%—19.7%，很少或从不参与网络学习的比例变化为 28.6%—25.2%—27.6%—37.2%—53.5%。可以很明显地看出，参与网络社交频率越高的中学生中，经常或

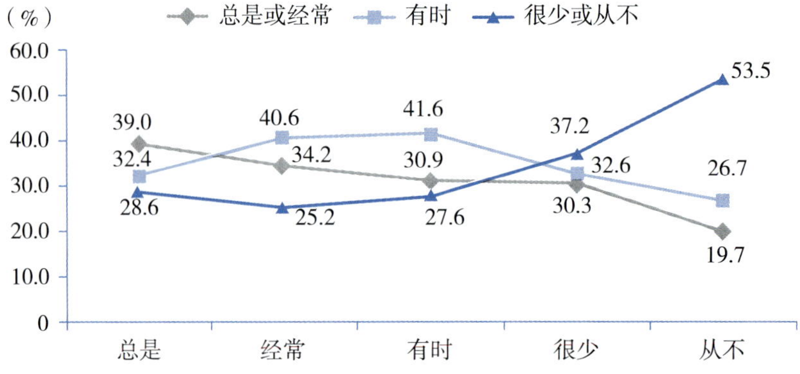

图 5－24　不同网络社交频率中学生网络学习的频率

总是参与网络学习的学生比例也越高，参与网络社交频率越低的中学生中，经常或总是参与网络学习的学生比例也基本是越来越低。越是经常参与网络社交的中学生，进行网络学习的频率也越高。

此外，是否经常参与休闲娱乐活动对网络学习频率无明显影响，网络消费频率与网络学习时间无明显关系。

二、中学生网络学习效果的特征

（一）中学生对网络学习的认可度

2/3 的中学生认为网络学习比较重要或非常重要，不到 1/3 的中学生认为网络学习可有可无，只有 1.7% 的中学生认为网络学习完全没必要（见图5－25）。可见，大部分中学生还是比较认可网络学习的。

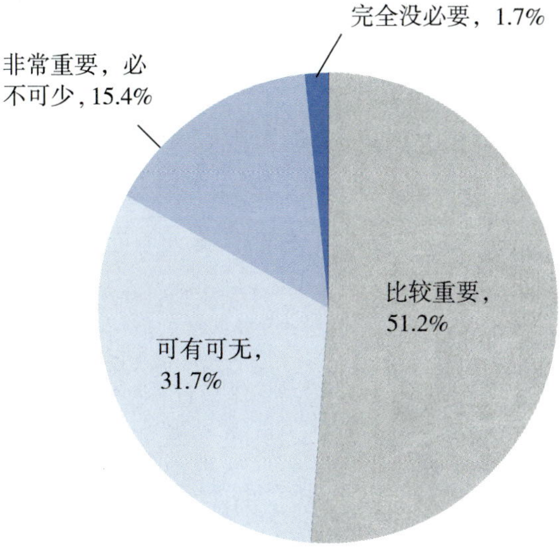

图 5－25　中学生对网络学习重要性的判断

（二）不同群体中学生网络学习的效果

1. 认为网络学习非常重要和完全没必要的男生比例均高于女生

图5－26显示，认为网络学习非常重要和完全没必要的男生比例均高于女生，这又是一个男生“极端现象”，但男女生的总体趋势无明显差异。

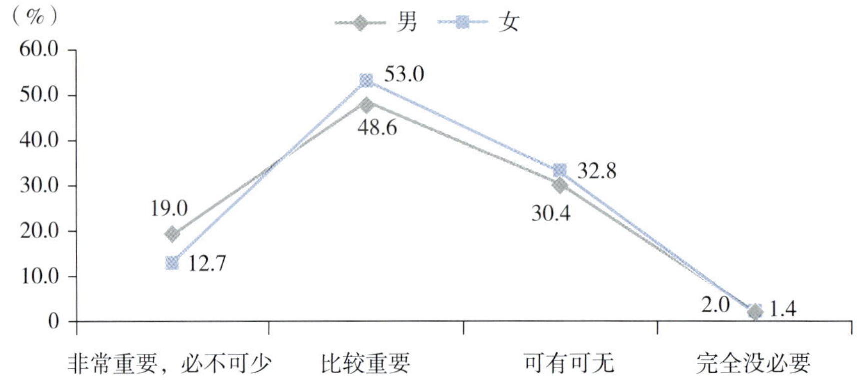

图5－26　不同性别中学生对网络学习重要性的判断

2. 初中生和高中生对网络学习重要性的认识基本一致

图5－27显示，初三学生中认为网络学习非常重要且必不可少的比例最高，高三学生选择此项的比例最低（$\chi^2=63.122$，$p<0.001$）。

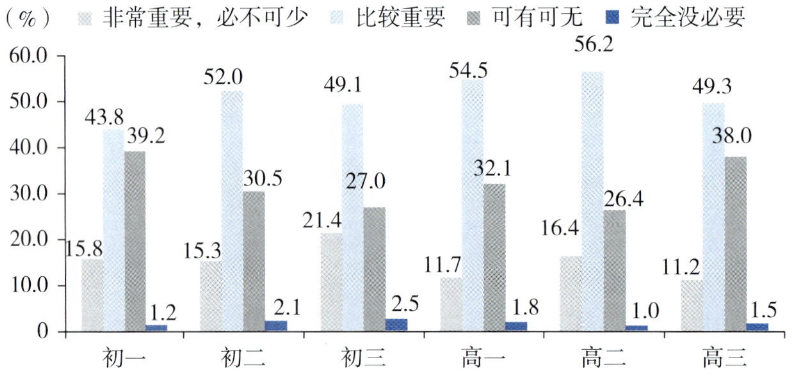

图5－27　不同年级中学生对网络学习重要性的判断

图5－28显示，初中生和高中生对网络学习重要性的认识基本一致。

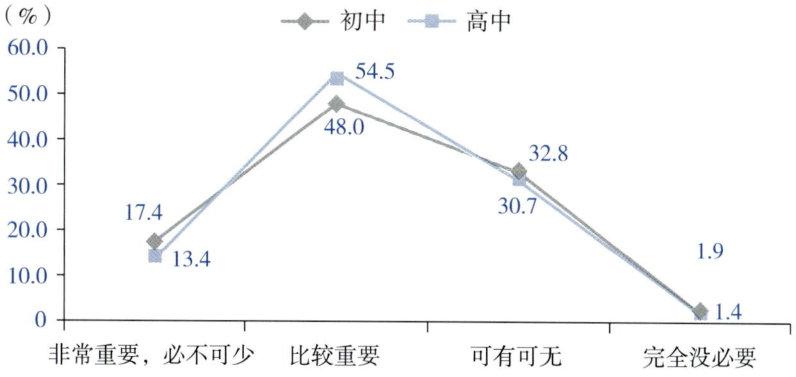

图 5－28　不同学段中学生对网络学习重要性的判断

3. 一天上网多次、一天上网一次的中学生认为网络学习非常重要的比例远高于其他上网频率的中学生

图 5－29 显示，除一天多次和一天一次两个上网频率的中学生外，其余上网频率的中学生对网络学习重要性的认识基本一致。一天上网多次、一天上网一次的中学生认为网络学习非常重要的比例，远高于其他上网频率的中学生（$\chi^2=164.366$，$p<0.001$）。

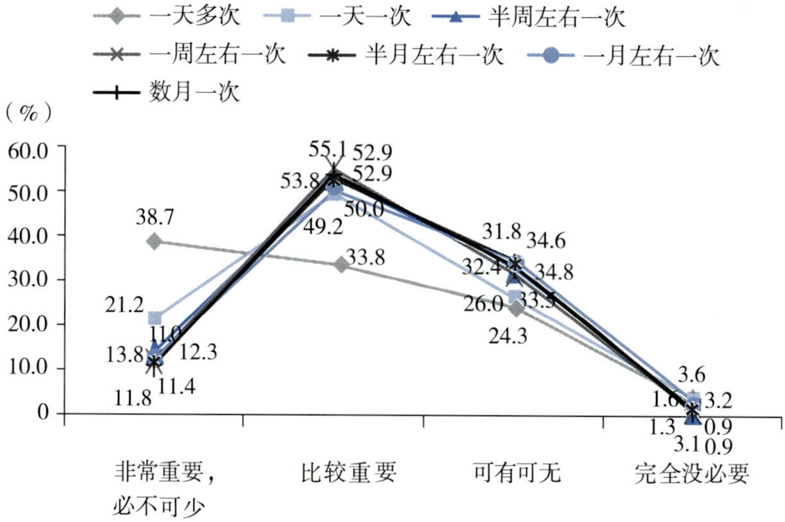

图 5－29　不同上网频率中学生对网络学习重要性的判断

三、中学生网络学习环境的特征

(一) 中学生网络学习的环境

【访谈案例】

提问：你有过网络学习的经历吗？老师和父母会给你相关指导吗？

学生：会主动查些资料，学习些课外知识，父母老师对我的网络学习不怎么管。

一半多的中学生没有获得过网络学习方面的指导，都是独立摸索的。在获得过网络学习方面指导的学生中，获得同学或朋友帮助的比例(23.9%）也远大于获得父母（14.5%）、老师帮助（10.7%）的比例(见图5－30)。

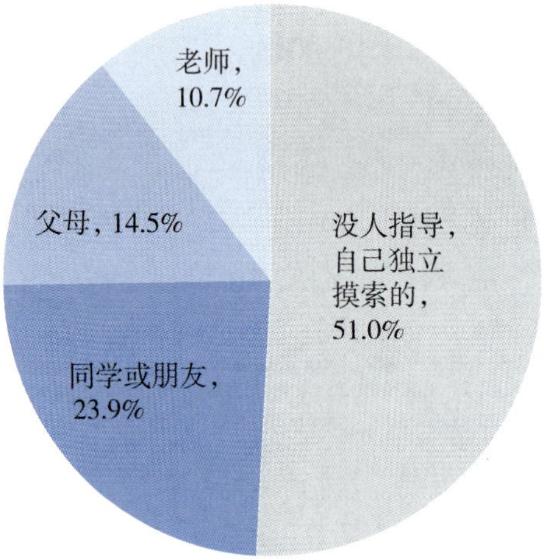

图5－30 中学生获得网络学习指导的情况

学习自律程度、网络学习资源的丰富性和适用性是影响网络学习效果的两大要素，分别有62.4%和55.3%的中学生选择。选择其余选项的学生比例差别不大（见图5－31）。

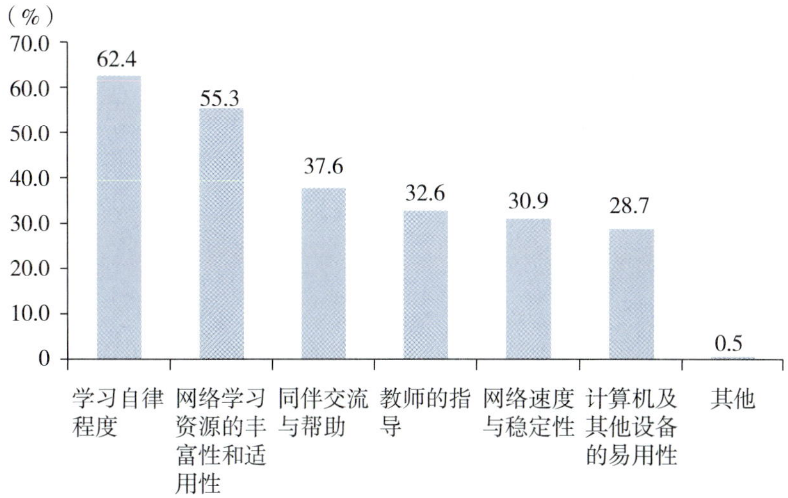

图 5－31　影响中学生网络学习的因素

（二）不同群体中学生网络学习的环境

1. 男生中获得来自老师与父母网络学习方面指导的比例高于女生

一般情况下，男生的动手能力比女生强，我们预计男生中自己独立摸索网络学习的比例应该高于女生。可是调查结果显示，有老师和父母指导的男生比例远高于女生，有同学或朋友指导的男生比例略高于女生但差别不大。“没人指导，自己独立摸索”的女生比例远高于男生（见图 5－32）（$\chi^2=11.245$，$p=0.010<0.05$）。

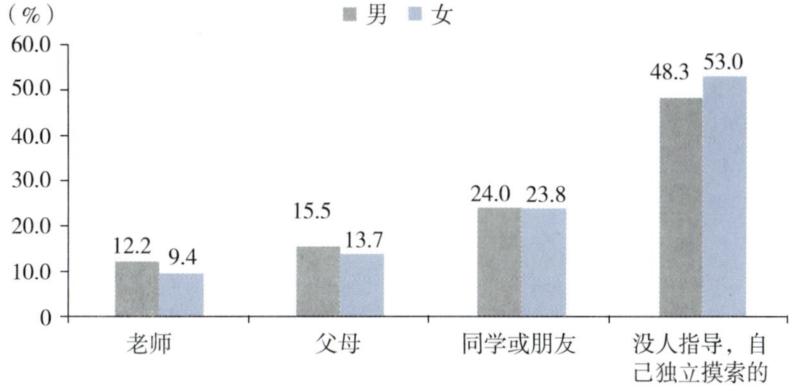

图 5－32　不同性别中学生获得网络学习指导的情况

图5－33显示，对于影响网络学习效果的因素，男女生的选择基本一致。其中，男生选择“计算机及其他设备的易用性”和“网络速度与稳定性”两项的比例高于明显女生。

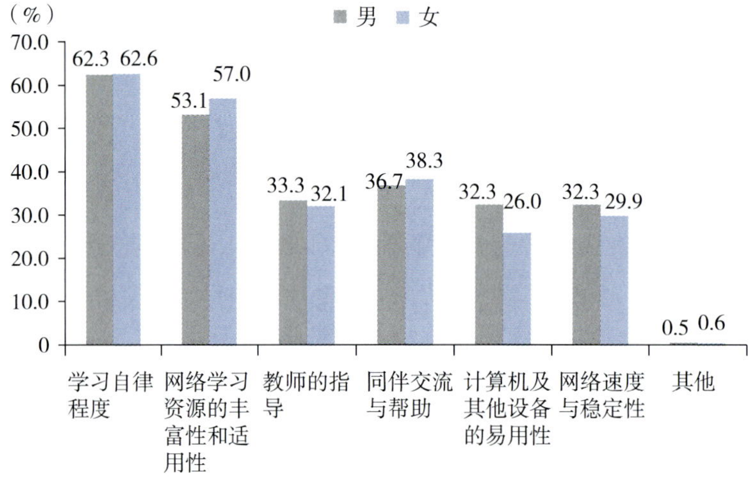

图5－33　不同性别中学生网络学习效果的影响因素

图5－34显示，将郊区学校、镇区学校、乡村学校统一划分为大农村学校，则从城区学校和大农村学校的比较看，大农村学校的中学生网络学习时得到老师指导的比例远高于城区学校，其他差异不大。

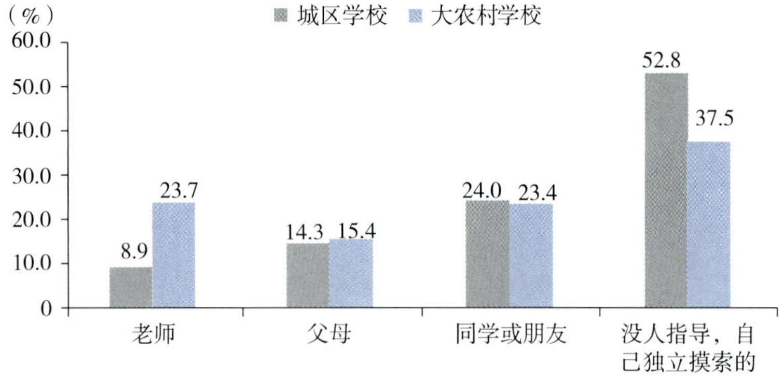

图5－34　不同类型学校中学生获得网络学习指导的情况

2. 高中生独立摸索的比例高于初中生

图5-35显示，高中生独立摸索的比例高于初中生，初中生有父母指导的比例远高于高中生，有同学或朋友指导的比例初中生和高中生差别不大（$\chi^2=85.926$，$p<0.001$）。

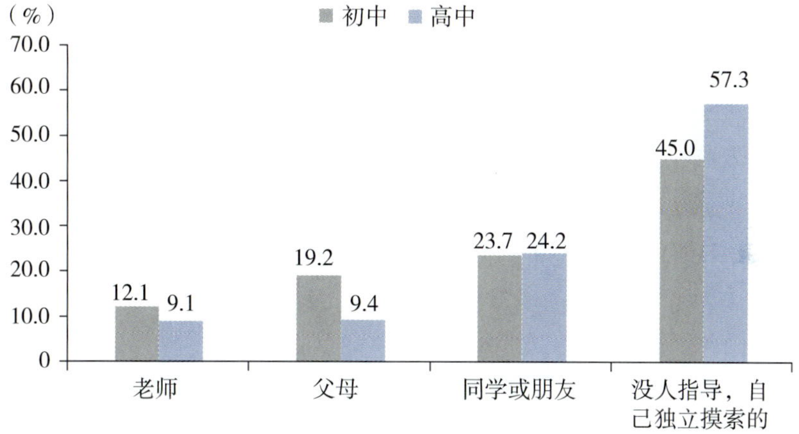

图5-35 不同学段中学生获得网络学习指导的情况

3. 与其他年级相比，初一、初二学生更看重交流与帮助的重要性

六个年级中学生对影响网络学习效果因素的认识与选择基本一致。其中，选择学习自律程度比例最高的是高三学生，达73.7%，选择“同伴交流与帮助”比例最高的是初一、初二年级的学生，分别为42.4%和43.1%（见图5-36），可见，与其他年级相比，初一、初二学生更看重交流与帮助，这能够与前述初一、初二学生积极参加班级论坛的网络学习行为和以交流合作为目的的网络学习动机相互验证。

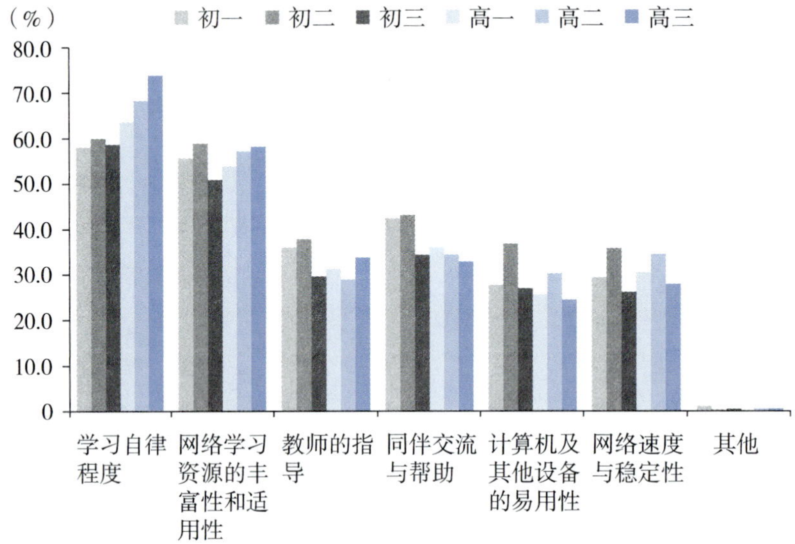

图 5-36　不同年级中学生网络学习效果的影响因素

四、中学生不进行网络学习的原因

（一）中学生不进行网络学习的原因

【访谈案例】

提问：你有过网络学习的经历吗？

中学生：没有，学校学习就够了，上网就是玩，不学习。

在选择从不进行网络学习的中学生中，有将近 1/3 的中学生是因为认为没有网络学习的必要，25.4% 的中学生是因为资源有限，24.7% 的中学生是因为没有时间上网学习，因为学校没有安排或没有要求的而不进行网络学习的中学生占 17.7%（见图 5-37）。

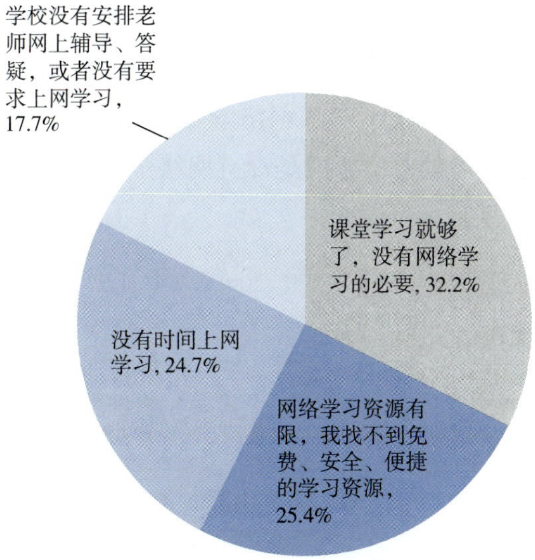

图 5－37　中学生不进行网络学习的原因

（二）不同群体中学生不进行网络学习的原因

1. 男生认为没有网络学习必要的比例远高于女生

图 5－38 显示，男生认为没有网络学习必要和网络资源有限的比例高于女生，而女生选择没有时间学习和学校没有安排的比例高于男生。

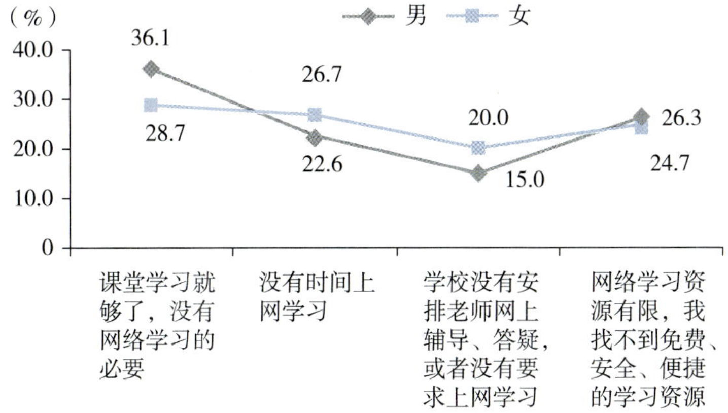

图 5－38　不同性别中学生不进行网络学习的原因

2. 网络资源有限和没有网络学习必要分别是高中生和初中生不参加网络学习的首要原因

图5－39显示，高中生不参加网络学习的首要原因是网络资源有限，初中生不参加网络学习的首要原因是没有网络学习的必要，选择其余两个选项的学生比例差别不大。

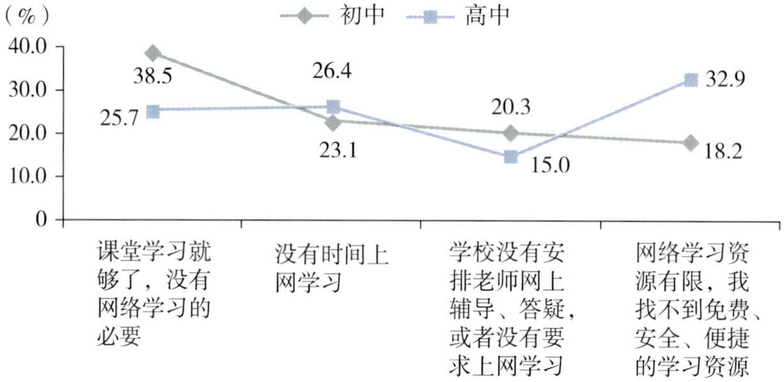

图5－39　不同学段中学生不进行网络学习的原因

五、父母对子女网络学习的认知

（一）父母对子女网络学习认知的总体调查发现

1. 大部分父母对子女的网络学习情况比较关心且有所了解

80.2%的父母对子女的网络学习情况了解一些或了解得很清楚，只有2%的父母完全不知道子女的网络学习情况（见图5－40）。可见，大部分父母对子女的网络学习情况比较关心，也都有所了解。

2. 75.6%的父母支持子女网络学习

75.6%的父母对子女的网络学习持支持态度，只有4.6%的父母反对，另外19.8%的父母则表示无所谓（见图5－41）。

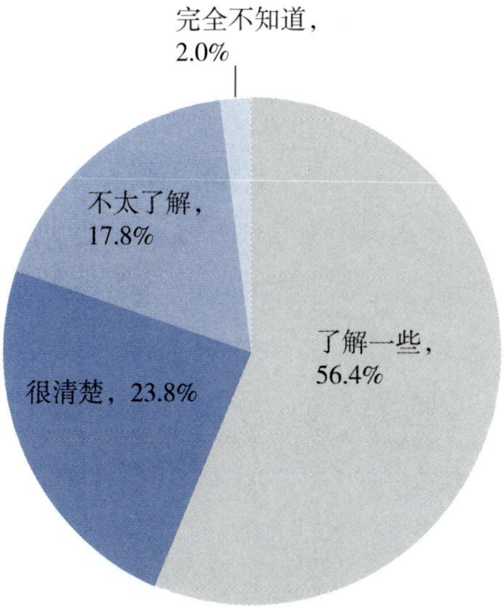

图 5－40　父母对子女网络学习的了解程度

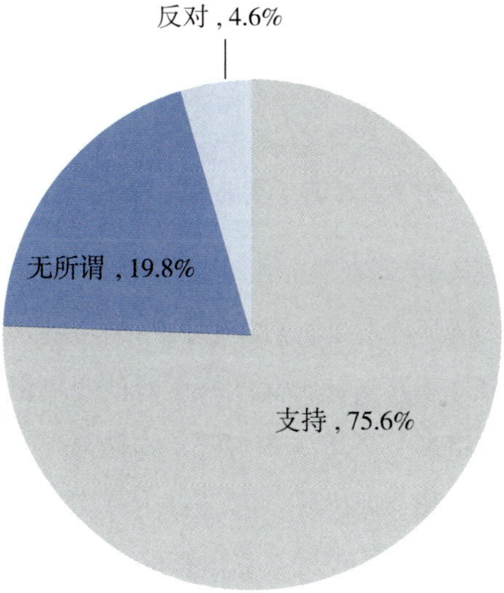

图 5－41　父母对子女网络学习的支持程度

3. 78%的父母有时或经常指导子女的网络学习

与父母对子女网络学习的了解程度相类似，78%的父母有时或经常指导子女的网络学习，15.4%的父母很少指导、6.7%的父母从未指导过子女的网络学习（见图5－42）。

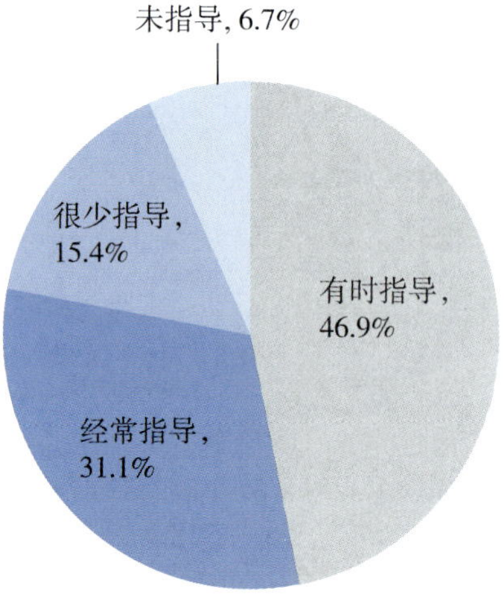

图5－42　父母对子女网络学习的支持情况

（二）父母对子女网络学习的了解程度、支持态度和指导情况

1. 大部分了解子女网络学习的父母都能认可网络学习的作用

从图5－43可以清楚地看出，对子女网络学习的了解程度从很清楚到完全不知道的父母群体，其支持子女网络学习的比例依次降低，反对子女网络学习的比例依次增高。其中，很清楚子女网络学习的父母中，93.2%的父母都支持子女网络学习。可见，大部分了解子女网络学习的父母都能认可网络学习的作用，而且父母是否了解子女的网络学习与是否支持子女的网络学习两者成正比（$\chi^2=63.989$，$p<0.001$）。

2. 父母是否了解子女的网络学习与是否指导过子女的网络学习两者成正比

图5－44显示，对子女网络学习的了解程度从很清楚到完全不知道的父母群体，其有时或经常指导子女网络学习的比例依次降低，很少或从未

指导过子女网络学习的比例依次升高。可见，父母是否了解子女的网络学习与是否指导过子女的网络学习两者成正比。越是了解子女网络学习情况的父母，就越可能为子女提供指导（$\chi^2=328.788$，$p<0.001$）。

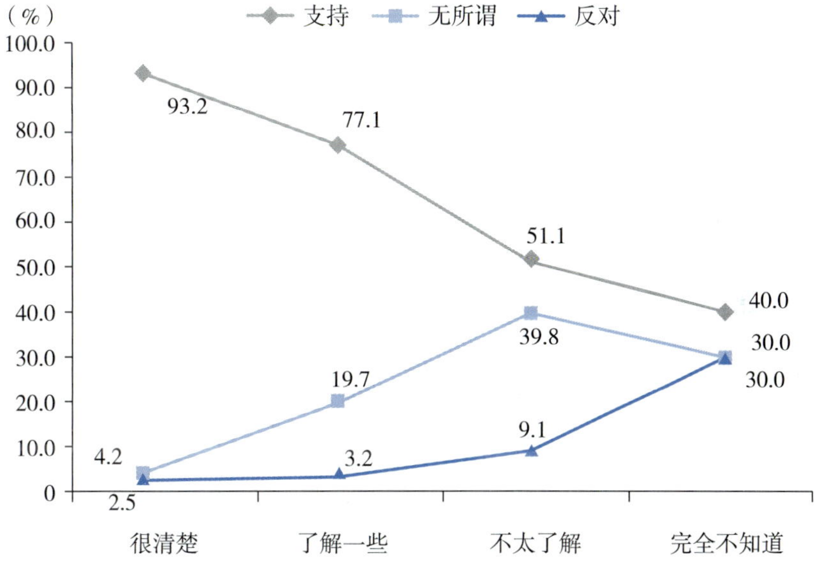

图 5－43　父母对子女网络学习的了解程度与支持程度之间的关联

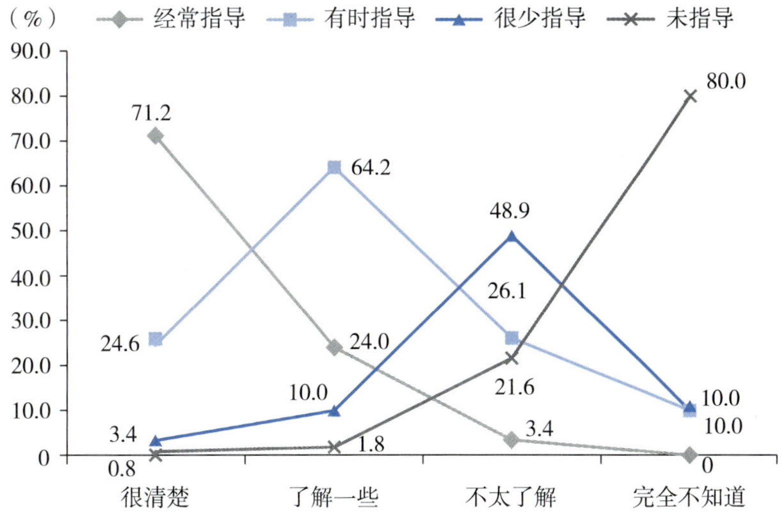

图 5－44　父母对子女网络学习的了解程度与指导情况之间的关联

3. 越是支持子女网络学习的父母越是经常指导子女网络学习

图 5－45 显示，越是支持子女网络学习的父母越是经常指导子女网络学习，越是反对子女网络学习的父母越是很少或从未指导过子女网络学习（$\chi^2=84.680$，$p<0.001$）。

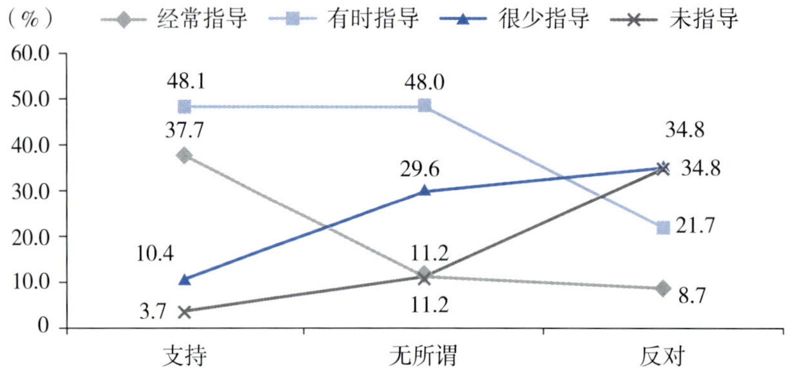

图 5－45　父母对子女网络学习的支持程度与指导情况之间的关联

（三）父亲与母亲对子女网络学习的了解程度、支持态度、指导情况的差异

1. 父亲与母亲对子女网络学习的了解程度整体上无明显差异

图 5－46 显示，父亲与母亲对子女网络学习的了解程度整体上无明显差异（$\chi^2=5.658$，$p=0.129$）。

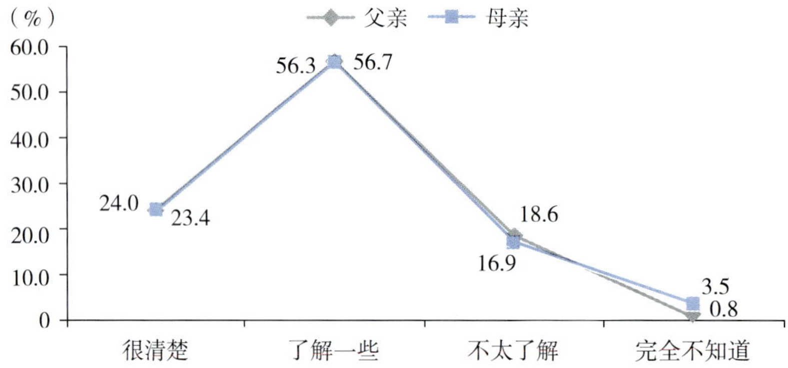

图 5－46　父亲与母亲对子女网络学习的了解程度

2. 与父亲相比，母亲支持和反对子女网络学习的比例都略高

图 5－47 显示，与父亲相比，母亲支持和反对子女网络学习的比例都略高，分别高出父亲 3.7 个和 3.5 个百分点（$\chi^2 = 6.617$，$p = 0.037 < 0.05$）。

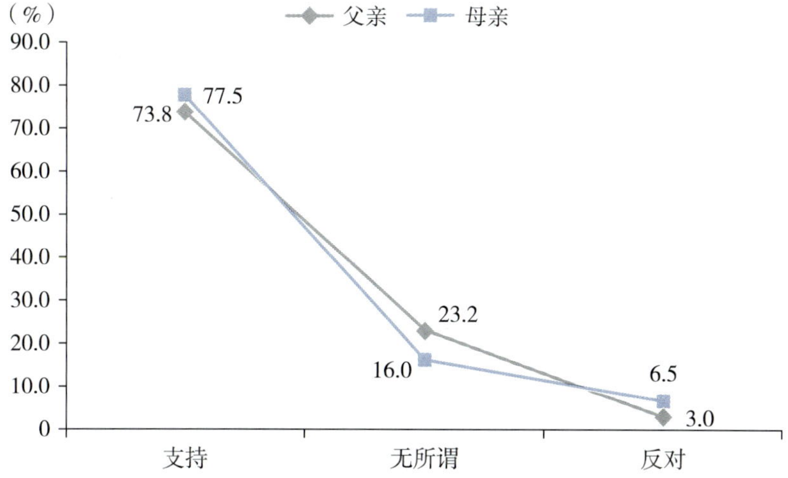

图 5－47 父亲与母亲对子女网络学习的支持程度

3. 能够经常或有时给子女网络学习以指导的父亲比例高于母亲

总体来看，能够经常或有时给子女网络学习以指导的父亲比例高于母亲（见图 5－48）（$\chi^2 = 13.879$，$p = 0.003 < 0.05$）。

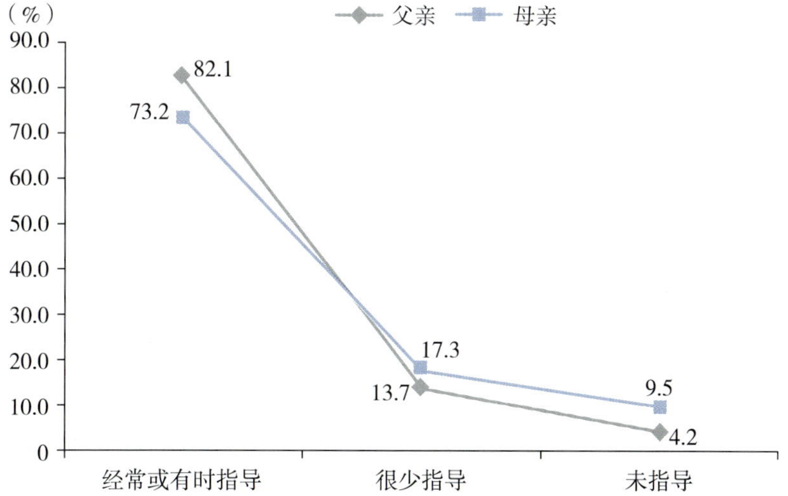

图 5－48 父亲与母亲对子女网络学习的指导程度

(四) 父母与子女关系是否融洽与父母了解程度、支持态度、指导情况的关联

1. 越是与子女关系融洽的父母，对子女网络学习的了解程度越高

图5－49显示，父母与子女的关系是否融洽与是否了解子女的网络学习之间有明显的关系。与子女关系融洽的父母中，84.7%的人对子女的网络学习很清楚或了解一些，关系一般的父母中相应比例只有65.7%，关系不好的父母中没有一个人是了解或很清楚子女的网络学习情况的。可见，越是与子女关系融洽的父母，对子女网络学习的了解程度越高（$\chi^2=85.375$，$p<0.001$）。

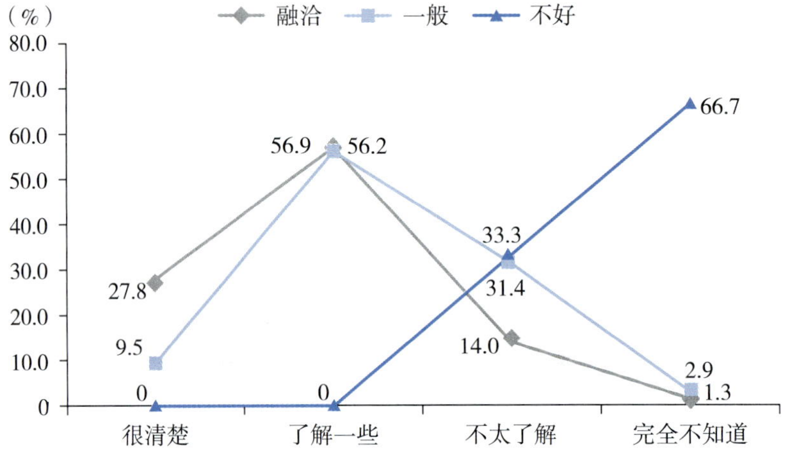

图5－49　父母与子女关系融洽度与对子女网络学习了解程度之间的关联

2. 与子女关系融洽的父母支持子女网络学习的比例更大

图5－50显示，与子女关系融洽的父母中有80%的人支持子女的网络学习，关系一般的父母中相应比例只有61.9%，与子女关系不好的父母则全部对子女的网络学习持无所谓或反对态度。可见，父母与子女间的关系是否融洽与是否支持子女的网络学习之间有直接的关系，关系融洽的父母支持子女网络学习的比例更大（$\chi^2=26.074$，$p<0.001$）。

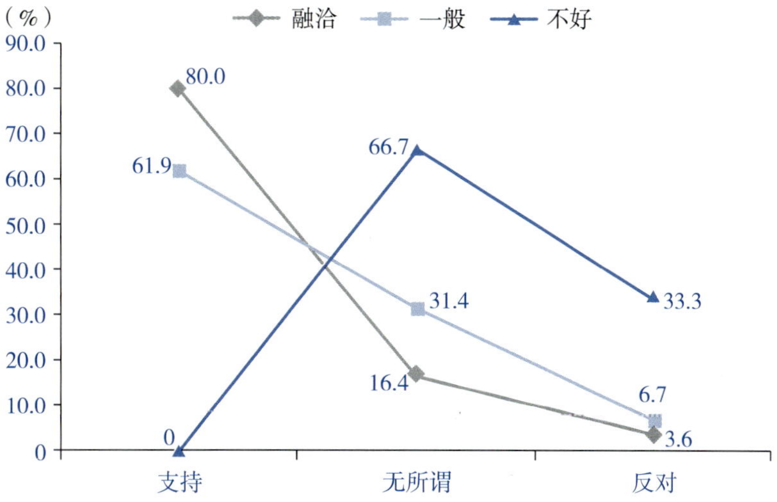

图 5－50　父母与子女关系融洽度与对子女网络学习支持态度之间的关联

3. 与子女关系融洽的父母指导子女网络学习的比例更大

图 5－51 显示，与子女关系融洽的父母中有 82.6% 的人有时或经常指导子女的网络学习，关系一般的父母中相应比例只有 62.9%，与子女关系不好的父母中则只有 1/3 的人有时指导子女的网络学习，其余 2/3 的人都是从未指导过子女的网络学习。可见，父母与子女的关系是否融洽与是否

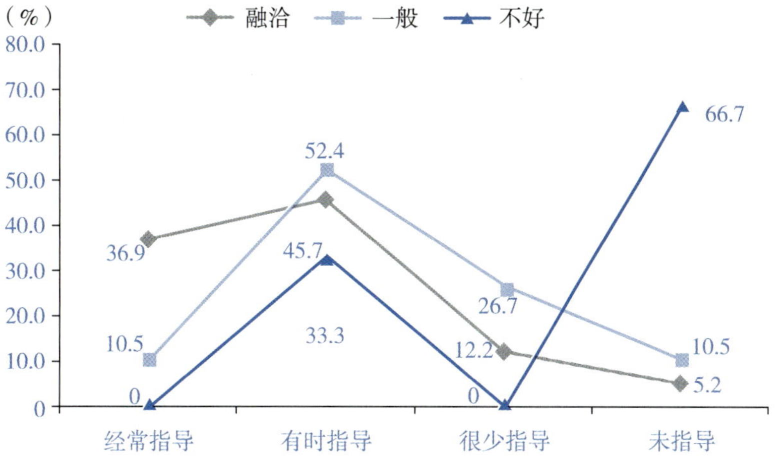

图 5－51　父母与子女关系融洽度与对子女网络学习指导情况之间的关联

支持子女的网络学习之间有直接的关系，关系融洽的父母指导子女网络学习的比例更大（$\chi^2=52.161$，$p<0.001$）。

六、本章小结

（一）主要发现

1. 大部分中学生有过网络学习经历，但普遍呈现学习方式单一、不够深入的特点

92.1%的中学生都有过网络学习经历，中学生首要的网络学习目的是满足个人兴趣、拓展视野（72.4%），中学生最主要的网络学习内容是搜索、下载资料（47.0%），64.8%的中学生在网络学习方式上是自主学习或自主学习多于协作学习。结合实地访谈，本调查发现虽然大部分中学生都进行过网络学习，但学习方式单一，学习不够深入，主要以自发的、自主的、单方面接受的网络学习为主，网络学习所强调的交流、分享、沟通、反思、传承、个性化学习等特点并没有得到充分的呈现。

2. 中学生获得的关于网络学习的指导非常有限

51%的中学生没有获得过网络学习方面的指导，都是独立摸索的。在获得过网络学习方面指导的学生中，这种指导也主要是来自同学或朋友的帮助。只有14.5%、10.7%的中学生分别获得过来自父母、老师的指导。对于中学生来说，缺乏网络学习方面的专业指导，可能是他们的网络学习以搜索、下载学习资料为主，网络学习总体水平较低的原因之一。

3. 大部分父母关心且了解子女的网络学习，而且父母对子女网络学习的了解程度、支持态度、指导情况三者间有明显联系

通过对家长问卷的分析可见，80.2%的父母对子女的网络学习情况有一些了解或了解得很清楚，其中越是了解子女网络学习的父母，支持子女网络学习、给予子女指导的比例越大。而且与子女关系的融洽程度也影响了父母对子女网络学习的了解程度、支持态度和指导情况。

4. 没有网络学习需要成为不进行网络学习的首要原因

32.2%的中学生没有网络学习经历的原因是认为没有网络学习的需要，另外两个重要原因是网络资源有限和没有时间。

（二）对策建议

1. 在学校教学中注重网络学习的渗透

在学校教学中，课堂教学、作业评价、班级管理、小组协作等方面要注意网络学习的渗透，帮助学生接触到多维度、多层次的网络学习，使学生有机会通过网络协作学习、分享交流。

2. 提倡、引导、鼓励中学生的网络学习

教师可以向学生推荐或者鼓励学生之间互相推荐一些好的网络精品课程、名师讲堂、学习社区、网络学习空间等，给予中学生相关网络学习技巧、经验等方面的指导，提高中学生网络学习能力，使中学生体验到网络学习的便捷、高效等优势，促进中学生学习方式的变革。

3. 通过家长会等方式促进父母对网络学习的了解

一方面提升父母对网络学习的认识，引导父母多关心、多了解、多支持子女的网络学习；另一方面通过父母课堂等方式提供一些网络学习方面的培训，使父母可以在家里给予子女相关指导。

4. 创设友好、易得、泛在的网络学习环境

中学生网络学习水平较低的原因一方面是中学生自身网络学习能力不高，另一方面是缺乏优秀、开放的网络学习资源。为此，有必要为中学生创设友好、易得、泛在的网络学习环境，使网络学习融入中学生的学习生活，使中学生随时随地都能开展网络学习，不再因为没有时间、没有需要而不进行网络学习。

第六章

中学生网络消费状态分析

一、中学生网络消费的特征

（一）中学生的网络消费

21.2%的中学生总是或经常进行网络消费，从不或很少进行网络消费的中学生占54.2%（见图6－1）。可见，在中学生中网络消费行为并不普遍。

从网络消费目的来看，中学生首要的网络消费目的是网络购物便捷节省时间和能从网络上找到个性化的产品。以网络游戏需要为首要目的的比例只有5%。

37.7%的中学生曾经有过失败的网络消费经历（见图6－2）。

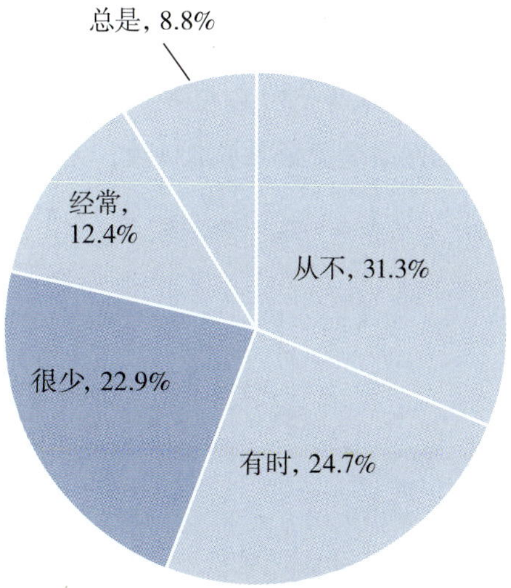

图 6-1　中学生网络消费的频率

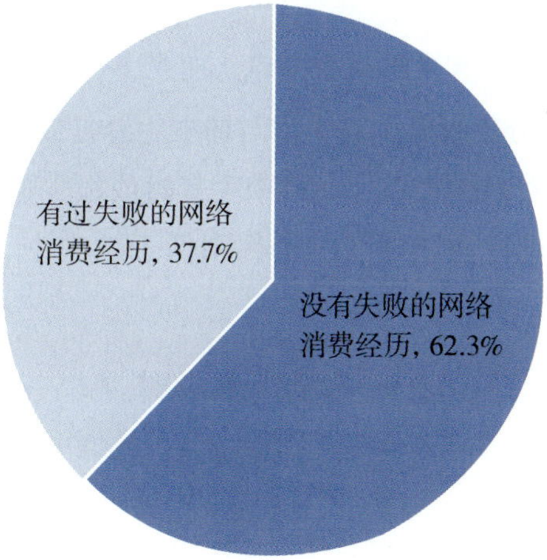

图 6-2　中学生经历失败的网络消费情况

（二）不同群体中学生的网络消费

1. 男女中学生网络消费频率无明显差异

总体来看，男女生的网络消费频率基本一致，无明显差异（见图6－3）。

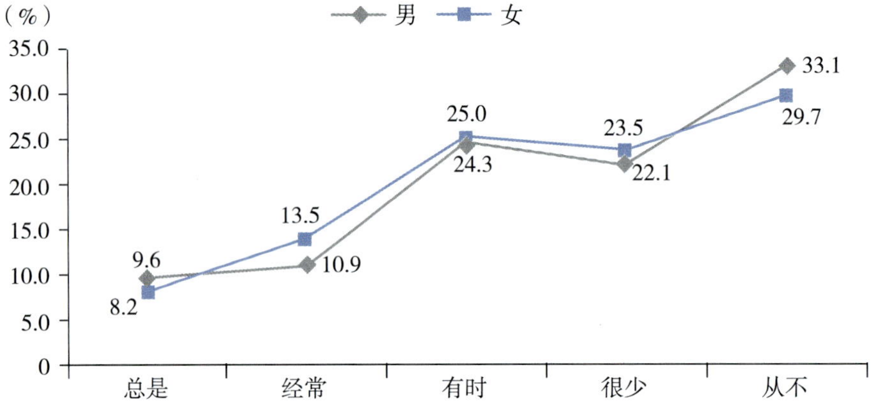

图6－3　不同性别中学生网络消费的频率

2. 不同年级的中学生网络消费频率无明显差异

图6－4显示，分年级看，高中生与初中生总是或经常进行网络消费的比例差别不大，均为21%左右，而高中生有时或很少进行网络消费的比例高于初中生，从不进行网络消费的比例则低于初中生（$\chi^2=60.987$，$p<0.001$）。

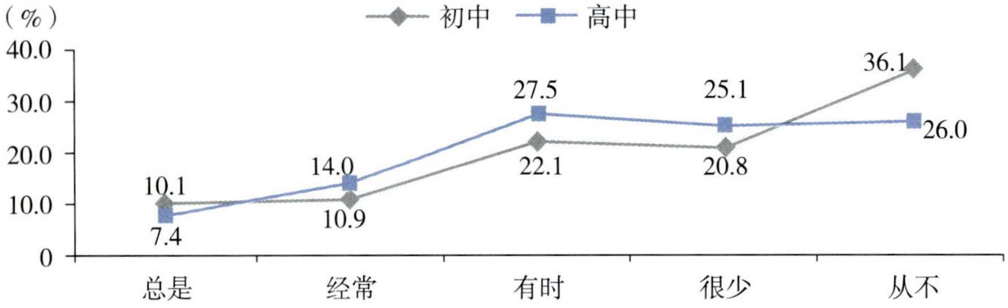

图6－4　不同年级中学生网络消费的频率

3. 中学生上网频率基本与其网络消费频率成正比

根据数据，提出假设：中学生上网频率与网络消费频率有关。计算检验统计量的值及其概率得出，$\chi^2=406.718$，$p<0.001$，在 0.001 的显著性水平上认为假设成立。

如图 6－5 所示，随着上网频率的降低，中学生总是或经常进行网络消费的比例也相应降低，而很少或从不进行网络消费的比例则相应增高。可见，上网频率越高的中学生中，经常或总是进行网络消费的比例也越高，而很少或从不网络消费的比例则越低，中学生上网频率基本与其网络消费频率成正比。

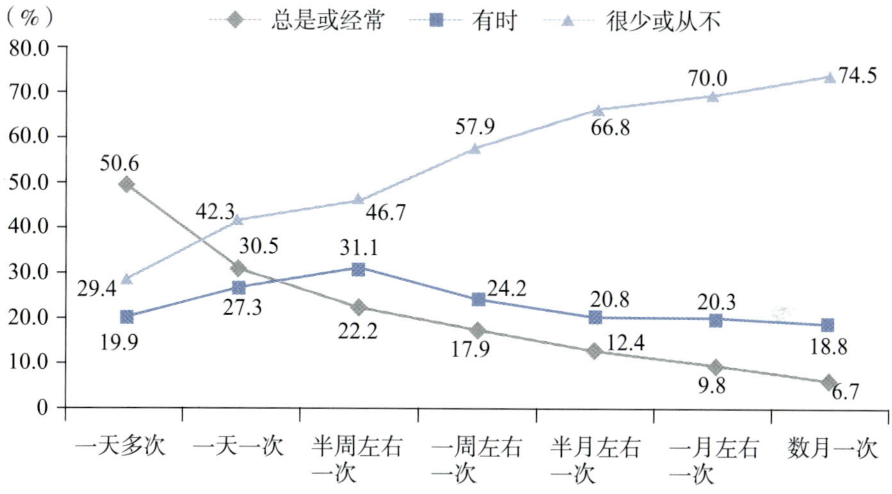

图 6－5　上网频率与网络消费频率之间的关联

4. 上网时长在 3 小时以上的中学生总是或经常进行网络消费的比例最高

根据数据，提出假设：中学生每次上网时长与网络消费频率有关。计算检验统计量的值及其概率得出，$\chi^2=130.975$，$p<0.001$，在 0.001 的显著性水平上认为假设成立。

上网时长在 3 小时以上的中学生中，总是或经常进行网络消费的比例最高，达 28.9%，远高于 8.8% 的平均水平。每次上网 0.5—1 小时的中学生中，很少或从不进行网络消费的比例最高，达 61%（见图 6－6）。

不同上网方式对中学生网络消费行为无明显影响。

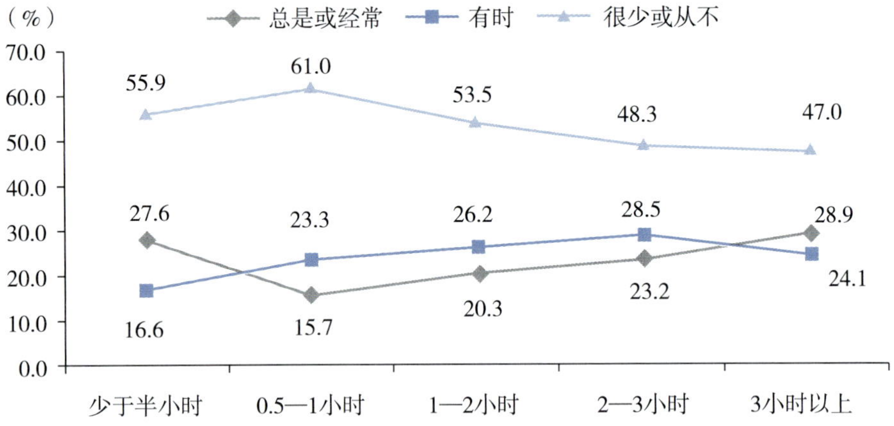

图 6－6　上网时长与网络消费频率之间的关联

5. 中学生参与网络社交频率基本与其网络消费频率成正比

根据数据，提出假设：中学生参与网络社交频率与网络消费频率有关。计算检验统计量的值及其概率得出，$\chi^2=485.625$，$p<0.001$，在 0.001 的显著性水平上认为假设成立。

从总是进行网络社交到从不进行网络社交，对应的中学生中经常或总是进行网络消费的比例分别为 37.3%、19.0%、9.4%、11.2%、9.3%，而很少或从不网络消费的比例分别为 38.4%、52.9%、64.5%、72.6%、83.7%（见图 6－7）。可见，参与网络社交频率与网络消费频率基本成正比，经常参与网络社交的学生也经常进行网络消费，而不经常参与网络社交的学生也不经常进行网络消费。

6. 中学生参与网络娱乐活动频率基本与其网络消费频率成正比

根据数据，提出假设：中学生参与网络娱乐活动频率与网络消费频率有关。计算检验统计量的值及其概率得出，$\chi^2=540.067$，$p<0.001$，在 0.001 的显著性水平上认为假设成立。

从总是进行网络娱乐到从不进行网络娱乐，对应的中学生中经常或总是进行网络消费的比例分别为 36.7%、19.7%、10.5%、4.8%、6.3%，而很少或从不进行网络消费的比例分别为 41.4%、52.0%、61.8%、

79.0%、87.5%（见图6-8）。可见，中学生参与网络娱乐活动的频率基本与网络消费的频率成正比，经常参与网络娱乐的中学生也经常进行网络消费，而不经常参与网络娱乐的中学生也不经常进行网络消费。

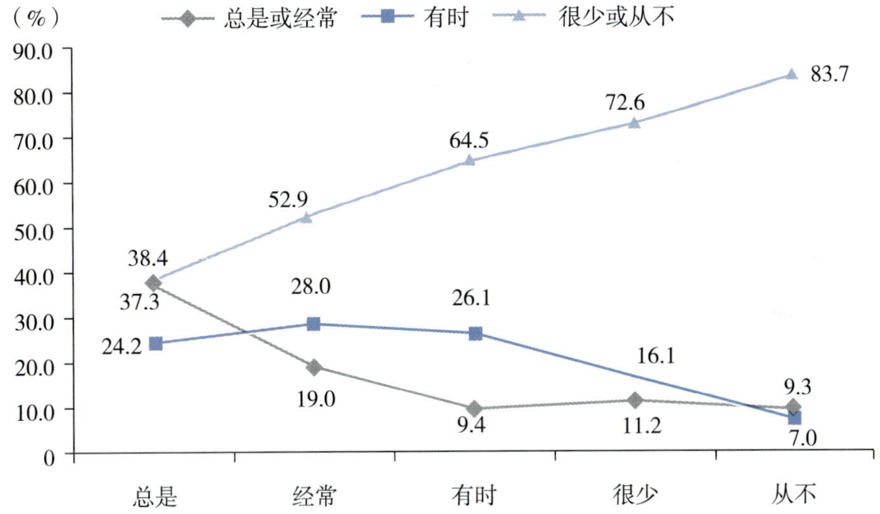

图6-7　网络社交频率与网络消费频率之间的关联

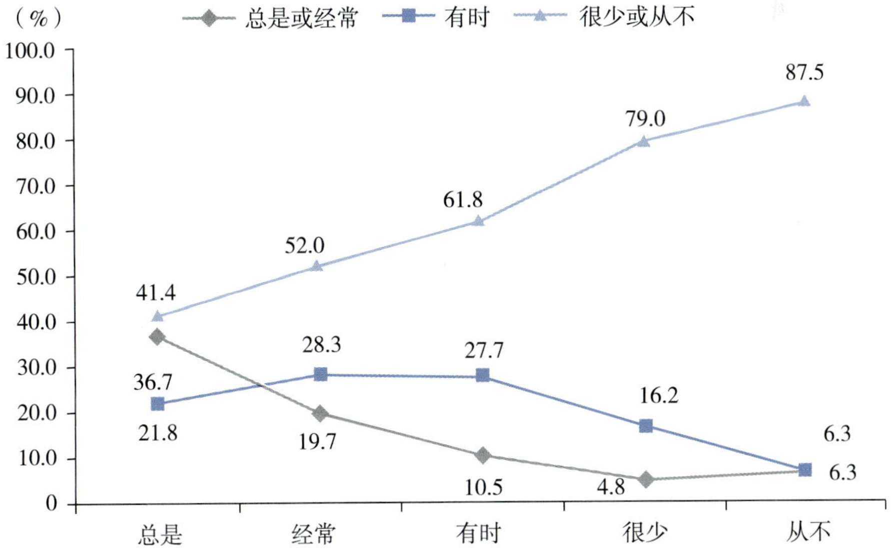

图6-8　网络娱乐频率与网络消费频率之间的关联

二、中学生不进行网络消费的原因

（一）中学生不进行网络消费的原因

【访谈案例】

提问：你在网上买过东西吗？

学生1：没有，不喜欢通过网络买东西，容易受骗，和实物不同。

学生2：我自己没有在网上买过，都是父母帮忙买。父母会在网上选好了让我挑，我感觉网购还不错，便宜方便，但偶尔也会买到不称心如意的东西。

学生3：在淘宝买过一次笔，买回来和图片差别很大，很失望，以后不想在网上买东西了。

图6－9显示，在从未进行过网络消费的中学生中，不参加网络消费的首要原因是感觉网络不安全，他们选择生活中没有需要与不会操作两个选项的比例差别不大。

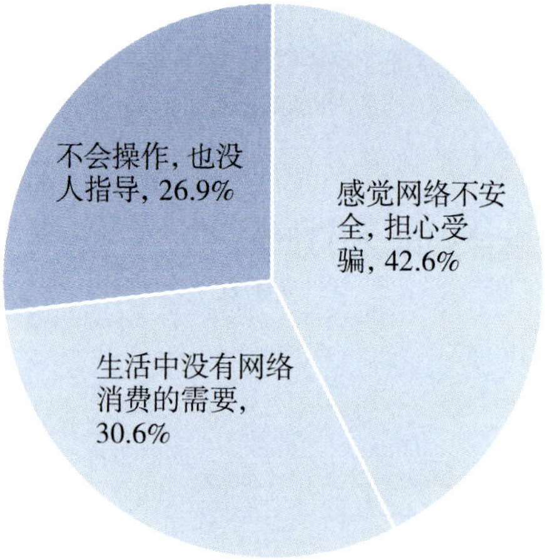

图6－9　中学生不进行网络消费的原因

（二）不同群体中学生不进行网络消费的原因

1. 男生偏向于没有需要，女生偏向于不会操作

图6－10显示，认为生活中没有网络消费需要的男生比例多于女生，因为不会操作而不进行网络消费的女生比例多于男生，但是男女生差异不大（$\chi^2=3.440$，$p=0.179$）。

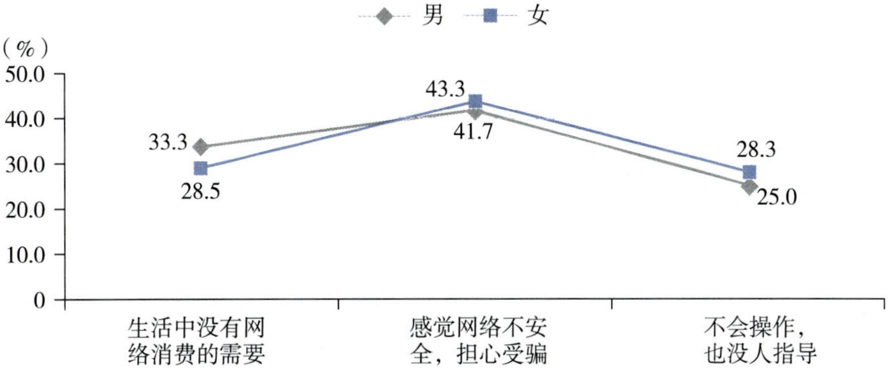

图6－10 不同性别中学生不进行网络消费的原因

2. 初中生更倾向于选择没有需要和网络不安全

图6－11显示，初中生认为生活中没有网络消费需要的比例多于高中生，选择不会操作的比例低于高中生（$\chi^2=16.509$，$p<0.001$）。

3. 城区学校学生更倾向于没有网络消费需要

图6－12显示，城区学校学生因为没有网络消费需要而不进行网络消费的比例高于大农村学校学生，因为感觉网络不安全而不进行网络消费的比例低于大农村学校学生（$\chi^2=8.830$，$p=0.012<0.05$）。

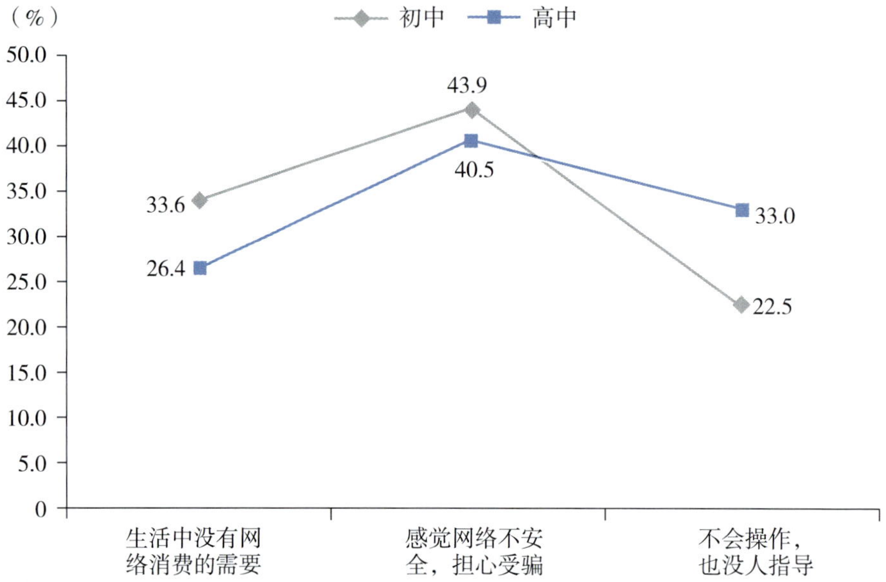

图 6－11　不同学段中学生不进行网络消费的原因

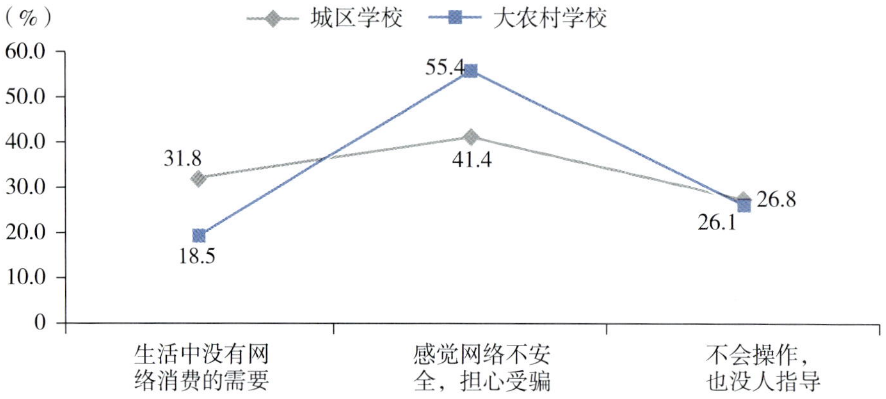

图 6－12　不同类型学校中学生不进行网络消费的原因

三、父母对子女网络消费的认知

（一）父母对子女网络消费认知的总体调查发现

1. 一半以上的父母表示子女有过网络消费的经历

一半以上的父母表示子女有过网络消费的经历，35.2%的父母表示子女没有网络消费经历，另有4%的父母不清楚子女的网络消费情况（见图6－13）。

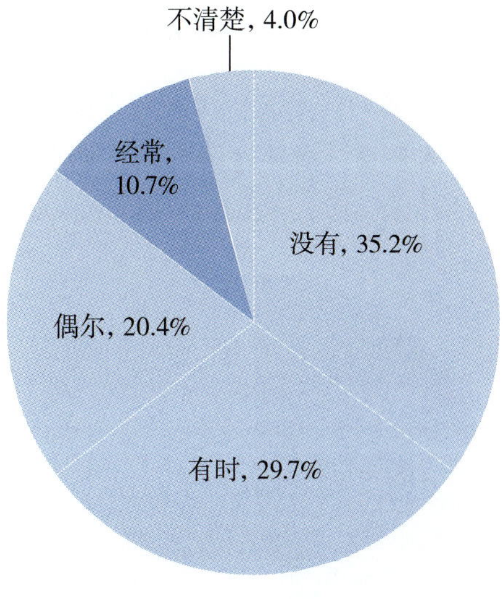

图6－13　子女的网络消费情况

2. 支持子女进行网络消费的父母比反对的父母略少

图6－14显示，总体来看，支持子女进行网络消费的父母比反对的父母略少，但差距不大，还有1/3的父母对子女的网络消费持无所谓的态度。

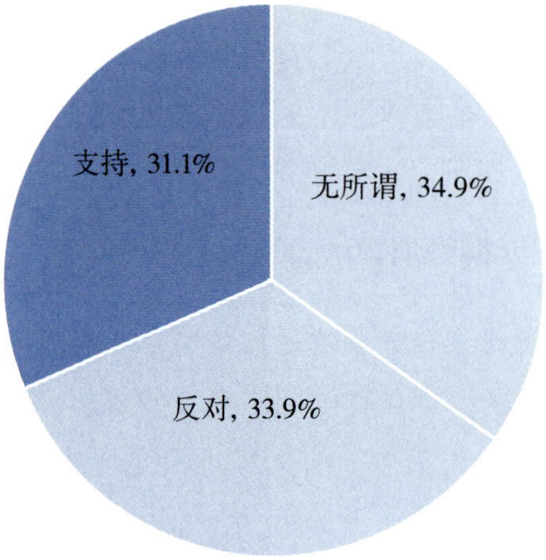

图 6－14　父母对子女网络消费的支持情况

3. 指导过子女网络消费的父母多于没有指导过的父母

图 6－15 显示，总体来看，指导过子女网络消费的父母多于没有指导过的父母。

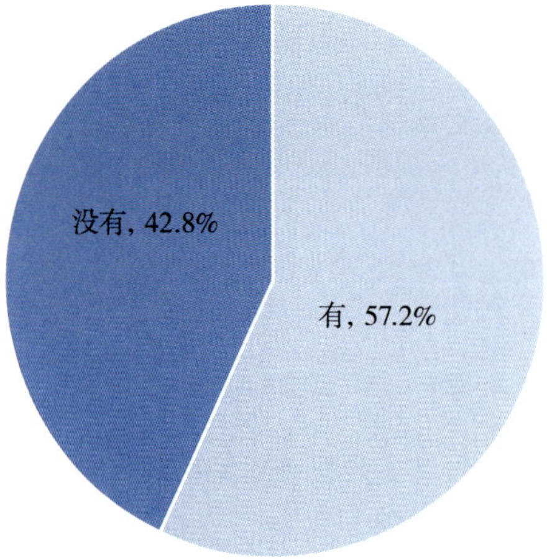

图 6－15　父母对子女网络消费的指导情况

（二）父母的支持态度、指导情况对子女网络消费频率的影响

图6-16显示，子女网络消费频率越高，获得父母支持的比例越高，子女网络消费频率越低，父母对其网络消费持反对态度的比例越高（χ^2 = 183.719，p < 0.001）。

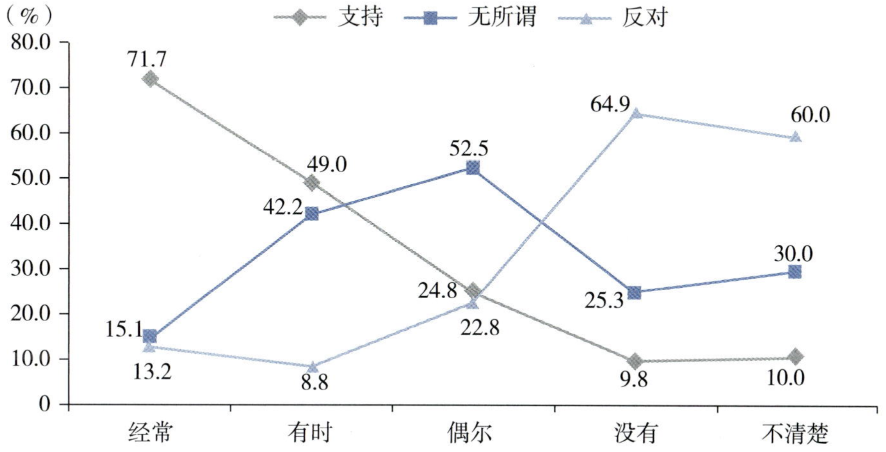

图6-16　子女网络消费频率与获得父母支持之间的关联

（三）父母的支持态度与指导情况之间的关系

图6-17显示，父母对网络消费的支持态度与是否给予过子女网络消费方面的指导成正相关，即支持子女进行网络消费的父母给子女提供指导的比例高，而反对子女进行网络消费的父母给子女提供指导的比例低（χ^2 = 131.047，p < 0.001）。

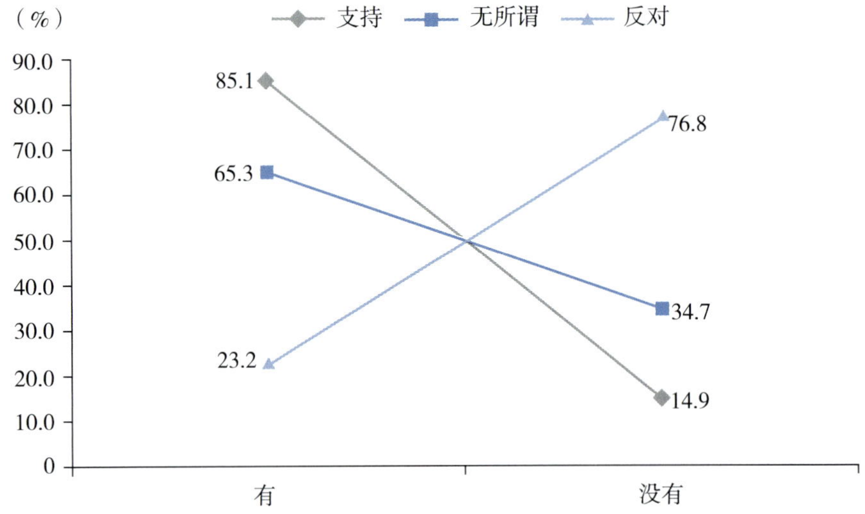

图 6-17 父母的支持程度与指导情况之间的关联

(四) 父亲与母亲对子女网络消费的支持态度、指导情况的差异

1. 支持子女网络消费的父亲比例高于母亲

图 6-18 显示，总体来看，支持子女网络消费的父亲比例高于母亲，反对子女网络消费的父亲比例低于母亲，但差异不大（$\chi^2=2.727$，$p=$

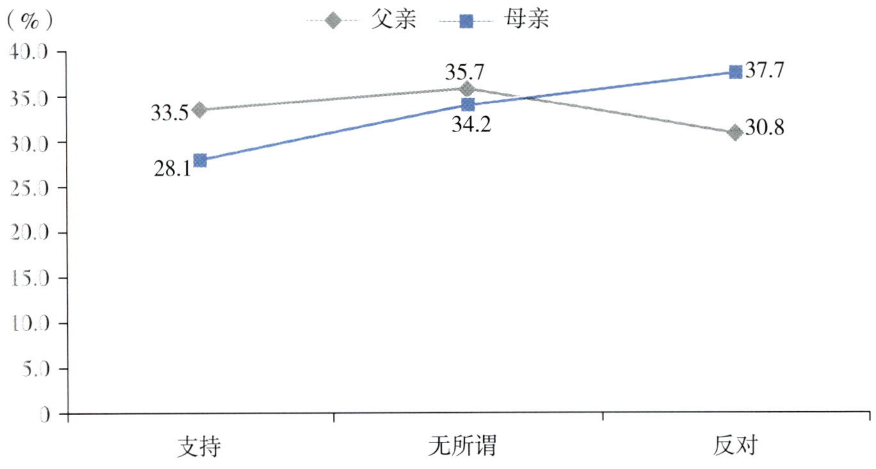

图 6-18 父亲与母亲对子女网络消费的支持态度

0.256)。

2. 父亲给子女提供网络消费方面指导的比例高于母亲

图6-19显示，与父母对子女网络消费的支持情况相同，父亲给子女提供网络消费方面指导的比例高于母亲（$\chi^2=4.901$，$p=0.027<0.05$）。

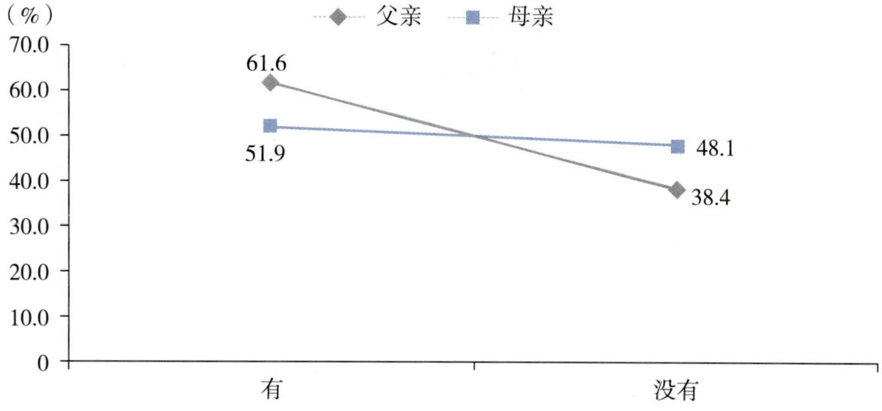

图6-19　父亲与母亲对子女网络消费的指导情况

(五) 父母与子女关系是否融洽与父母支持态度、指导情况的关联

1. 父母与子女关系是否融洽与父母是否支持子女网络消费有一定的关系

图6-20显示，与子女关系融洽的父母支持子女网络消费的比例高于与子女关系一般或关系不好的父母。与子女关系不好的父母对子女网络消费全部持反对态度。可见，父母与子女之间的关系是否融洽与父母是否支持子女网络消费有一定的关系（$\chi^2=10.482$，$p=0.033<0.05$）。

2. 父母与子女关系是否融洽与父母是否指导子女网络消费有一定的关系

图6-21显示，与子女关系融洽的父母指导子女网络消费的比例高于与子女关系一般或关系不好的父母。与子女关系不好的父母全部没有指导过子女网络消费。可见，父母与子女之间的关系是否融洽与父母是否指导子女网络消费有一定的关系（$\chi^2=8.065$，$p=0.018<0.05$）。

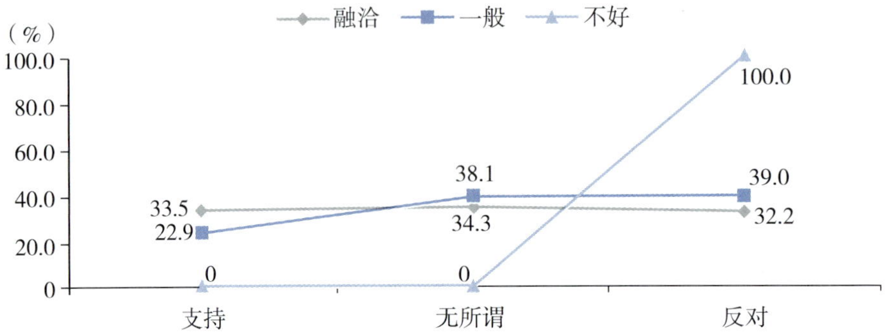

图 6－20　父母与子女关系融洽度与对子女网络消费支持态度之间的关联

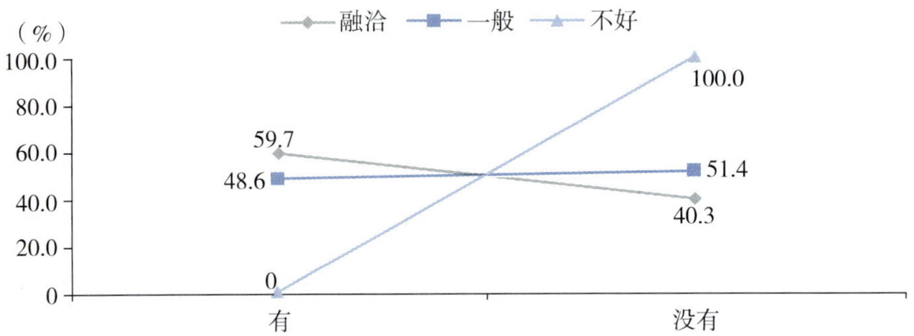

图 6－21　父母与子女关系融洽度与对子女网络消费指导情况之间的关联

四、本章小结

（一）主要发现

1. 中学生网络消费情况并不普遍

课题组结合调查数据和访谈发现，中学生的网络消费情况并不普遍，仅有 21.2% 的中学生总是或经常进行网络消费，从不或很少进行网络消费的中学生占 54.2%。有网络消费经历的中学生多以购买书、笔、衣服为主，仅有 5% 的中学生以网络游戏为网络消费主要的对象。

2. 中学生网络消费频率与其上网频率、网络社交活动频率、网络娱乐活动频率有关

中学生上网频率越高，经常或总是进行网络消费的比例也越高，而很少或从不进行网络消费的比例则越低。经常参与网络社交活动、网络娱乐活动的中学生也经常进行网络消费，而不经常参与网络社交活动、网络娱乐活动的中学生则不经常进行网络消费。值得注意的是，上网时长在 3 小时以上的中学生总是或经常进行网络消费的比例最高。

3. 担心受骗成为中学生不进行网络消费的首要原因

42.6%的中学生不进行网络消费的原因是感觉网络不安全，担心受骗。这一发现在实地访谈中也得到了验证。

4. 父母的态度和指导影响了子女的网络消费

对家长问卷的分析显示，支持子女进行网络消费的父母比反对的父母略少，但差别不大。父母对子女网络消费的支持态度与其指导情况有关，越是支持子女网络消费的父母，给予子女相关指导的比例越大。其中，父亲支持子女网络消费的比例及给予子女网络消费指导的比例均高于母亲。

（二）对策建议

1. 引导中学生正视网络消费，不要盲目惧怕

在学校的信息技术课程中，教师可向中学生介绍网络消费相关知识，包括网络消费基本类型、主要环节、注意事项等。引导中学生正视网络消费，网络消费有优势也有弊端，对于网络消费我们需谨慎但不应盲目惧怕。

2. 重视父母在子女网络消费中的指引作用

与学校、教师相比，父母更适合做子女网络消费的引路人，可以从网上缴电话费、水电费，以及预订机票、饭店等与生活密切相关的事情出发，引导子女体验网络带来的便利，合理进行网络消费。

第七章

中学生网络娱乐状态分析

一、中学生网络娱乐的特征

（一）中学生的网络娱乐

除了2.7%的中学生从未有过网络娱乐的经历外，剩下的97.3%的中学生都曾或多或少接触过网络娱乐活动。经常或总是参加网络娱乐活动的学生占较大比例，达到64.9%（见图7-1）。可以看出，网络娱乐已经成为中学生网络生活非常重要的组成部分，它对中学生的学业、身心发展都产生了巨大的影响。因此，分析这个群体网络娱乐的现状和规律，对于引导学生和家长发挥网络娱乐的积极作用，抑制网络娱乐的消极作用具有重要的意义。

网络娱乐的方式多种多样，但中学生的网络娱乐方式相对集中。调查表明，中学生上网时开展得最多的活动是下载或在线听音乐，占74.8%，下载或在线看电影、电视剧、综艺节目的中学生的比例紧随其后，达73.1%（见图7-2）。除此之外，网络阅读和玩网络游戏也是中学生较为重要的网络娱乐方式，分别占42.5%和39.9%。总的来说，中学生网络娱乐方式多为听音乐、看电影、看电视剧等，玩网络游戏的中学生比例相对较低。

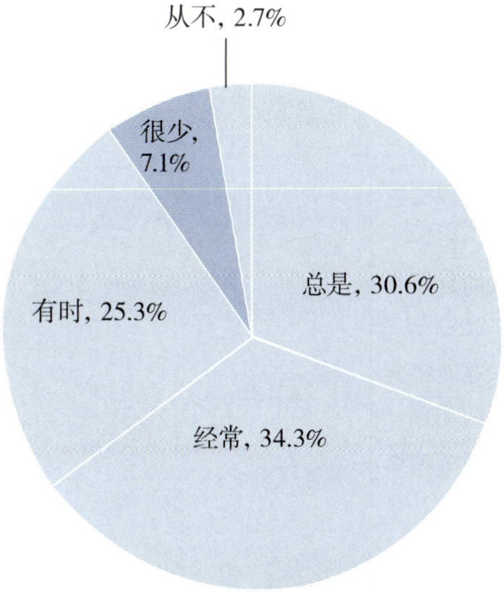

图 7－1　中学生网络娱乐的频率

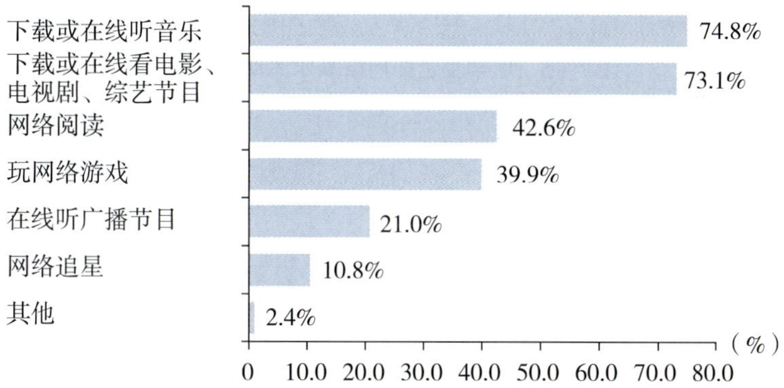

图 7－2　中学生上网时进行的网络娱乐

调查显示，42.3%的中学生进行网络娱乐是为了从现实生活的压力中解脱，感觉很放松。可见，娱乐是学习之外的重要内容，从另一个侧面反映出中学生在学习和生活中面临较大的压力，希望通过网络娱乐放松心情。网络娱乐资源获取的便利性也是网络娱乐普及的原因之一，有 22.7%的中学生表示，网络娱乐是最容易获取的娱乐方式（见图 7－3）。此外，调查发现，网络娱乐除了单纯的娱乐性质外，还兼具学习的功能。有

13.9%的中学生认为网络娱乐能够开阔眼界、增长见识，获取到很多从学校和书本上学不到的知识。这部分学生能够将网络娱乐与开阔视野、增进知识结合起来，这是一个让人欣喜的现象。

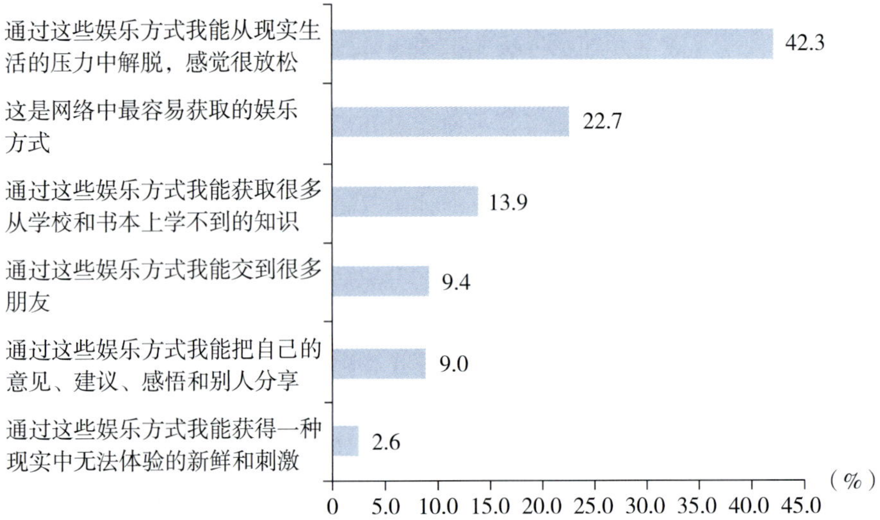

图7－3　中学生选择网络娱乐活动的原因

【新闻案例】

一名沉溺网络游戏虚拟世界的13岁男孩小艺（化名），选择一种特别造型告别了现实世界：站在天津市塘沽区海河外滩一栋24层高楼顶上，双臂平伸，双脚交叉成飞天姿势，纵身跃起朝着东南方向的大海“飞”去，去追寻网络游戏中的那些英雄朋友：大第安、泰兰德、复仇天神以及守望者……

——《半月谈》

很多研究都对网络游戏持否定意见，认为网络游戏是青少年网络成瘾的主要因素，对青少年的身体和心理健康发展造成严重危害。本调查特别针对网络游戏做了进一步调查，旨在从同伴评价的角度审视网络游戏对中学生的影响。调查表明，网络游戏对中学生的影响并没有那么可怕，有57.5%的学生认为身边玩网络游戏的同学与之前相比没有明显变化，有19.6%的学生认为身边玩网络游戏的同学对待生活和学习的态度更积极，只有 22.8% 的学生认为身边玩网络游戏的同学变得比之前消极、颓废（见图 7-4）。

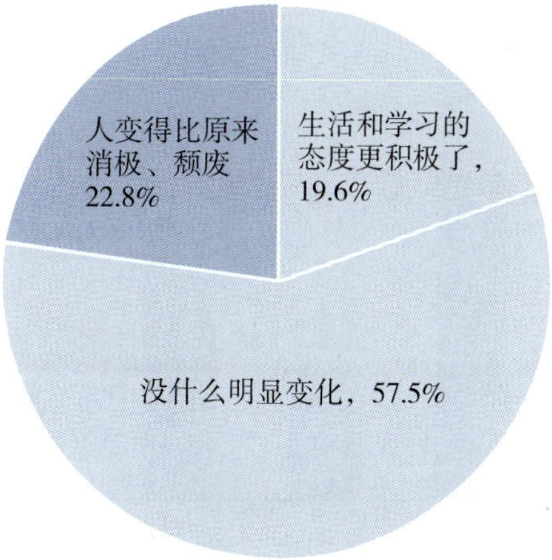

图 7-4　周围玩游戏的同学有什么改变

（二）不同群体中学生的网络娱乐

1. 男女生对网络娱乐活动的选择存在差异

调研显示，女生选择“下载或在线看电影、电视剧、综艺节目”、“下载或在线听音乐”、“网络阅读”、“网络追星”四种网络娱乐活动的比例超过男生，男生选择“在线听广播节目”和“玩网络游戏”两种网络娱乐活动的比例超过女生（见图 7-5）。其中，玩网络游戏的男生比例远远高于女生，高出后者 29.5%，这说明网络游戏的主体是男生。

2. 高年级学生看电影更多而玩游戏更少

调查显示，随着年级的升高，选择看电影、电视剧、综艺节目等网络娱乐活动的中学生越来越多；选择玩网络游戏的学生越来越少（见图 7-6 和图 7-7）。这种现象可能是由于随着年级的升高，课业负担变重，学生用于网络娱乐的时间越来越少，相应地玩网络游戏的时间也越来越少。

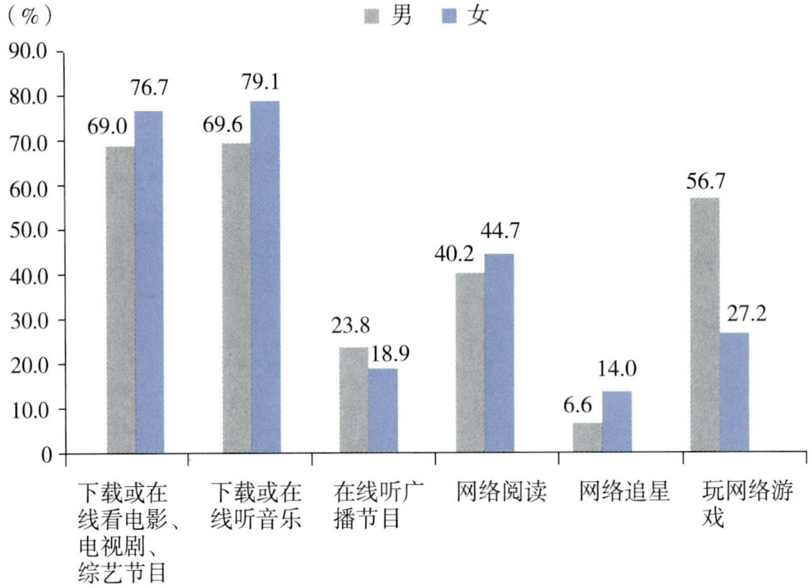

图 7－5　不同性别中学生上网时进行的网络娱乐活动

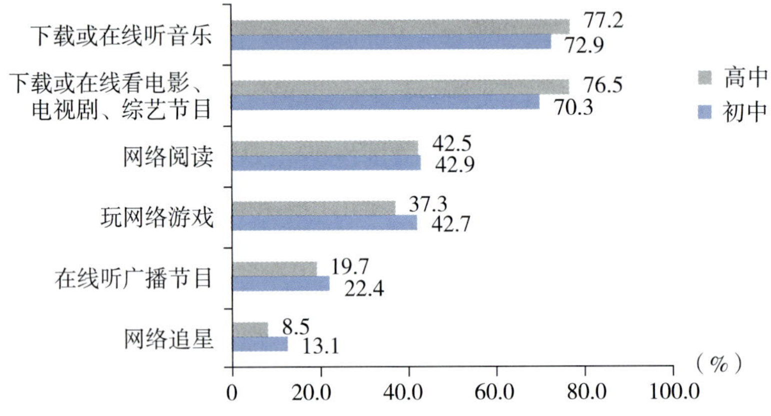

图 7－6　不同学段中学生上网时进行的网络娱乐活动

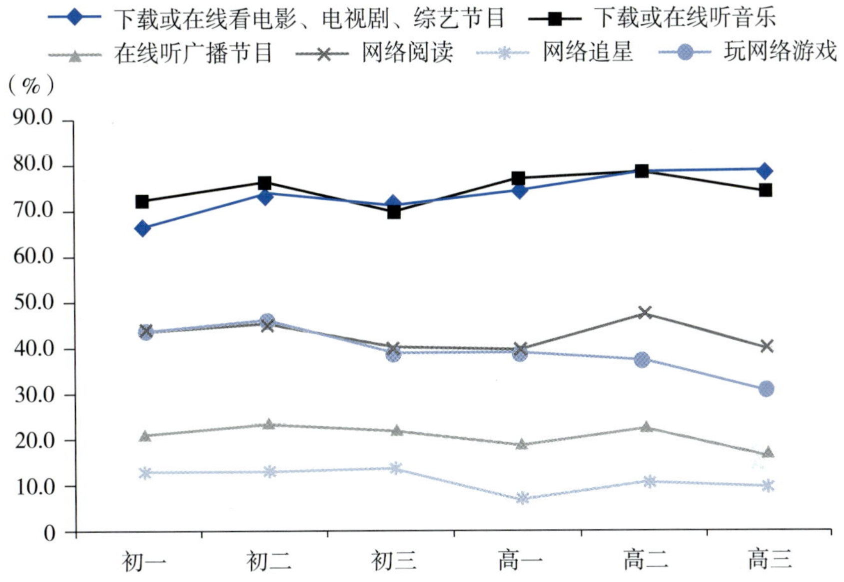

图7－7　不同年级中学生上网时进行的网络娱乐活动

3. 从现实生活的压力中解脱是中学生网络娱乐的主要目的

将男女中学生分为两个群体分别看待，这两个群体在整体趋势上同整个中学生群体是大体一致的：两者中以缓解压力为网络娱乐目的的占相当大的比重，分别达40.9%和43.4%，同时男女生中各有25.0%和21.0%的学生认为通过网络进行娱乐是一种较为方便的方式（见图7－8）。但是，

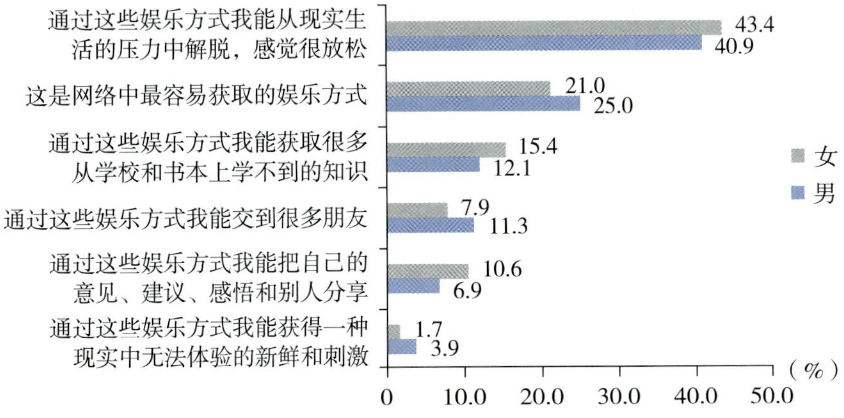

图7－8　不同性别中学生选择网络娱乐活动的原因

男女生两个群体在很多细节上是不同的。χ^2 检验结果表明，男女生在网络娱乐的目的上存在明显的差异：男生选择网络娱乐更多的是因为这是一种相对容易获取的方式，而且男生更偏重于网络交友以及通过网络体验新鲜和刺激；女生则更看重网络娱乐在压力释放、分享感悟和学习方面的功能。

调查显示，认为网络娱乐能帮助自己从现实生活的压力中解脱的学生在高中生和初中生中所占的比例都是最高的，高中生持这一观点的比例又略高于初中生（见图 7－9 和图 7－10）。这一现象说明中学生的压力较大，而高中生的压力又大于初中生，他们试图通过网络娱乐缓解压力。因此，建议为中学生提供其他途径来缓解学习压力。

在初中阶段，认为网络娱乐是最为便捷的娱乐方式的学生比例在初三年级达到峰值，且明显高于其他年级的学生，而高中阶段也是类似的情况，在高三年级达到峰值。由于初三学生和高三学生有升学的压力，娱乐时间是最少的，所以网络娱乐因其方便性而成为他们喜爱的娱乐方式。

在高中阶段和初中阶段，选择通过网络娱乐进行学习的学生比例也表现出了差异。初中学生中，随着年级的增长，愿意通过网络娱乐的方式增长知识、开阔视野的学生比例逐渐下降，而在高中这一趋势正好相反。

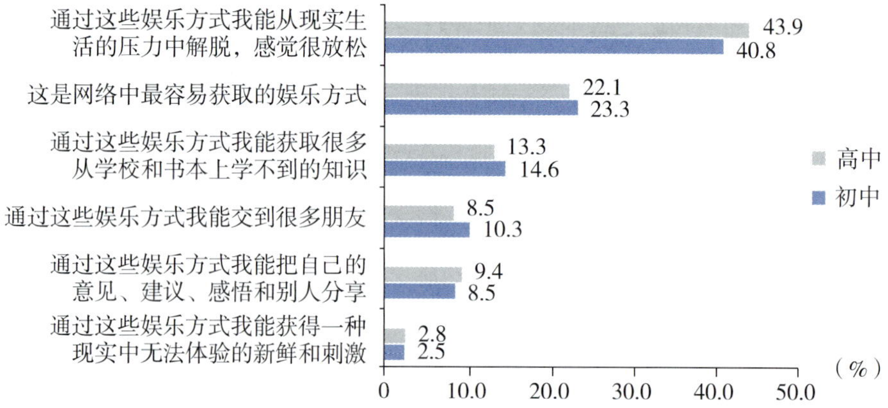

图 7－9　不同年级中学生选择网络娱乐活动的原因

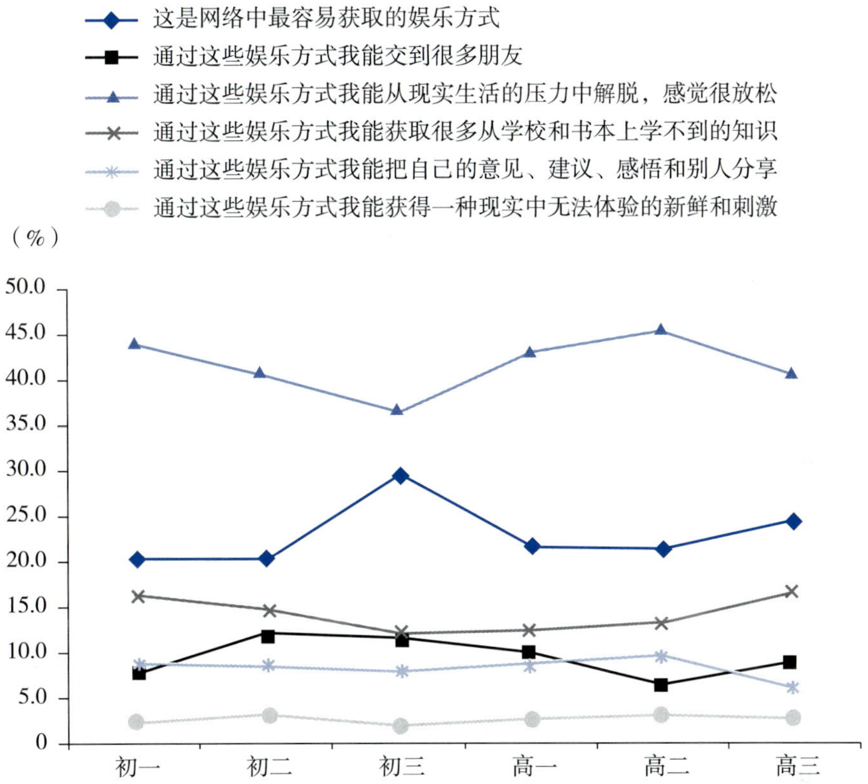

图 7－10　不同年级中学生选择网络娱乐活动的原因

4. 首次上网时间对中学生参与的各项娱乐活动都有明显的影响

将首次上网时间分成五个阶段，即“上小学前”、“小学一到三年级”、“小学四到六年级”、“上初中时”、“上高中时”，从图 7－11 中可以发现，无论选择哪种娱乐方式的学生，随着首次上网时间的推迟，其参与比例整体呈现下降的趋势。

5. 每次上网时间越长的中学生选择网络游戏的比例越高

将中学生每次上网的时长分为五个区间，即“少于半小时”、“0.5—1 小时”、“1—2 小时”、“2—3 小时”、“3 小时以上”，可以发现绝大部分网络娱乐活动与每次上网时间之间不能形成一种明确的关系。但是在这种分类中有一个要素与每次上网时长的关系却十分明显：按照上网时长将学生分到五个组中，每次上网时间越长的组别，选择网络游戏的比例越高（见

图7-12）。然而，究竟是上网时间的延长导致玩网络游戏的比例升高，还是玩网络游戏导致上网时间的延长，谁为因谁为果尚不明确。

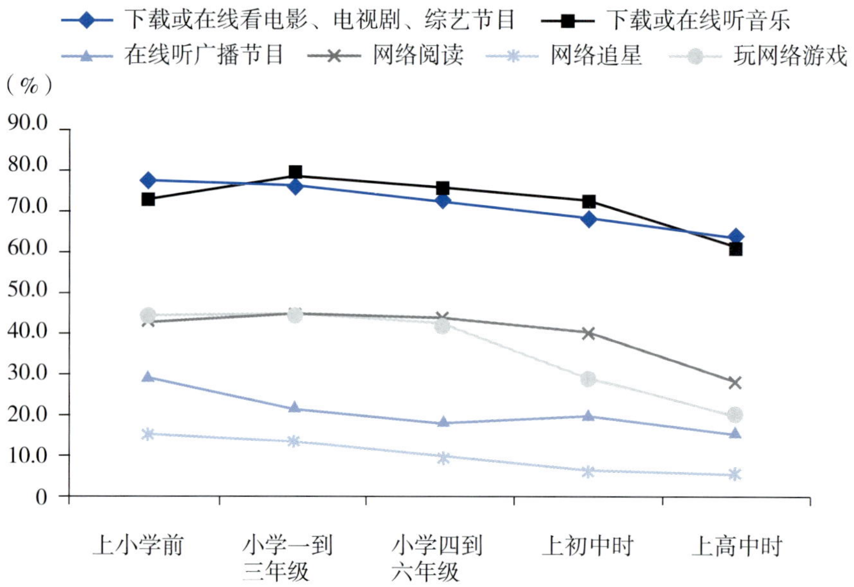

图7-11　首次上网时间与中学生网络娱乐活动之间的关联

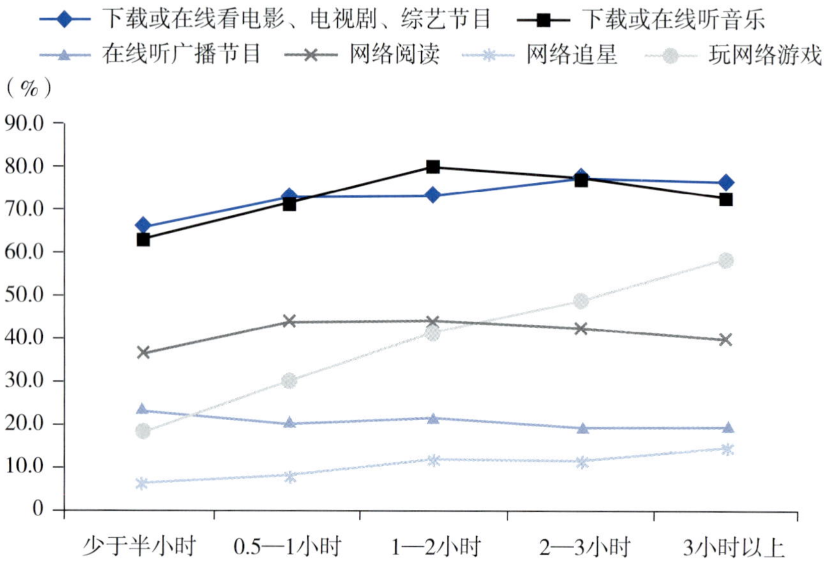

图7-12　每次上网时长与中学生网络娱乐活动之间的关联

6. 陌生网友越少的中学生认为网络娱乐能缓解压力的比例越大

对选择网络娱乐活动的原因与网络交友人数进行交叉分析，可以看出几个很明显的趋势。认为网络娱乐方式能够缓解压力、放松心情的中学生比例不仅远远高于选择其他选项的中学生，而且随着网络中陌生网友数量的增加，其趋势是下降的，即陌生网友越少的中学生中，认为网络娱乐能缓解压力的比例就越大（见图7－13）。这可能是因为陌生朋友对中学生自身的情况并不了解，不能提供有用的参考和帮助，也可能是因为中学生对陌生人的防范意识，不愿意过多地吐露心声。另外，在网络中的陌生朋友在10人以下的学生群体，选择“通过这些娱乐方式我能获取很多从学校和书本上学不到的知识”的比例最高，这可能是由学生的性格、环境等因素导致的。

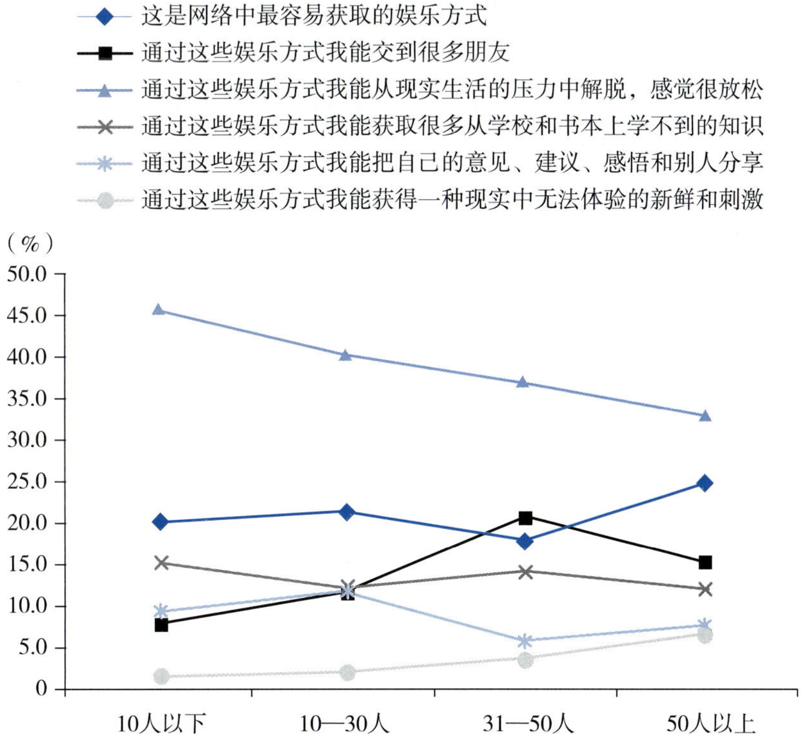

图7－13　陌生网友的数量与网络娱乐的收获之间的关联

7. 网络朋友对缓解压力作用不大

对网络娱乐的目的与网络朋友和真实朋友的比例进行交叉分析，可以进一步印证以上结论。由图 7－14 可以看出，随着中学生交友对象中现实朋友比重的提高，网络陌生朋友比重的降低，认为网络娱乐能够缓解压力、放松心情的中学生比例逐步提高。由此可见，网络中的朋友对缓解中学生的压力并没有起到多大的作用，反而是生活中的朋友才是缓解压力的重要因素。随着中学生现实朋友比重的提高，更多的中学生实现了将网络娱乐与学习兼顾，也就是从网络娱乐中学到了从学校和书本上学不到的知识，这一比例从 11.3% 提升到 15.4%。

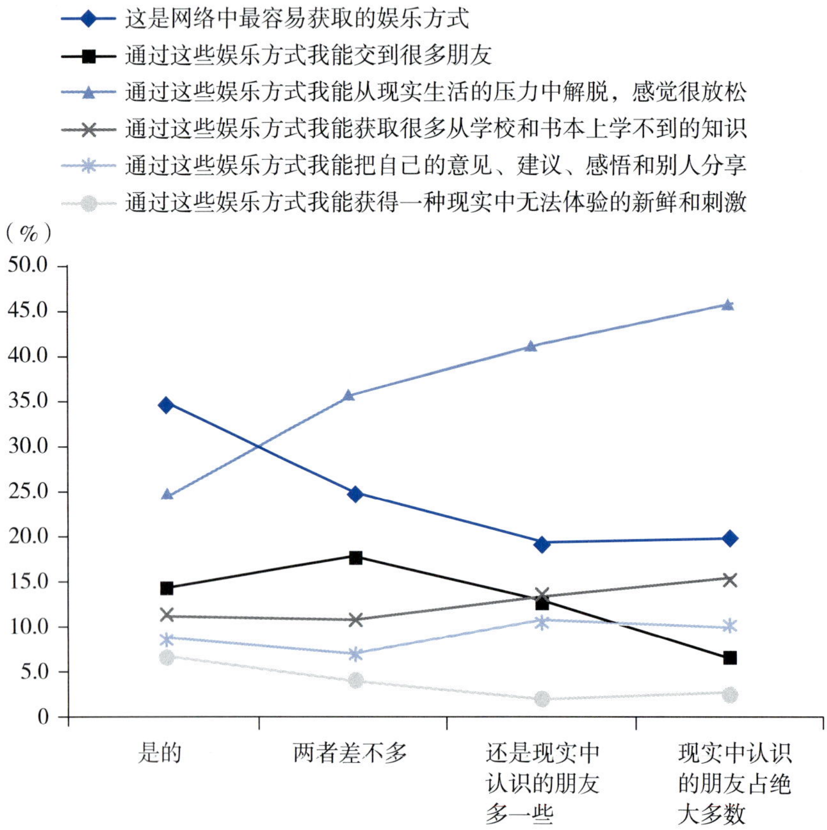

图 7－14 网络朋友占朋友总数的比例与网络娱乐收获之间的关联

8. 参加网络交流群较多的学生认为网络娱乐能够缓解压力的比例较高，认为能够学到知识的比例低

将中学生参加的网络交流群按数量划分为四个层级，分别为“没有”、“1—2 个”、“3—4 个”、“4 个以上”。结合网络娱乐的目的来分析这一指标，可以发现，参加网络交流群的数量越多的学生，认为网络娱乐能够缓解和释放压力的比例也越高（见图 7－15）。与此相对，参加网络交流群的数量越多的学生，认为通过网络娱乐能够学到从学校和书本上学不到的知识的比例越低（见图 7－15）。这种现象与上一个方面恰恰相反。在前一个趋势中，中学生参与的网络交流群越多，可能表示他们的社交面越广泛，朋友也就越多，从而能够通过这种渠道得到休息和放松。而在后一个趋势中，学生的网络社交越广泛，就越可能占用他们思考的时间，反而限制了他们获取和吸收网络中的知识。

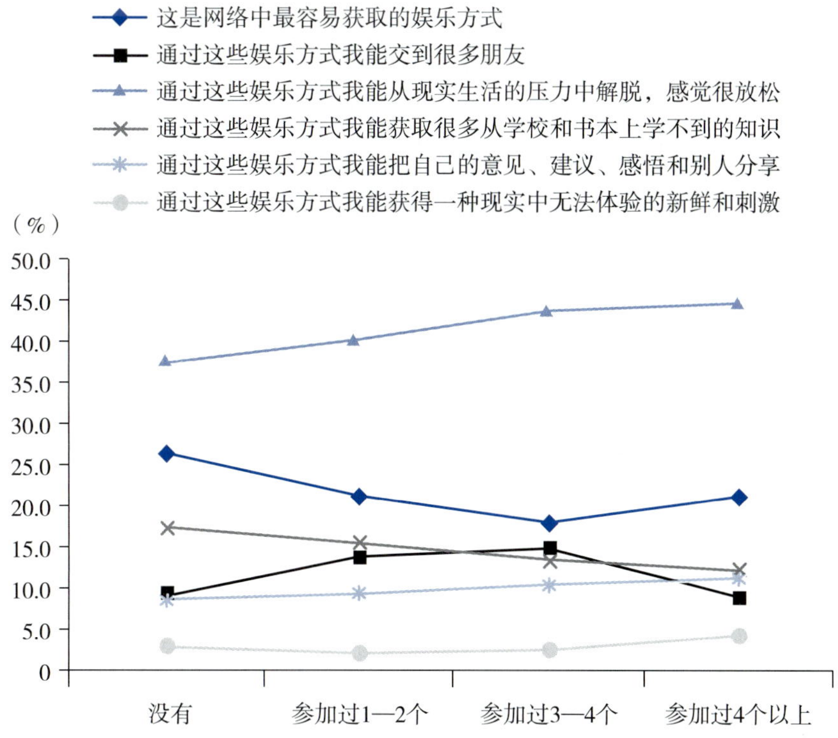

图 7－15　参加网络交流群的数量与网络娱乐收获之间的关联

9. 交友态度较积极的学生认为网络交友具有正面影响的比例较高

将网络交友对生活和学习的影响分成几个层级，分别为“扩大了自己的交际圈，认识了很多新朋友”、“通过网络交友更好地认识了社会，也学到了很多东西”、“让我的现实交际圈更小了，也不太愿意与人交流了”、“只有网上的朋友，不愿意和现实中的人交往”。将网络娱乐的功能或目的与这种影响结合起来分析，可以看到，交友态度越积极的中学生，认为网络交友对自己的学习和生活产生正面影响的比例越高，他们能够通过网络娱乐释放压力的比例达到43.9%。而交友态度越消极的中学生，认为网络交友对自己的学习和生活产生负面影响的比例越大，他们能够通过网络娱乐减压的比例则越小，最小值只有30.6%（见图7－16）。

随着网络交友对中学生的影响从正面转向负面，认为通过网络娱乐能够获得一种现实中无法体验的新鲜和刺激的比例越来越高，从1.8%跃升到12.2%。

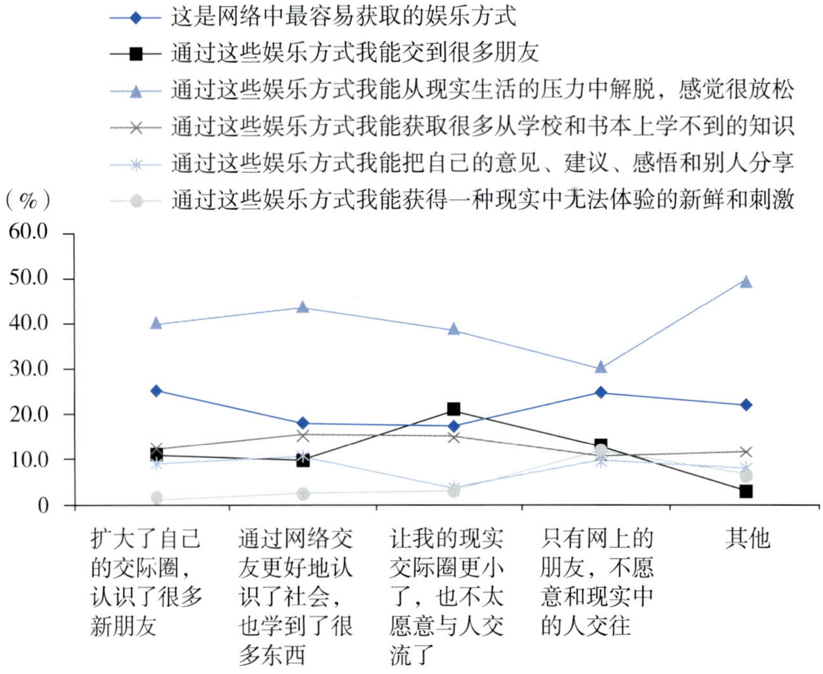

图7－16　交友态度的积极程度与网络娱乐的收获之间的关联

二、中学生网络娱乐中创新意识的特征

（一）中学生网络娱乐中的创新意识

网络时代，有很多声音批评网络限制了学生的思维能力，让他们习惯于转载，也习惯于人云亦云。但调查发现，有44.0%的中学生曾有过将自己原创性的文字、音乐、视频发布到网络中同别人分享的经历，这一比例相对来说还是比较高的。同时，有73.1%的学生表示自己并不是习惯于转载别人的文字，他们仍然具有独立思考的意愿和能力，愿意写下自己独特的想法和感受。网络对于中学生的创造力有一定的积极推动作用，有62.2%的学生表示自己或同学曾受网络启发而产生有创意的想法、设计或行为（见图7－17）。

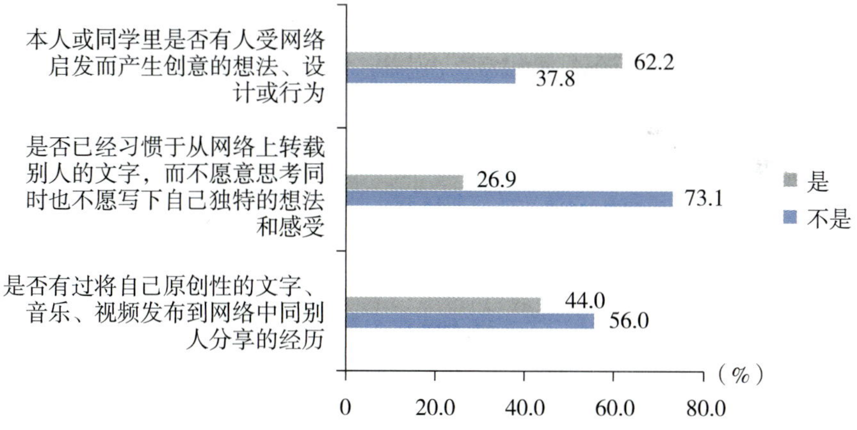

图7－17　中学生网络娱乐中的创新意识

（二）不同群体中学生网络娱乐中的创新意识

1. 初中生随着年级的升高在网络中分享原创性作品的比例逐渐上升

男生和女生分别有43.0%和44.7%的人有过将自己原创性的文字、音乐、视频发布到网络中同别人分享的经历（见图7－18）。经过独立样本 t 检验，两者没有明显差异。创新意识与年级的交叉分析显示，在初中阶段，这

种经历随着年级的升高而增加，初一、初二、初三的比例分别为37.70%、45.40%和49.70%，而在高中阶段则没有表现出明显的趋势（见图7－19）。

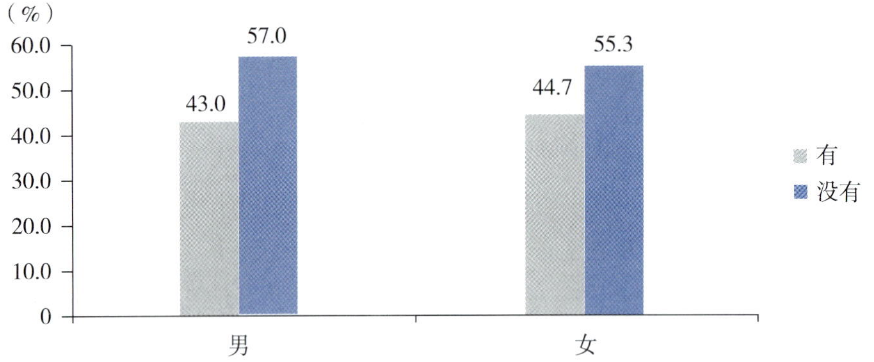

图7－18　不同性别中学生网络娱乐中的创新意识

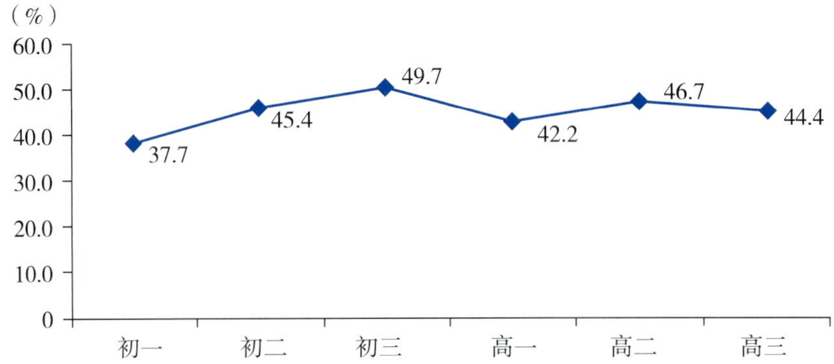

图7－19　不同学段中学生分享网络原创性内容的经历

2. 女生的网络惰性弱于男生

调查样本中有75.7%的女生表示自己并不是习惯于从网络上转载别人的文字，她们愿意思考同时也愿意写下自己独特的想法和感受，而男生持这一态度的比例也相当高，达到了69.7%（见图7－20）。

我们可以定义一个新的概念——网络惰性来更加简洁地阐述这个问题。在这里，网络惰性是指因为网络充斥海量的信息，个体习惯浏览、转载他人的作品和成果，并不愿意思考同时也不愿写下自己独特的想法和感受的倾向。

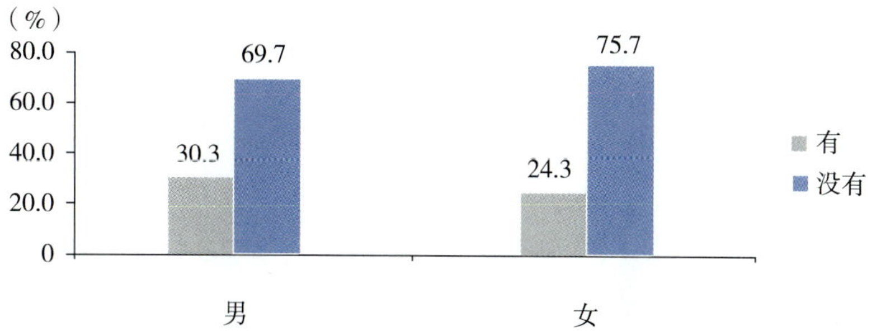

图7－20　不同性别中学生的网络惰性

3. 随着年级的升高，学生的网络惰性也越来越强

如果分年级、分学段来考虑这个问题，则会发现初中和高中都表现出同一种趋势，即随着年级的升高，学生的网络惰性也越来越强，就是说他们更倾向于转载别人的文字，而不愿意思考和写下自己独特的感受。相比于高中生，初中生的网络惰性更强一些，他们更不愿意思考，更习惯于转载别人的文字。

在初中和高中两个阶段，中学生的网络惰性都显示出随年级升高而增强的趋势。初中三个年级的比例分别为23.8%、25.5%、37.3%，高中三个年级的比例依次为23.5%、26.4%、27.8%（见图7－21和图7－22）。

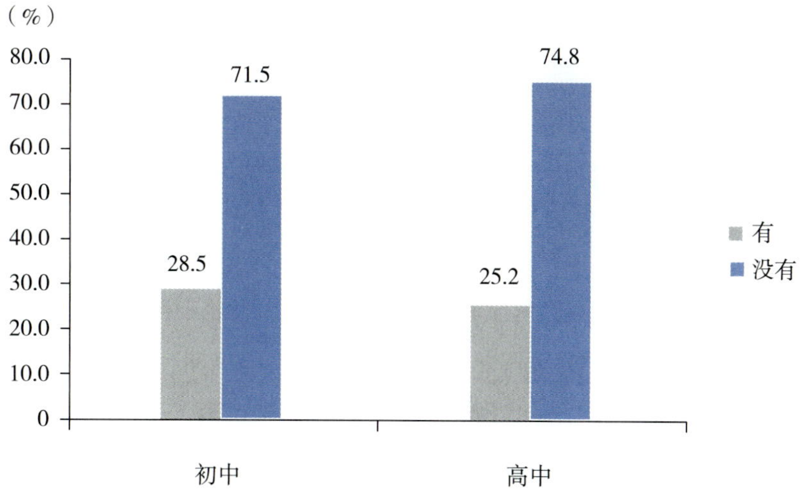

图7－21　不同学段中学生的网络惰性

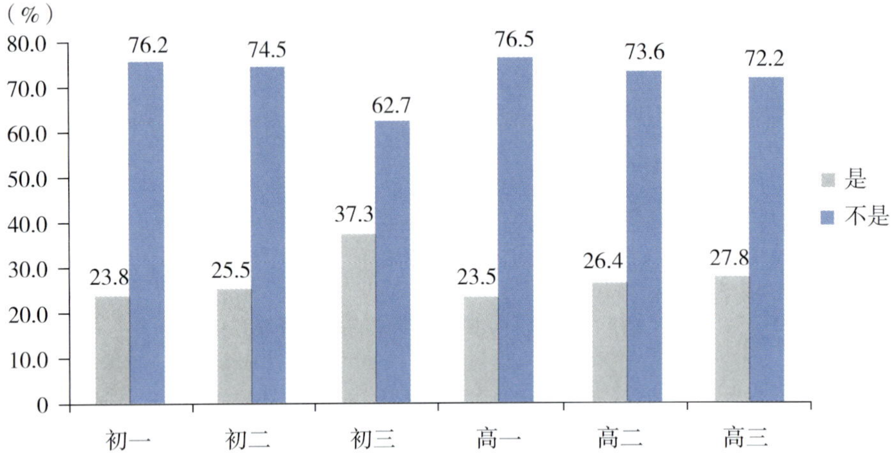

图 7-22 不同年级中学生的网络惰性

4. 男女生在受网络启发而产生创意方面并无不同

中学生受网络的影响很大，同时也会受到网络的启发而产生有创意的想法、设计和行为。其中有63.2%的男生和61.4%的女生曾经受到网络的启发而产生有创意的想法、设计和行为，两者的比例都比较高（见图7-23）。经过独立样本 t 检验，两者不存在明显的差异。

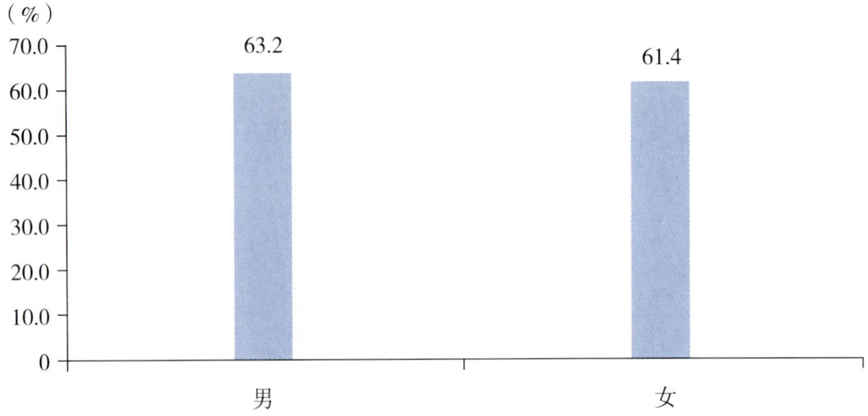

图 7-23 不同性别中学生的网络创意

5. 高三是网络创意的洼地

初中和高中，两个学段的中学生受网络启发而产生过有创意的想法、设计或者行为的比例大体相当，不存在明显差异。按照年级划分，中学生在受网络启发方面同样表现出了一种总体平稳的态势。从初一至高二，总体的比例变化幅度不大，最小值出现在初一（59.8%），最大值出现在高二（66.6%），但在高三却出现了一个明显的低点（见图7－24）。此处的低点值得进一步研究。

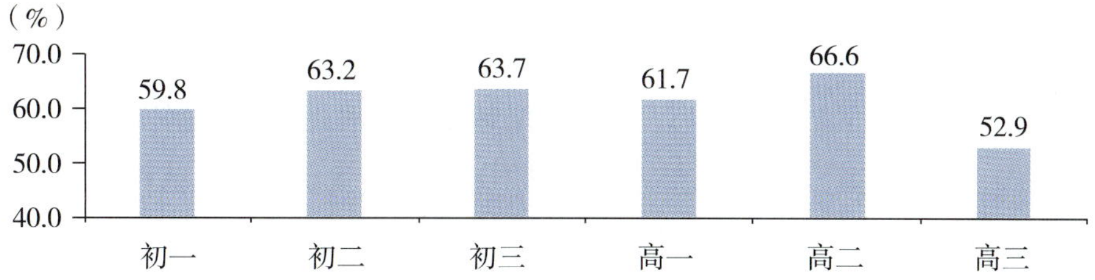

图7－24　不同学段中学生的网络创意

6. 接触网络时间越早的中学生将原创性成果与别人分享的比例越高

将中学生首次接触网络的时间分成五个时间段，从图7－25可以清晰地看出，首次接触网络的时间越早，则有将自己原创性成果与别人分享的经历的比例越高（见图7－25）。这个问题包含两个层次的内容，首先是学生在网络中对文字、音乐、视频的原创经历，其次是网络的分享意愿。由大量的数据分析结果我们可以初步推断，对中学生来说，接触网络的时间越早，则他们的网络原创能力以及分享意愿就越高。

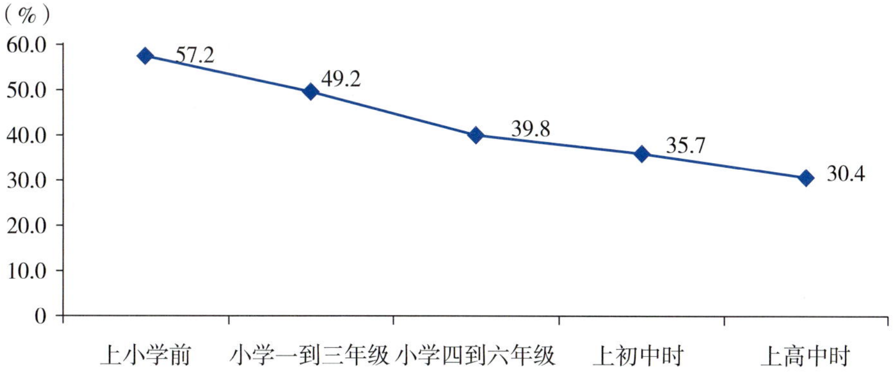

图7－25　首次接触网络时间的早晚与分享原创性成果的关联

7. 网络使用频率对中学生网络原创能力和分享意愿有明显的正面作用

将中学生的网络使用频率分为七个区间，即一天多次、一天一次、半周左右一次、一周左右一次、半月左右一次、一月左右一次、数月一次，结合网络使用频率来看，中学生的网络使用频率对他们的网络原创能力和分享意愿有着显著的影响。这种影响整体来看是正面的，即网络使用频率越高，网络原创能力和分享意愿就越高，网络使用频率越低，这种能力和意愿就越低（图 7－26）。这种现象比较容易解释：网络的创造能力和分享意愿受网络操作能力和网络环境影响，接触网络越频繁，对网络的驾驭就越熟练，受网络中共享意识的熏陶就越大，所以创造能力和分享意愿也就越强。

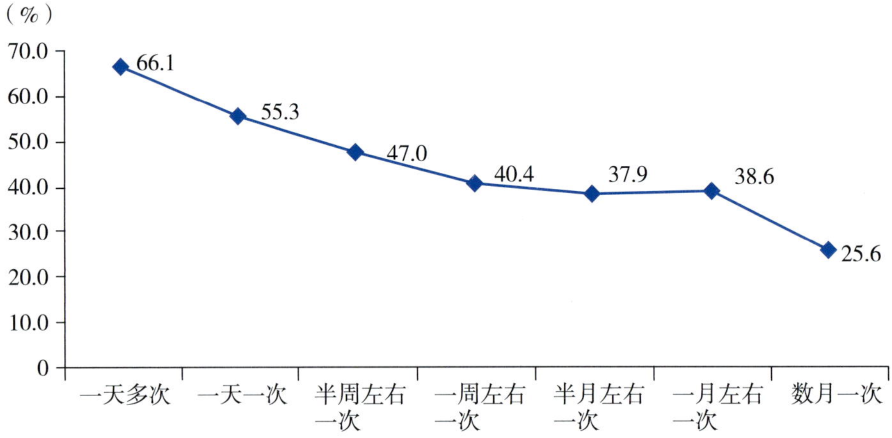

图 7－26　网络使用频率与网络原创能力和分享意愿的关联

8. 接触网络时间越早的中学生会越明显地表现出网络惰性

将上文中定义的网络惰性与首次上网时间相结合，可以发现一些有规律的现象。从图 7－27 中可以看出，曲线的整体趋势是下降的。首次接触网络的时间越早，中学生所表现出的网络惰性就越明显。

9. 网络使用频率和每次上网时间对网络惰性分别具有负面和正面影响

结合网络使用频率和每次上网时间来看，这种趋势也是相似的（见图 7－28 和图 7－29）。网络使用越频繁，每次上网的时间越长，中学生的网络惰性越强，他们就越是习惯于仅仅转载别人的文字，而不愿意写下自己的想法和感受。表面上，这同网络原创经历和分享意愿的调查结果相矛盾，但实际上，这同样反映出问题的另一个维度。如前文所述，原创经历和分享意愿揭示的是曾经某个时刻的状态，而网络惰性揭示的是一种连续的状态。此处的矛盾可能正是网络对中学生真实影响的反映。在一定时期

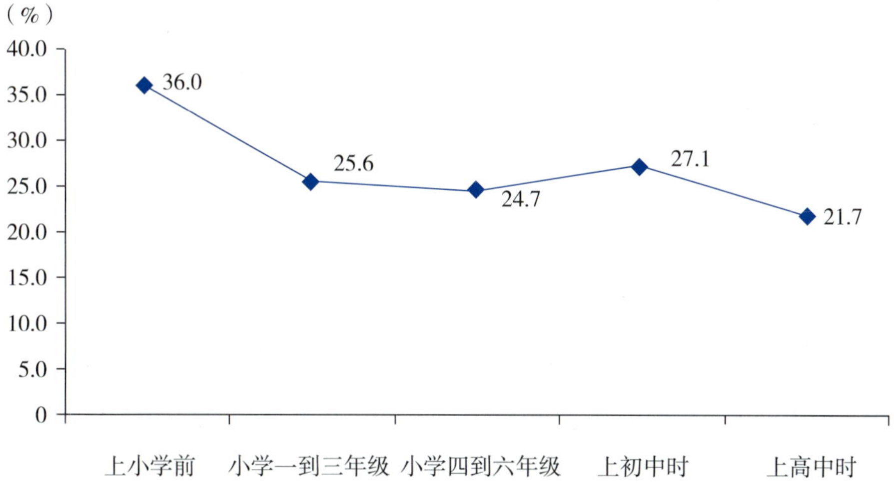

图 7－27　首次接触网络时间的早晚与中学生网络惰性的关联

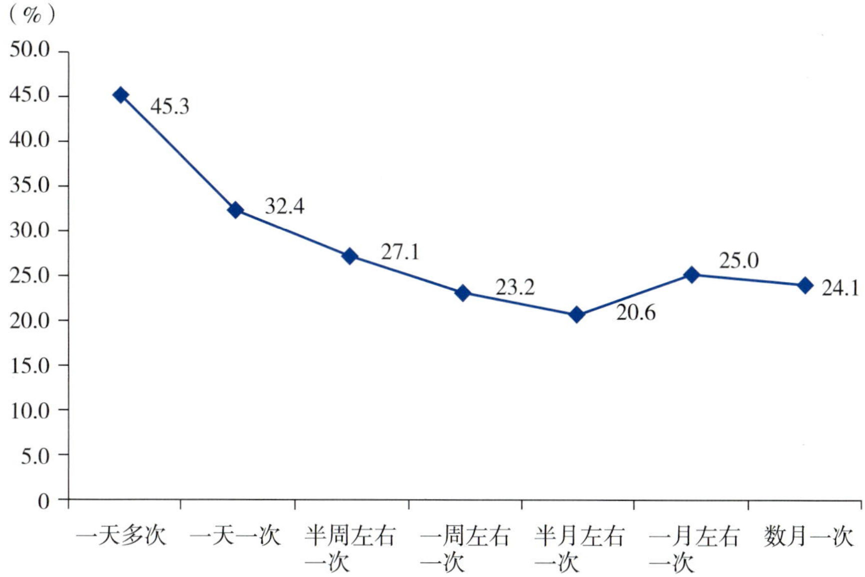

图 7－28　网络使用频率与中学生网络惰性的关联

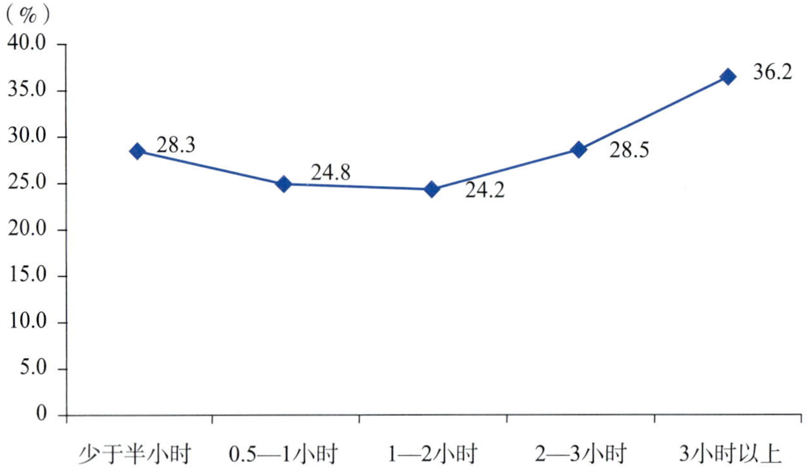

图 7－29　每次上网时间与中学生网络惰性的关联

内，网络对中学生的创造力确实有促进作用，但是随着时间的推移，这种正面的影响慢慢消退，取而代之的是网络惰性带来的负面影响。

10. 网络社交频率越高的学生网络原创与分享的经历越多

中学生的网络原创和分享经历与其网络社交密切相关。总是参与网络社交活动的学生有此类经历的比例最高，达 59.8%，而从不参加网络社交活动的学生中仅有 18.5% 的人有过此类经历（见图 7－30）。如果把参与网络社交活动的频率分为“总是”、“经常”、“有时”、“很少”、“从不”

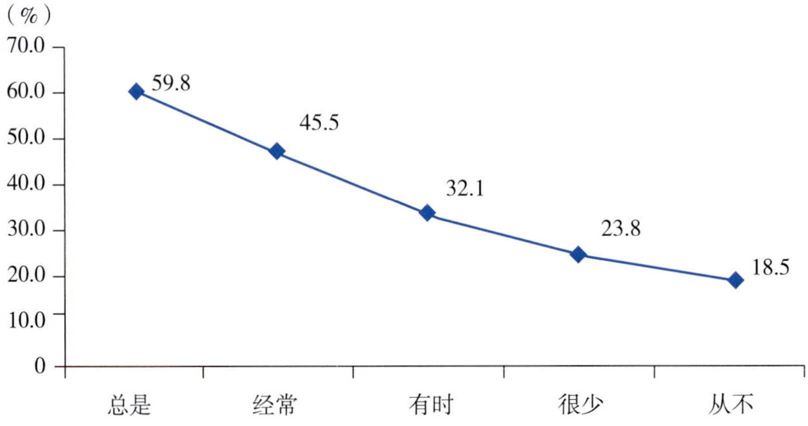

图 7－30　网络社交频率与网络原创和分享经历的关联

儿个类别，可以发现在这几类学生中，有网络原创和分享经历的比例依次递减。这一点比较容易理解，因为进行网络原创和分享的最主要的平台就是 QQ、社交网站、微博、博客、电子邮件和个人空间，如果平时不在这些平台上活动，则说明学生使用这些平台的机会很少，自然而然就会缺少这种原创与分享的经历。

11. 上网交流对象主要是陌生人的中学生有网络原创和分享经历的比例较高

从图 7－31 可以看出，上网交流对象主要是网上陌生人的中学生，有过网络原创和分享经历的比例较高，达 58.6%。相比之下，上网交流对象主要是同学、熟人和亲人的中学生，有过网络原创和分享经历的比例就低一些，分别为 43.8%、45.9% 和 42.1%，三者大致相当。

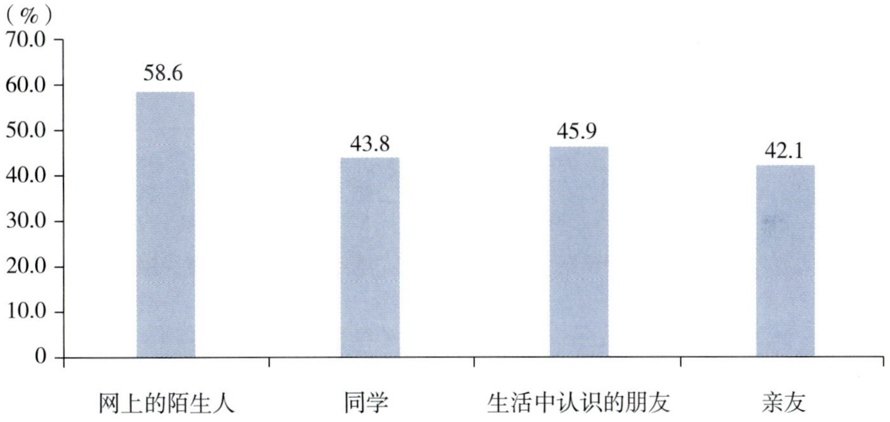

图 7－31　上网交流对象与网络原创和分享经历的关联

12. 对陌生人持信任态度的中学生具有网络原创和分享经历的比例较高

将中学生在网络上遇到陌生人时的表现分为三类，即“对陌生人不予理睬”、“存在戒心，不愿深入沟通”、“可以信任，愿意透露心声”，在这三类学生中，有过网络原创和分享经历的比例逐步提高，分别为 39.4%、44.9% 和 56.0%（见图 7－32）。这里相当于将学生与陌生人交往的过程做了细化，从中可以发现，对陌生人持信任态度的学生具有网络原创和分享经历的比例较高，而对陌生人不信任的中学生具有这种经历的比例也较低。网络中主要交流对象为陌生人，表明学生的网络沟通和社交能力较强，而网络中对陌生人较高的信任程度，表明学生较为外向，较易接纳别人，这两个要素都是对中学生的网络原创和分享经历产生积极影响的重要因素。但是本研究只是指出了这种趋势，并未明确网络社交具体的利与弊，也没有指出以何种方式进行网络社交对学生成长最有利，因而也不能测定何种手段能最有效地促进中学生的网络原创与分享能力和意识。这些都是值得后续进一步研究的内容。

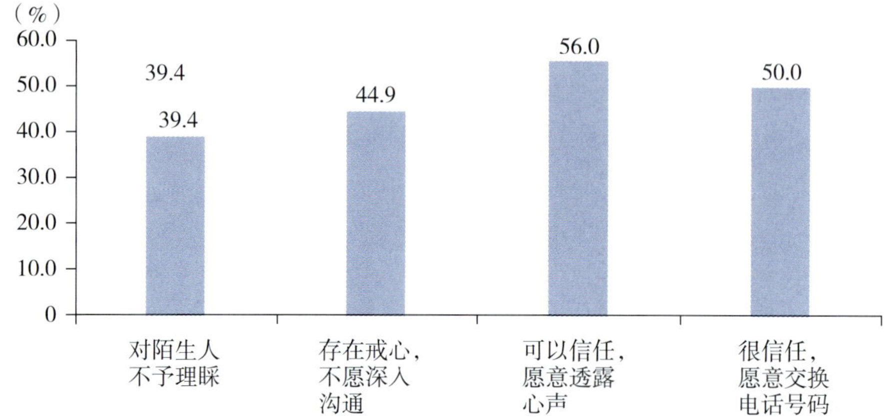

图 7－32　对网络陌生人的信任程度与网络原创和分享的关联

13. 青睐网络论坛的学生具有网络原创和分享经历的比例最高

中学生结识陌生网友的方式不同，其网络原创和分享的经历也不同。在通过网络论坛结识陌生网友的中学生中，具有类似经历的比例最高，达到 64.4%。接下来分别是通过网络社区、博客和微博、电子邮件结识陌生网友的中学生，具有类似经历的比例分别达到 60.3%、60.3% 和 57.3%（见图 7－33）。而相比之下，使用聊天软件（如：QQ、MSN、微信、飞信）结识陌生网友的中学生有此类经历的比例明显偏低，只有 47.5%。

14. 陌生网友数量越多的中学生具有网络原创和分享经历的比例也越高

对网络原创经历、分享意愿与网络交友方面的信息进行交叉分析，可以发现很多内在的规律。随着中学生陌生网友数量的增加，具有网络原创和分享经历的学生比例也逐步提高，从图 7－34 中可以看到这是一条上升的轨迹。当中学生的陌生网友在10人以下时，这个比例只有38.9%，而当陌生网友上升到50人以上时，这个比例就达到了61.7%。

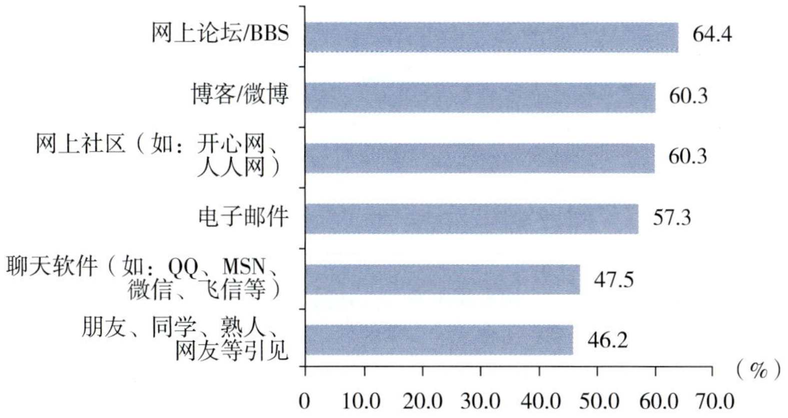

图7－33　结识陌生网友的不同方式与网络原创和分享经历的关联

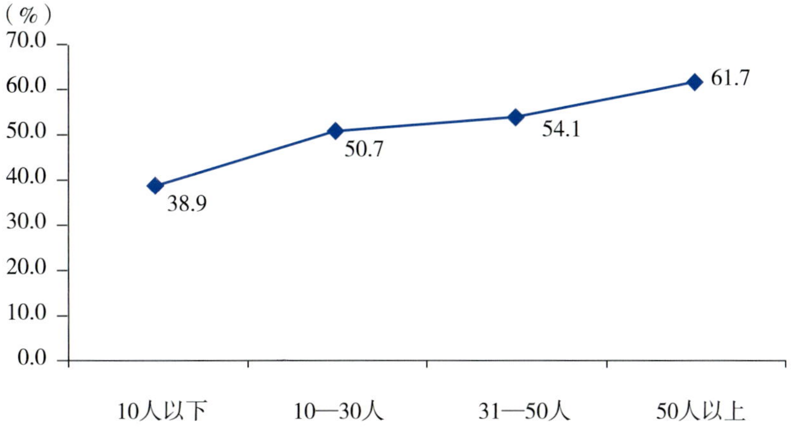

图7－34　陌生网友数量与网络原创和分享经历的关联

15. 现实朋友越多的中学生拥有网络原创和分享经历的比例就越低

当网络中认识的朋友比现实中的朋友多，而且这一比值不断上升时，具有网络原创和分享经历的学生比例同样在提高，现实朋友占绝大多数的学生，有这种经历的比例只有41.0%，而网上结识的朋友比现实朋友多的学生，相应比例就增加到61.3%（见图7－35）。

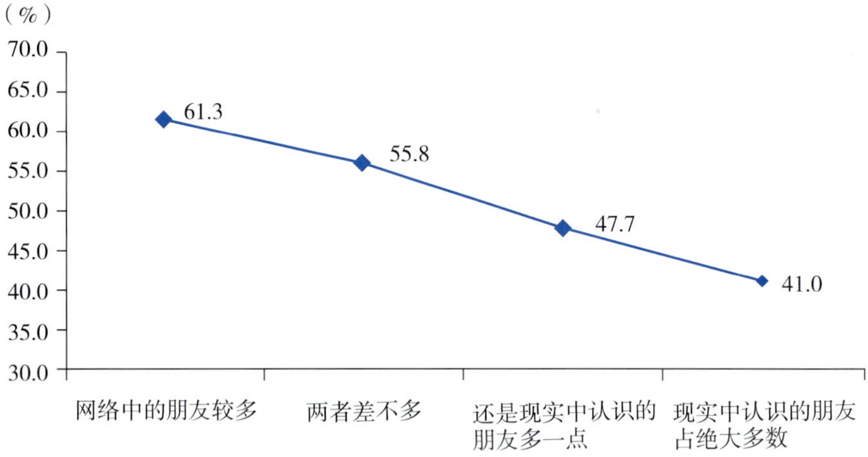

图 7－35　现实朋友数量与网络原创和分享经历的关联

16. 参加网络朋友圈和交流群越多的学生拥有的网络原创和分享经历越丰富

同样，结合中学生对网络朋友圈或交流群的参与度，也能得到类似的结论。中学生参与的朋友圈或交流群越多，越有可能将自己原创性的内容发布出来并与他人共享（见图 7－36）。

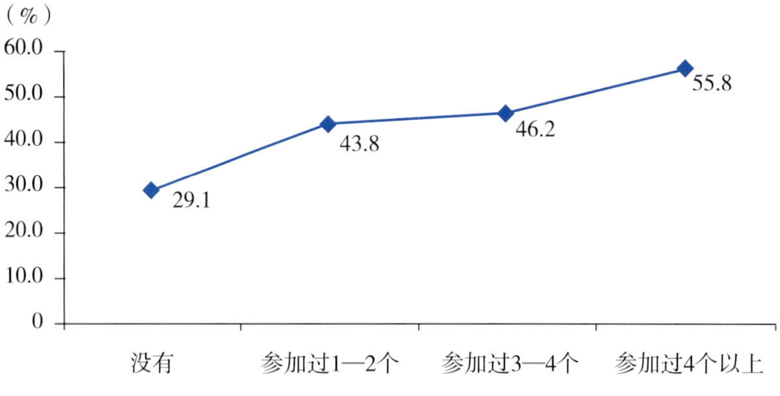

图 7－36　网络朋友圈和交流群的数量与网络原创和分享经历的关联

17. 中学生的网络惰性随网络社交活动频率的升高而增强

将中学生参与网络社交活动的频率分为五个程度，分别是“总是”、“经常”、“有时”、“很少”、“从不”，参与网络社交的频率不同的中学生群体，表现出来的网络惰性也是不同的。在总是参与网络社交（例如上QQ、上社交网站、发微博、看/发帖子、收发邮件、更新个人空间等）的学生中，有33.2%的学生习惯于从网络上转载别人的文字，而不愿意思考，同时也不愿意写下自己独特的想法和感受。随着参与网络社交频率的不断下降，中学生网络惰性的总体趋势是逐渐减弱的（见图7－37）。这又一次证明了频繁地参与网络社交容易使学生产生网络惰性，对他们的创造力有消极影响。

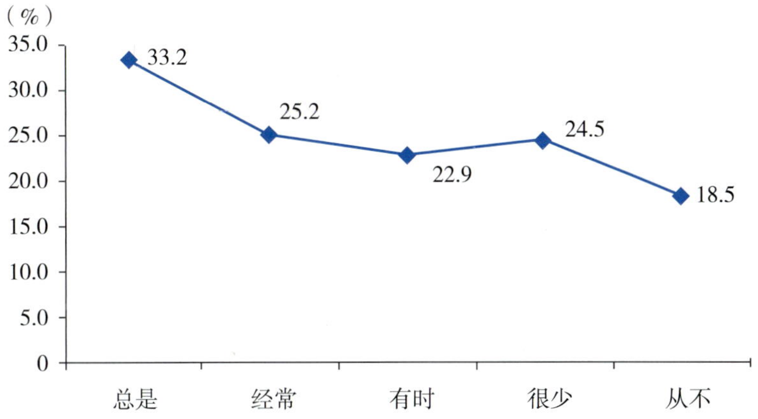

图7－37　网络社交活动的频率与网络惰性的关联

18. 上网交流对象主要是陌生人的中学生群体具有较高的网络惰性

上网主要交流对象不同的中学生群体所表现出的网络惰性是不同的。相比于主要交流对象是同学、朋友和亲戚的中学生，主要交流对象是网上的陌生人的中学生群体具有明显高于其他三者的网络惰性，其表现出网络惰性的比例达到了36.0%，而其他三者分别只有24.4%、25.0%和22.7%（见图7－38）。

19. 中学生的网络惰性随着对陌生人信任程度的提高而逐渐增强

按照对陌生人的信任程度（不予理睬、存在戒心、可以信任和很信任）划分中学生群体，可以发现，从总体趋势看，随着对陌生人信任程度的提高，中学生的网络惰性逐渐增强（见图7－39）。这两者之间可能不存在直接的联系，但其背后反映出的可能是一个问题的两种表现形式。较信任陌生人的学生，性格上往往更容易接纳他人，因此在很多观点上也更容易听信别人，从而更愿意赞同别人的观点，不能形成自己独特的观点和智慧。

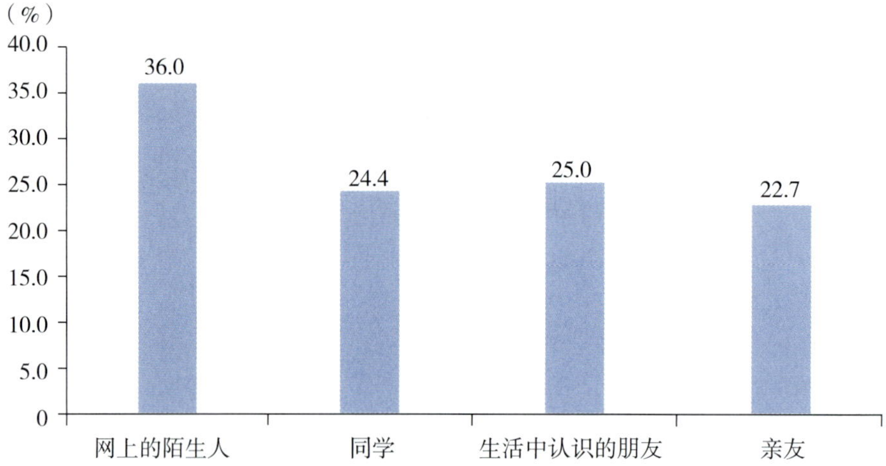

图 7－38　网络交流对象类型与中学生网络惰性的关联

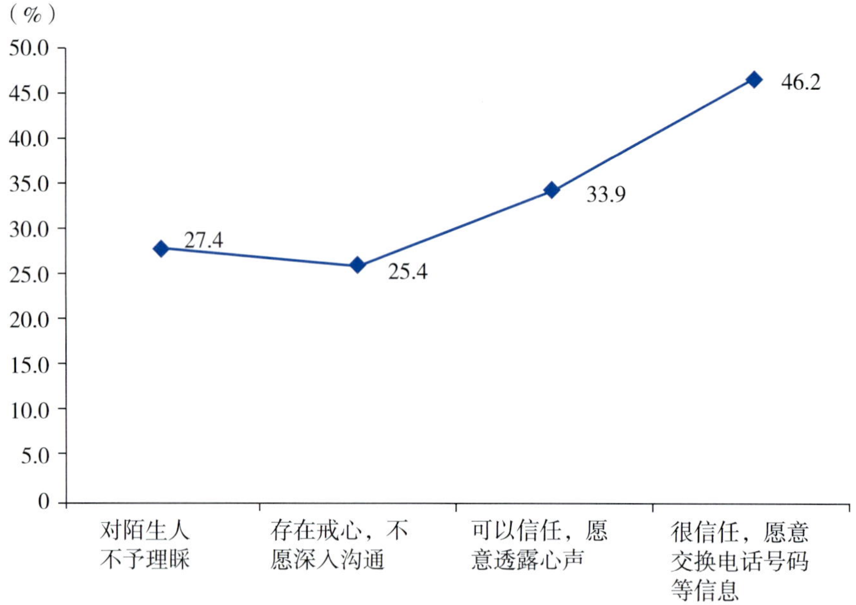

图 7－39　对网络陌生人的信任程度与中学生网络惰性的关联

20. 习惯于使用电子邮件和网络论坛的中学生具有较强的网络惰性

习惯于使用电子邮件和网络论坛结交陌生网友的中学生，相比于使用其他平台结交陌生网友的中学生，更习惯于转载别人的文字，而不愿意思考也不愿写下自己的想法和感受，两个群体中有这种习惯的学生分别占到

36.7%和33.5%。在比例上紧随其后，依次是使用网上社区、聊天软件、博客和微博结交陌生网友的中学生群体（见图7-40）。也就是说选择使用博客和微博结交陌生网友的中学生，更有可能发表一些原创性的文字，并更倾向于独立思考。这个现象是值得关注的。众多的网络平台，因为它们的特点不同，对培养学生的创造力的作用是不同的。由上面几种主流网络平台和交友方式可以看出，至少相比较而言，建立在博客和微博平台上的交友和交流机制，在促进学生网络创造力上的优势更大一些。

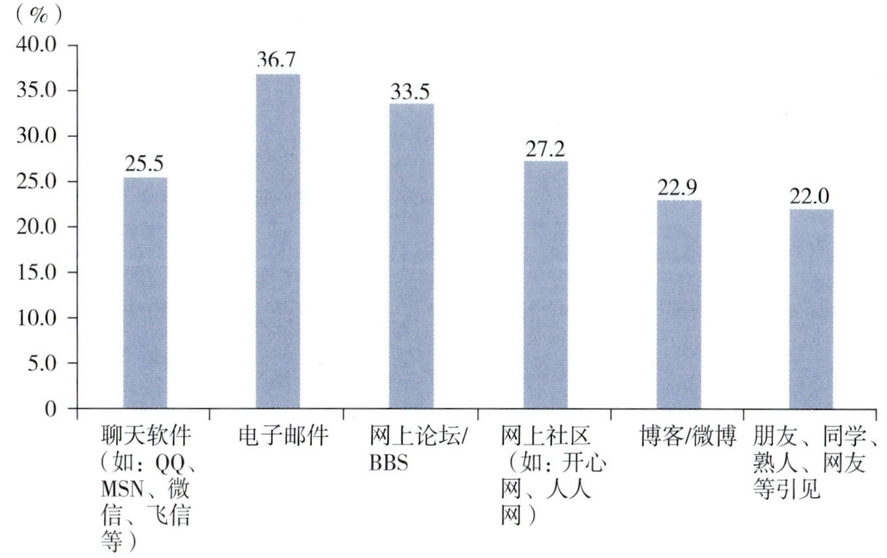

图7-40 结识陌生网友的方式与中学生网络惰性的关联

21. 中学生的网络惰性随着网络中陌生朋友的增加而增强

结合网络中陌生朋友的人数来看网络惰性问题，同样可以发现随着网络中陌生朋友的增加，总体上中学生的网络惰性相应增强，也就是说，他们更习惯于转载别人的文字，其中并没有自己的感悟或感受（见图7-41）。结合网络中认识的朋友与现实朋友的比例来看，网络中的朋友数量接近或超过现实生活中的朋友数量的中学生群体，已经习惯这种转载方式的比例分别达到39.7%和39.6%，而现实中认识的朋友多一些的中学生中，只有29.2%的人有这种习惯，在现实中认识的朋友占绝大多数的中学生中，仅有19.8%的人有这种网络惰性（见图7－41）。

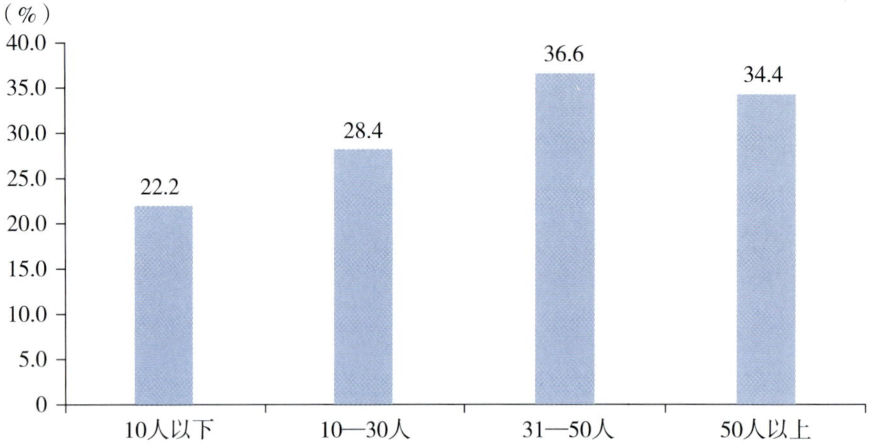

图7－41　陌生网友的数量与中学生网络惰性的关联

在这里，一个矛盾再一次出现了，即随着网络中陌生朋友数量的增加及其与现实朋友比率的上升，中学生中具有网络原创和分享经历的比例呈现增大的趋势（见图7－35），但是，与此同时中学生的网络惰性也在增强（见图7－42）。网络对中学生的积极和消极影响值得进一步关注。

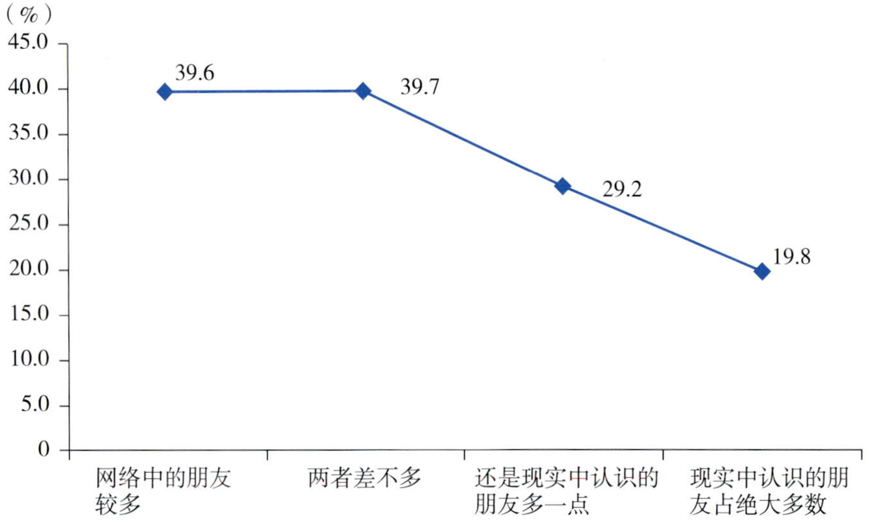

图7－42　现实朋友的数量与中学生网络惰性的关联

三、中学生不进行网络娱乐的原因

调查中，有 2.7% 的中学生从未进行过网络休闲娱乐活动。在信息技术高速发展的今天，这部分中学生却始终未参与过网络娱乐，他们的想法和实际状况值得探究。因此，本调查专门针对这部分学生开展了进一步的研究。

调查结果表明，从未进行过网络休闲娱乐活动的中学生中，有 70.9% 的学生是主观上对网络娱乐这种形式有所排斥，其中 36.5% 的学生感觉还是现实生活中的娱乐活动更有意思，占从未进行过网络娱乐活动的中学生群体的比例最大，21.9% 的学生认为容易陷入网络娱乐中，耽误生活中其他重要事情，12.5% 的学生认为上网瞎玩根本就是浪费时间，浪费生命。而有 29.2% 的学生是由于客观原因才无法进行网络娱乐，其中 19.8% 的学生认为平时学习任务紧、事情多，根本没精力上网娱乐，9.4% 的学生认为父母或老师看得紧，不允许上网娱乐（见图 7－43）。

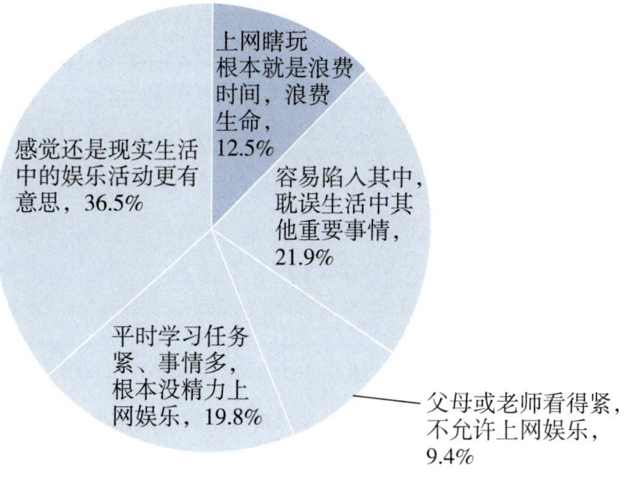

图 7－43　中学生不进行网络娱乐的原因

从前面的分析中可以看出，网络娱乐并不是洪水猛兽，只要安排合理适当，中学生既可以借此缓解和释放压力，又能够学到一些知识，从而拓宽视野，有助于自身的成长。对于这些未接触过网络娱乐的学生，要分清其不接触的主观和客观原因，继而对学生、家长、教师进行引导。

四、父母对子女网络娱乐的认知

（一）父母对子女网络娱乐的了解程度

家长问卷的统计结果显示，在父母看来，子女所参与的网络娱乐活动按比例由高到低排列依次为：下载或在线听音乐（71.6%），下载或在线看电影、电视剧、综艺节目（68.5%），网络阅读（61.5），玩网络游戏（53.8），在线听广播节目（17.9%），网络追星（11.5%），（见图7－44）。从这个结果来看，父母的排序与中学生自己的排序是相匹配的，所以父母对于子女网络娱乐的内容是基本了解的，不过父母对中学生玩网络游戏的看法优于中学生的自我报告。

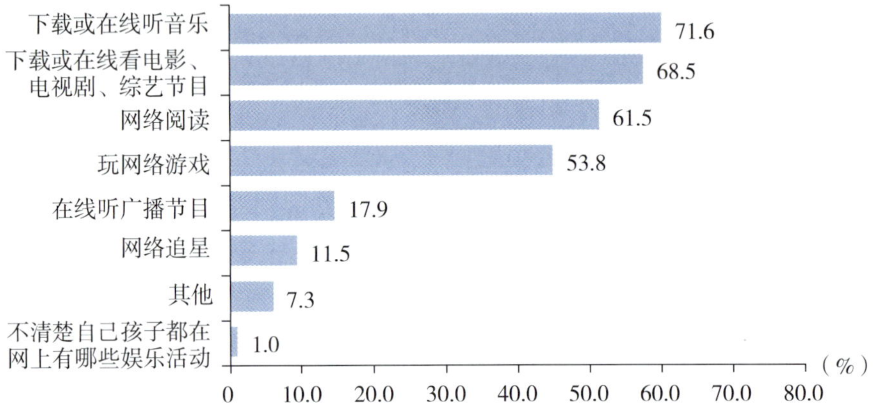

图7－44　父母对子女网络娱乐的了解程度

（二）父母对子女网络娱乐的总体态度

父母对子女进行网络娱乐并不都持反对意见，相反，在调查中，父母表现出的态度并不保守。有 37.3% 的父母支持子女进行网络娱乐活动，有 43.5% 的父母认为网络娱乐活动的好处和坏处都不太明确，所以他们对网络娱乐持无所谓的态度，不支持也不反对子女进行网络娱乐活动。只有 19.2% 的父母明确表示反对子女进行网络娱乐活动（见图 7－45）。

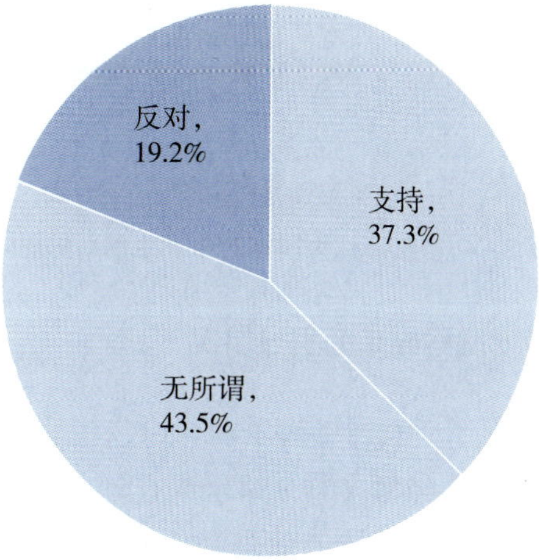

图 7－45　父母对中学生网络娱乐的总体态度

在网络对子女创新的影响方面，父母的态度也是积极的。有 79.9% 的父母认为网络对子女的创新有积极的影响，其中认为有很大影响的父母占 19.4%，认为有一定影响的父母占 63.5%。相比之下，只有 11.7% 的父母认为网络对子女的创新没有影响，有 2.2% 的父母不清楚到底是否有影响（见图 7－46）。

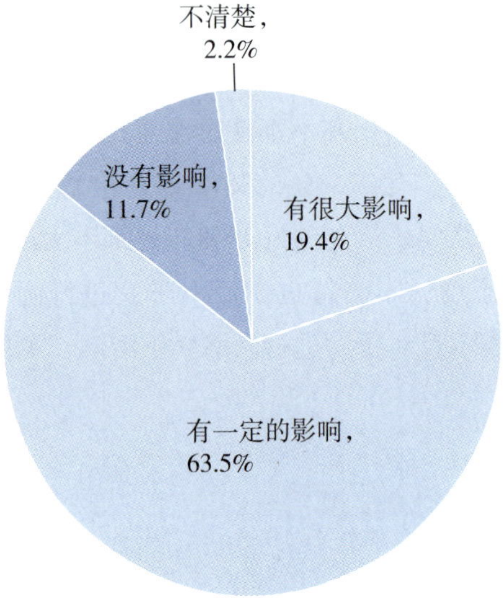

图 7-46　父母认为网络对中学生创新的影响

（三）父母对子女网络娱乐的引导情况

调查表明，父母对于子女网络娱乐是相当关注的，同时也会给予一些指导。有 80.1% 的父母会经常（34.1%）或有时（46.0%）对子女进行网络娱乐方面的指导，只有 7.1% 的父母从未指导过子女的网络娱乐活动（见图 7-47）。

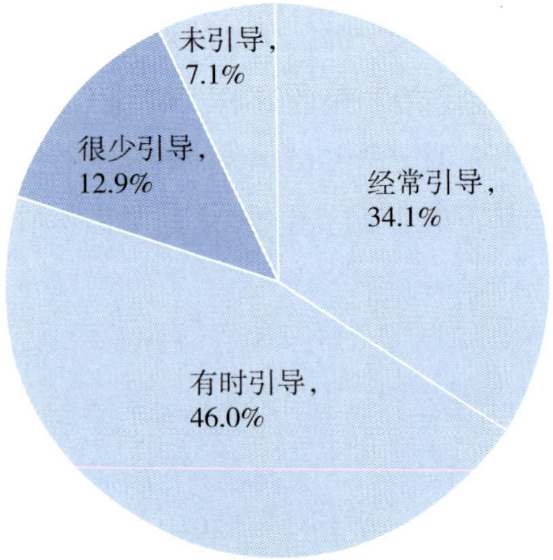

图 7-47　父母对子女网络娱乐的引导情况

同时，在通过上网增进学生创新能力方面，父母同样会给予指导。有72.2%的父母会经常（22.6%）或有时（49.6%）对子女进行这方面的指导，19.8%的父母对子女很少指导，而只有8.1%的父母从未指导过子女的网络娱乐活动（见图7－48）。

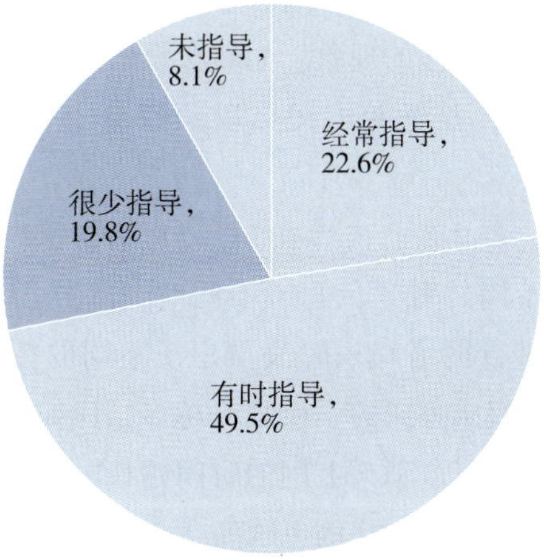

图7－48　父母对子女通过上网增进创新能力的指导情况

五、本章小结

（一）主要发现

总体上说，中学生参与网络娱乐的状况是可以让父母和学校放心的。中学生参与的网络娱乐活动多是为了休闲、放松，如听音乐、看电影、聊天等。社会上关注的中学生沉迷网络游戏的现象，在本研究中并未获得数据证实。

1. 从中学生网络娱乐的原因中反映出的问题

中学生参与网络娱乐的原因多种多样，主要集中在放松心情、较易实现和开阔视野几个方面。这些原因折射出中学生现实生活中的一些现象和问题。第一，中学生现实中的学习压力比较大，而且这种压力在现实中很难得到释放，所以网络娱乐成为他们缓解压力、调节心情的重要工具。第二，中学生现实中的娱乐方式较为匮乏。中学生每天穿梭于学校和家庭之间，有些中学生甚至一个月或数月才能跨出校门一次，这种生活状态决定了网络娱乐是他们重要的娱乐手段。这体现了网络的强大，但也显示了中学生的无奈。第三，网络作为一种寓教于乐的工具能够融入中学生的日常生活中，这是一个值得关注的现象。如何在娱乐（玩）中使中学生获得更多的知识和创造能力，是学校、父母以及教育工作者应当深入研究的课题。

2. 不同的中学生群体进行网络娱乐活动时的特征

将中学生按照不同的背景信息、不同的上网行为划分为不同的子群体，这些子群体在进行网络娱乐时表现出了不同的特征。随着年级的升高，选择轻松休闲的娱乐方式的学生越来越多，比如看电影、电视剧以及综艺节目。接触网络越早、每天上网的时间越长，学生接触网络游戏的机会就越多，选择玩网络游戏的比例也越高。

3. 不同的中学生群体在网络娱乐中表现出的创新意识的特征

网络娱乐的另一个重要作用是激发中学生的创新意识。通过各种形式的网络娱乐活动，相当比例的中学生有机会将自己原创性的作品在网络上与他人共享。

不同群组的中学生在网络娱乐活动中表现出的创新意识不尽相同。男生相比于女生，更习惯于浏览、转载他人的作品和成果，在网络娱乐中也更缺乏原创意识。高三学生由于升学的压力，相比于其他年级的学生在娱乐活动中更缺乏创新意识。越早接触网络的中学生，在娱乐中就越倾向于将原创成果与他人分享。同时，研究中也发现了一些负面效应。中学生的网络使用频率高、接触网络的时间早、每次上网时间长，都容易造成其网络惰性，从而限制他们的创造能力。

（二）对策建议

适当的网络娱乐对促进中学生身心健康成长，开拓中学生眼界和视野是非常有帮助的。但本研究发现，网络娱乐时的一些习惯也为中学生带来了负面影响。所以，尽量发挥网络娱乐的正面作用，消除其负面作用，是教育工作者必须考虑的问题。

通过对研究数据的分析，我们提出以下建议。

1. 适当限制中学生每天的上网时间

在一定的时间内，网络娱乐能够让中学生放松心情、增长见识。但时间过长，中学生容易沉迷于网络娱乐，从而影响注意力，继而影响学业。研究表明，应当适当限制中学生每天的上网时间。

2. 父母应对子女网络娱乐给予指导

从调研数据看，父母对子女的网络娱乐总体上是支持的。在支持的前提下，对中学生网络娱乐的具体内容进行指导和分析有助于他们建立正确的网络娱乐观念。同时，父母也应当鼓励子女进行网络创作，将网络作为一个共享和展示的平台。

3. 应重点对男生进行指导

男生是网络娱乐自控能力较弱的一个群体，研究数据表明，无论是在娱乐方式的选取上，还是在网络惰性的形成上，男生都与女生有差距。所以学校和教师应当对男生的网络娱乐进行更细致的指导，使他们明了网络娱乐给自己带来的正面和负面的影响，从而引导他们正确、合理地安排娱乐方式和娱乐时间。

第八章

中学生网络身心健康状态分析

一、中学生网络过度使用倾向的特征

【访谈案例】

提问：你自己和身边同学有没有网络依赖的情况，你怎么看呢？

中学生1：身边的同学没有怎么依赖的，不该太依赖网络，应该多和同学老师交流。

中学生2：不应该依赖网络，要多和老师父母交流，多进行现实的娱乐活动。

中学生3：有几个人会有点过度，他们不愿意思考，有问题直接去网上找答案，因为觉得这样很便捷，时间长了就变懒了，思考能力也弱了，就更依赖了。建议多动手，多思考，自己想办法解决问题，如果解决不了，可以多找父母和老师交流，少依赖网络。

……

访谈发现，对待网络依赖，中学生多数比较理性。

（一）中学生网络过度使用倾向的检出情况

整体而言，本次调查发现有10.6%的中学生存在网络过度使用倾向。

本次调查采用扬（Young）编制的网络成瘾诊断问卷①，考察中学生网络过度使用倾向。该问卷共包括 8 个项目，均为是否题，用“1、0”计分，“1 = 是，0 = 否”，前 5 项涉及网络过度使用的主要症状，后 3 项涉及网络过度使用引起的社会功能受损的状况。采用比尔德（Beard）等人②提出的修订后的更为严格的网络过度使用的判断标准，即前 5 项全回答“是”，后 3 项至少有一项答“是”，发现在 3573 名使用网络的学生中，有 380 人符合网络过度使用的标准，检出率为 10.6%。

本调查中中学生群体网络过度使用的检出情况与王馨等人对广州市 2000 多名中学生的调查结果比较一致③，他们采用相同的判断标准，发现广州市中学生网络过度使用倾向的检出率为 10.96%。不同调查结果的一致性提示：中学生群体中大约有 1/10 的学生可能存在对网络的过度使用或网络成瘾，需要学校、教师、家长重视对这些学生的教育引导。

（二）不同群体中学生网络过度使用倾向的检出情况

1. 男生网络过度使用倾向的检出率显著高于女生

调查结果表明（见图 8 - 1），中学生群体中男生的网络过度使用倾向检出率达 13.6%，女生则只有 8.3%，男生网络过度使用的比例显著高于女生（$\chi^2 = 25.916$，$p < 0.001$）。这一结果与王馨等人的调查结果非常一致，后者的调查中男生的检出率为 13.4%，女生为 8.4%。王馨等人认为④，这一方面是因为在我国男女生对于技术的兴趣有差异，男生比女生更容易接受网络信息技术和感受其中的乐趣，另一方面是因为在青少年阶段男生的心理成熟度稍落后于女生，心理与行为发展不同步，冲动性较大，在遇到心理冲突和困惑的时候不愿意对同伴、家长和教师倾诉以获取

---

① Young K S. Internet addiction: symptoms, evaluation and treatment [M] //VandeCreek L, Jackson T. Innovations in clinical practice: a source book (Vol. 17). Sarasota, FL: Professional Resource Press, 1999: 19 - 31.

② Beard K W, Wolf E M. Modification in the proposed diagnostic criteria for Internet addiction [J]. CyberPsychology and Behavior, 2001, 4 (3): 377 - 383.

③④ 王馨，静进，彭子文，等. 广州市中学生网络过度使用倾向现况分析 [J]. 中国学校卫生，2011 (6): 667 - 669.

必要的社会支持，转而选择在网上寻求支持。

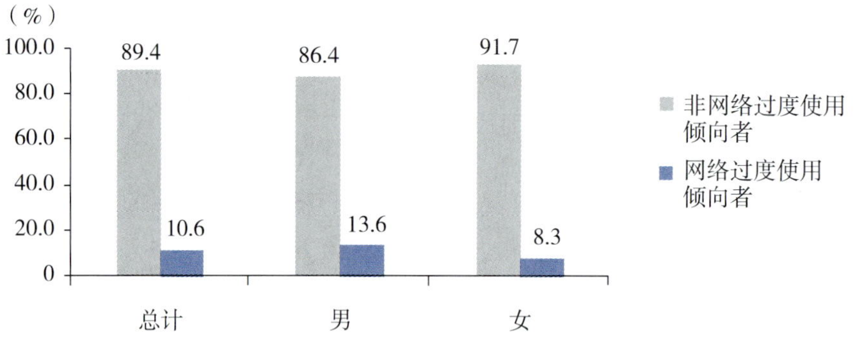

图 8－1　中学生网络过度使用倾向检出率

2. 14、15 岁年龄组中学生网络过度使用倾向的检出率最高

分年龄来看（见图 8－2），中学生网络过度使用倾向检出率最高的为 14、15 岁年龄组，到 18 岁又出现另一个相对的高峰（$\chi^2 = 26.711$，$p < 0.001$）。网络成瘾诊断问卷的得分也表现出相同的趋势（见图 8－3）。

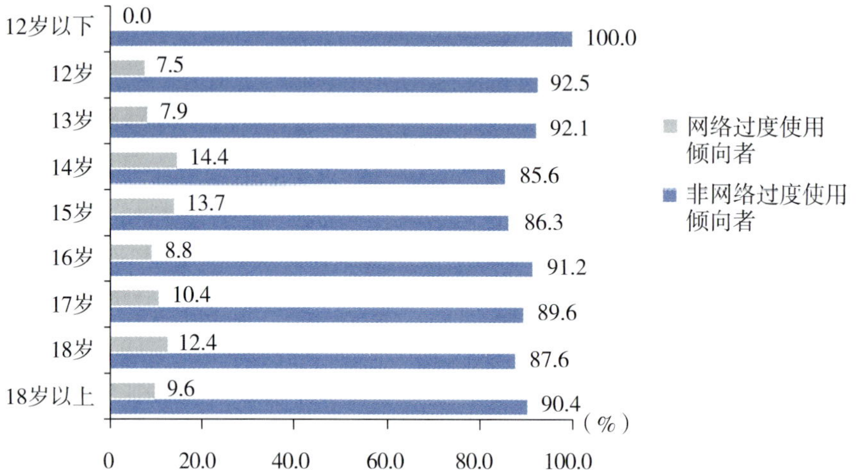

图 8－2　不同年龄中学生网络过度使用倾向检出率

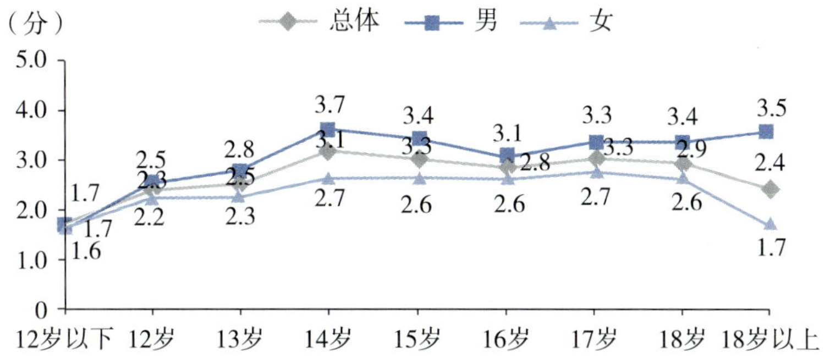

图 8－3　不同年龄中学生网络成瘾诊断问卷的得分

分性别来看（见图 8－4 和图8－5），各年龄组的男生网络过度使用检出率均明显高于女生，男生网络成瘾问卷的得分也均高于女生，并且在 14、15 岁与 18 岁出现两个明显的高峰，而女生则主要在 14、15 岁年龄组表现出相对明显的高发。

3. 初三年级中学生网络过度使用倾向检出率最高

分年级来看，初三年级的中学生网络过度使用倾向的检出率最高（见图 8－6），达 17.7%（$\chi^2 = 45.071$，$p < 0.001$），从网络诊断问卷的总分

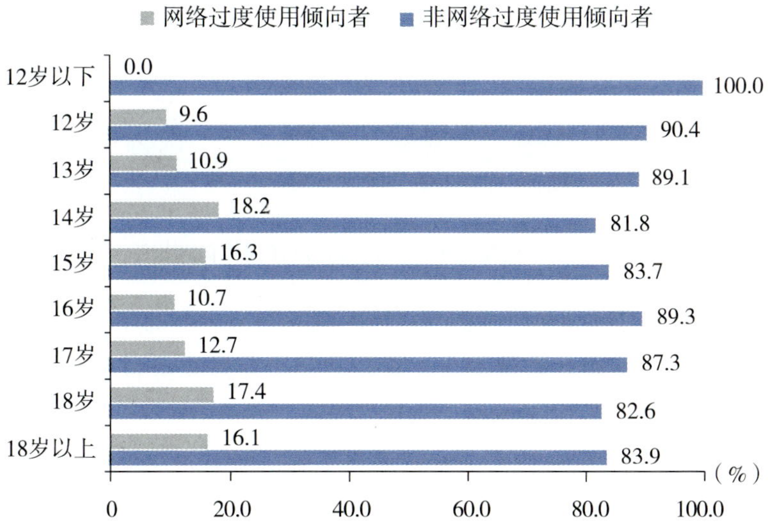

图 8－4　不同年龄男生网络过度使用倾向检出率

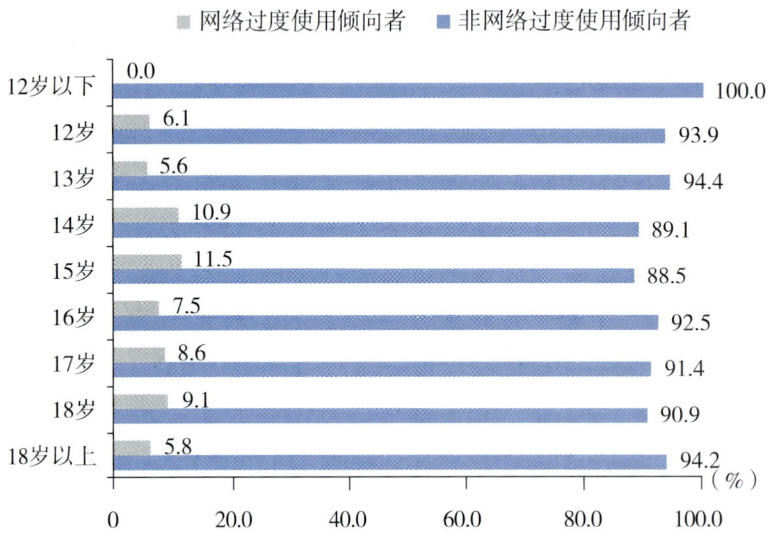

图 8－5　不同年龄女生网络过度使用倾向检出率

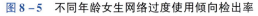

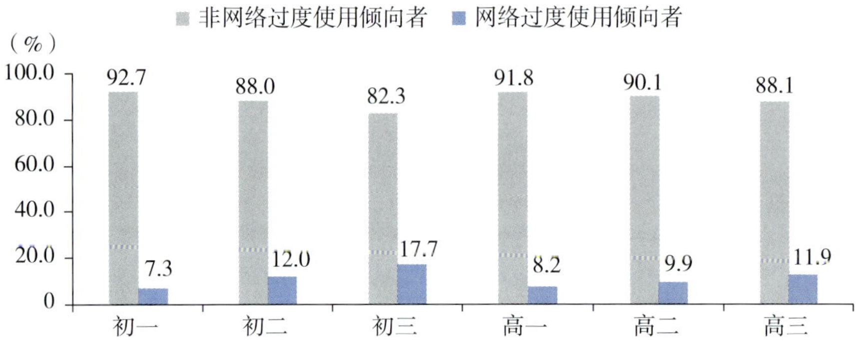

图 8－6　不同年级中学生网络过度使用倾向检出率

来看亦是如此（见图 8－7），初三年级的问卷得分显著高于其他年级，而初一年级的得分最低。整体而言，这与上述分年龄来分析的结果是一致的，初三学生中 14、15 岁的学生占比达 80%。分性别来看（见图 8－8 和图8－9），也与前述分年龄来分析的结果一致，所有年级中男生网络过度使用倾向的检出率均高于女生，且男生在初三、高三两个年级出现高峰，女生只在初三年级出现高峰。

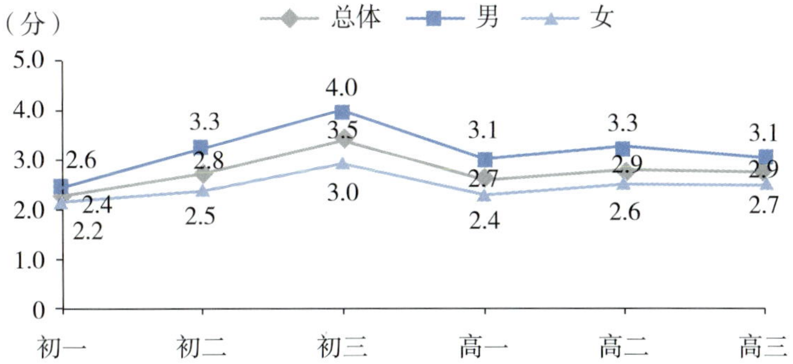

图 8－7　不同年级中学生网络成瘾诊断问卷的得分

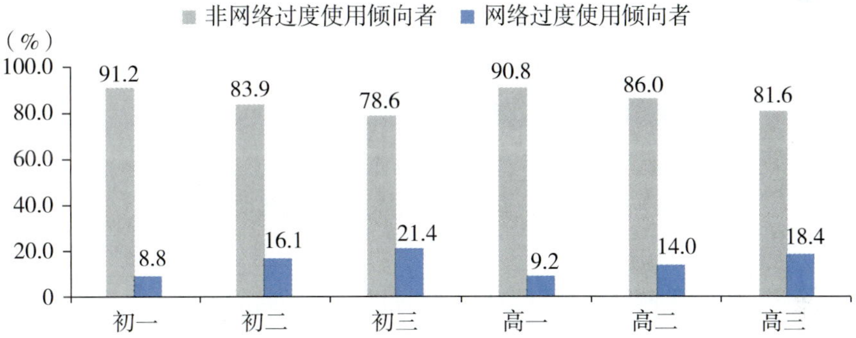

图 8－8　不同年级男生网络过度使用倾向检出率

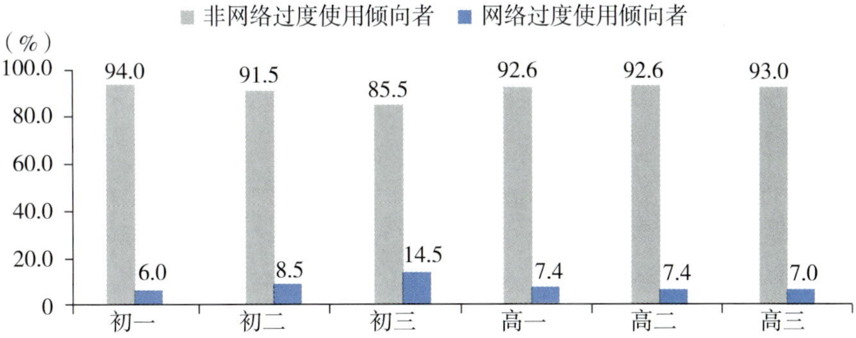

图 8－9　不同年级女生网络过度使用倾向检出率

4. 中部地区中学生网络过度使用倾向的检出率略高于东部和西部地区中学生

分区域来看，东、中、西部地区中学生网络过度使用倾向的检出率差异不大（见图8－10），整体上中部地区略高（$\chi^2 = 9.004$，$p = 0.018$）。本次调查中，中部地区参与调查的学生相对较少，可能会对结果产生一定影响。

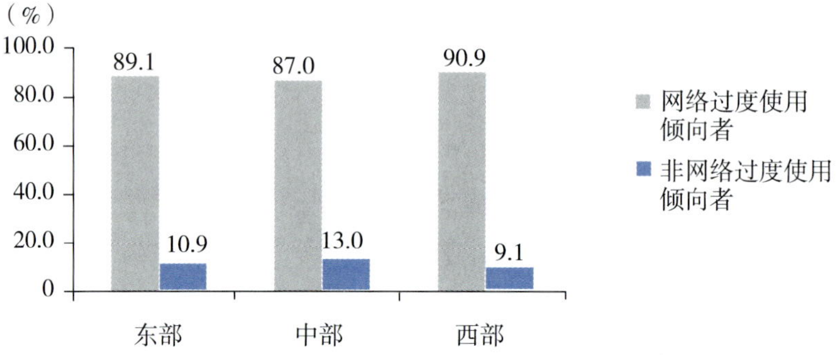

图8－10　不同地区中学生网络过度使用倾向检出率

（三）中学生网络使用行为与网络过度使用倾向的关联

1. 首次上网时间越早的中学生网络过度使用倾向的检出率越高

从首次上网时间来看，首次上网时间在小学之前的中学生存在网络过度使用倾向的比例最高（见图8－11），达18.8%（整体$\chi^2 = 47.961$，$p < 0.001$）。整体而言，首次上网时间越早，中学生存在网络过度使用倾向的比例越高。

2. 网络使用频率越高的中学生网络过度使用倾向的检出率越高

从网络使用频率来看，中学生网络使用频率越高，存在网络过度使用倾向的比例越高（见图8－12）；一天多次使用网络的中学生中，存在网络过度使用倾向的比例最高，达27.5%（整体$\chi^2 = 115.197$，$p < 0.001$）。

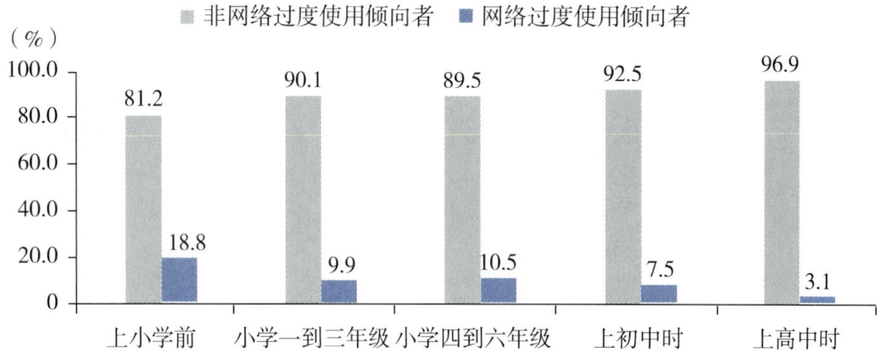

图 8－11　中学生首次上网时间与网络过度使用倾向的关联

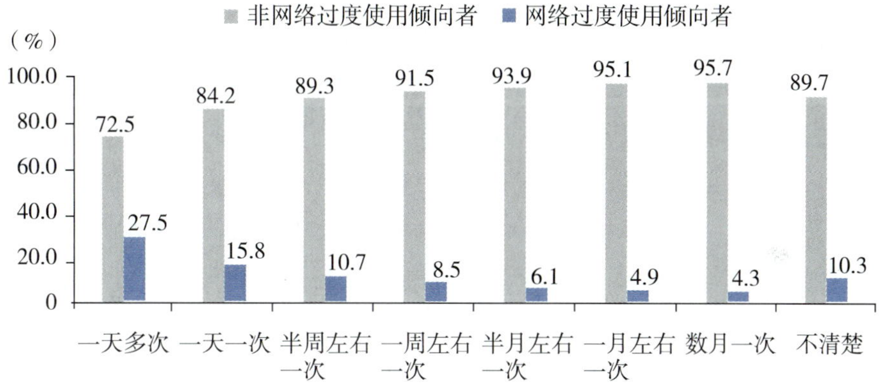

图 8－12　中学生上网频率与网络过度使用倾向的关联

3. 每次上网时间在 3 小时以上的中学生网络过度使用倾向的检出率最高

整体而言，中学生每次上网的时间越长，存在网络过度使用倾向的比例越高（见图 8－13），一次上网时间在 3 小时以上的中学生，发生网络过度使用倾向的比例最高，达 17.7%（$\chi^2 = 35.353$，$p < 0.001$）。每次上网时间少于半小时的中学生网络过度使用的检出率也略高，进一步分析发现，主要是男生单次上网时间少于半小时的检出率较高，达 20.4%，女生则只有 7.7%，这是因为单次上网时间少于半小时的男生中有近 1/3（29.2%）的人一天多次使用网络，从而与上述“网络使用频率越高的中

学生网络过度使用倾向的检出率越高”的结论是一致的。

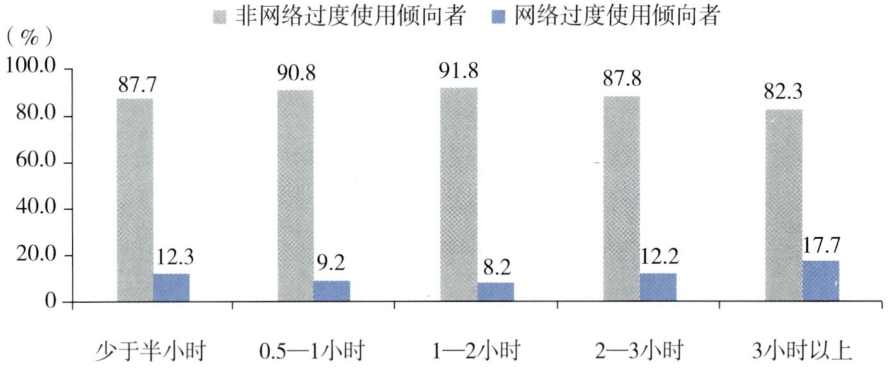

图 8－13　中学生每次上网时间与网络过度使用倾向的关联

4. 多种网络使用行为的频率与网络过度使用呈显著正相关

从各种网络使用行为的频率看，各种网络行为中表示“总是”使用的中学生中，网络过度使用倾向的检出率均是最高的，在总是使用网络消费的中学生中甚至高达36.8%（见图8－14至图8－18）。相关分析的结果也表明（见表8－1），除信息获取外，各种网络使用行为的频率均与网络过度使用倾向的检出率及网络诊断问卷的总分呈显著正相关，特别是网络娱乐、网络交往和网络消费三种行为。调查结果提示：各种网络使用行为均应适度，以避免引发网络过度使用。

表 8－1　网络行为频率与网络过度使用之间的相关系数

	网络娱乐	网络交往	网络消费	网络学习	网络信息获取
是否网络过度使用	0.218	0.145	0.214	0.157	0.060
网瘾诊断问卷总分	0.326	0.240	0.202	0.071	－0.042

注：$p < 0.001$

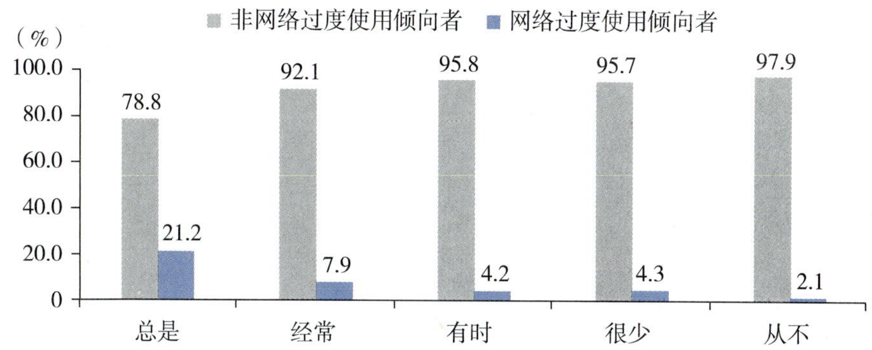

图 8－14　中学生网络娱乐的频率与网络过度使用倾向的关联

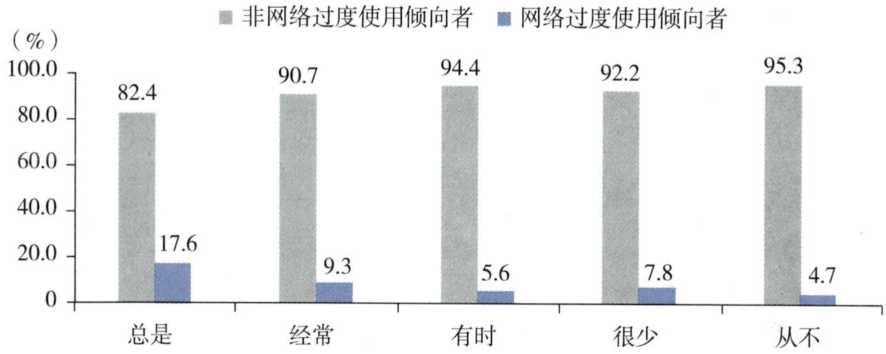

图 8－15　中学生网络交往的频率与网络过度使用倾向的关联

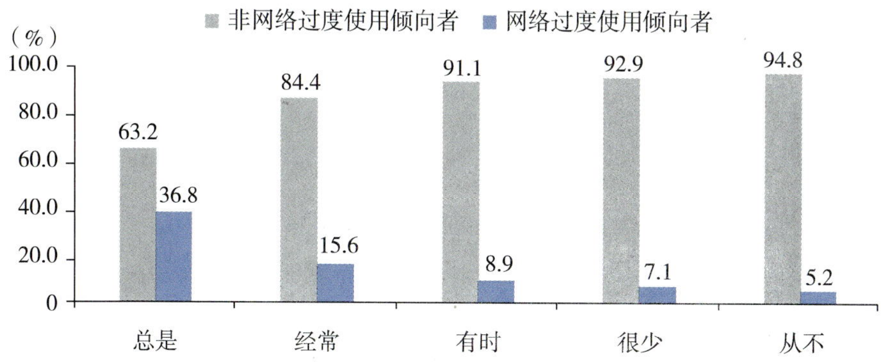

图 8－16　中学生网络消费的频率与网络过度使用倾向的关联

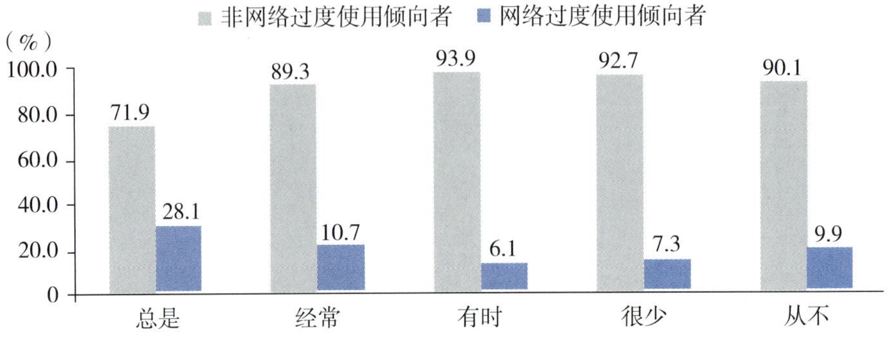

图 8-17　中学生网络学习的频率与网络过度使用倾向的关联

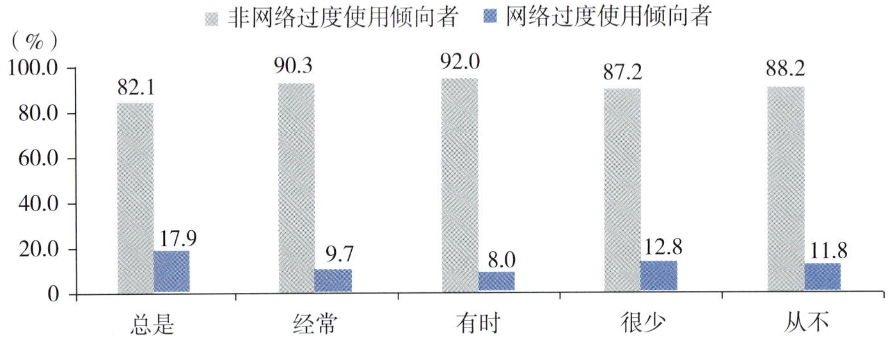

图 8-18　中学生网络信息获取的频率与网络过度使用倾向的关联

5. 在网上认识陌生网友越多中学生网络过度使用倾向的检出率越高

中学生的网络交往行为受到关注，特别是中学生是否会在网上结交陌生人，虽然只有8.8%的中学生表示网上的陌生人“可信”或“很可信”，仍有相当比例的中学生在网上结识了一定数量的陌生网友，分析表明（见图8-19），中学生结识的陌生网友越多，网络过度使用的检出率越高（$\chi^2=38.225$，$p<0.001$）。

6. 网络语言使用频率越高的中学生网络过度使用倾向的检出率越高

约86%的中学生表示在生活中会使用网络语言，约50%的中学生表示“有时”、“偶尔”或“经常”使用网络语言，整体而言，中学生使用网络语言的频率越高，网络过度使用的检出率越高（见图8-20和图8-21），生活中“总是使用”和写作时“经常使用”的中学生网络过度使用的检出率超过40%。

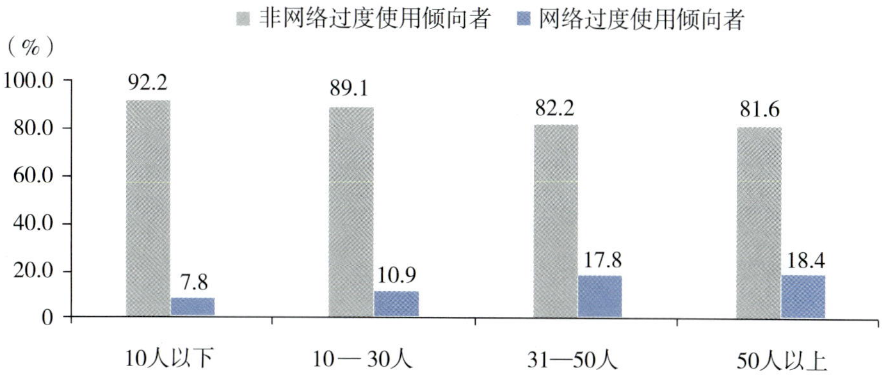

图8－19　中学生网上认识的陌生网友与其网络过度使用倾向的关联

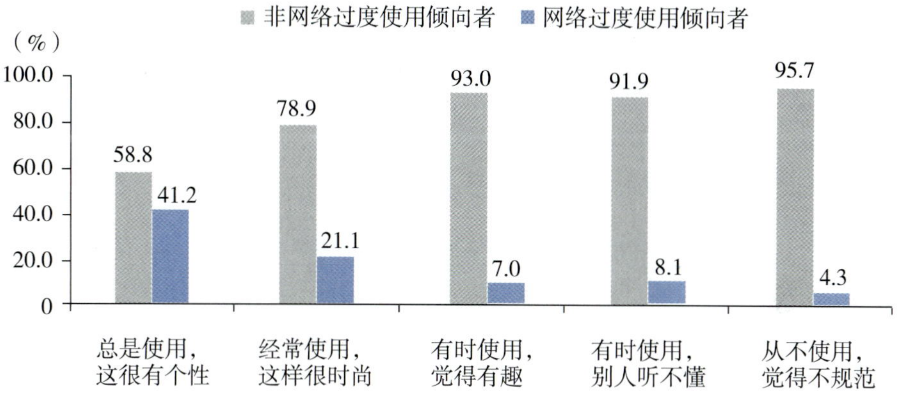

图8－20　中学生生活中网络语言的使用与网络过度使用倾向的关联

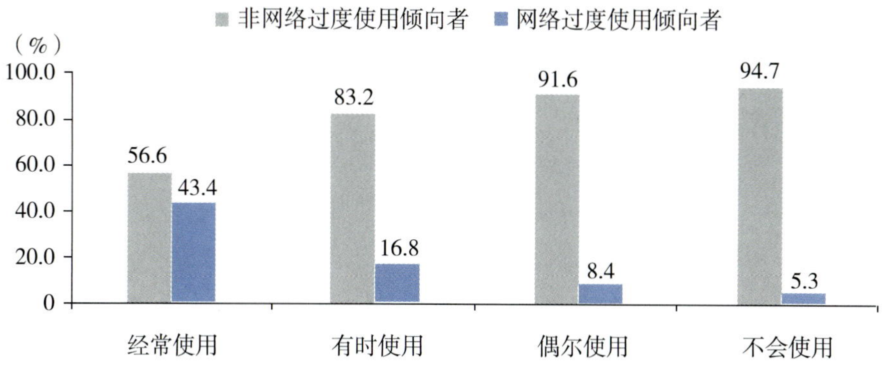

图8－21　中学生写作时网络语言的使用与网络过度使用倾向的关联

7. 中学生网络娱乐活动的类型与网络过度使用倾向的检出率无明显关联

中学生的网络娱乐活动以“下载或听在线音乐”和“下载或在线看电影”为主，均有超过70%的中学生表示会参与这两种娱乐活动，而约有40%的中学生表示会进行“网络阅读”和“玩网络游戏”，表示参与其他娱乐活动的学生比较少。考察中学生参与娱乐活动的类型与网络过度使用的检出率之间是否存在关联，可以发现两者无明显联系（见图8－22）。

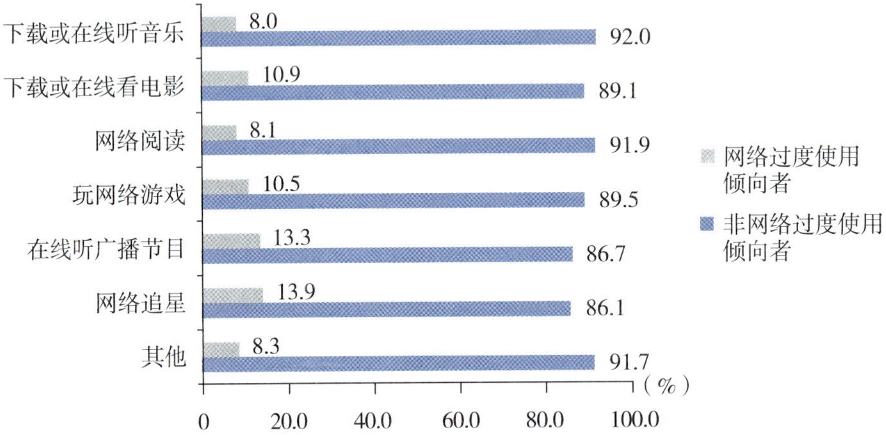

图8－22　中学生参与网络娱乐活动的类型与网络过度使用倾向的关联

二、网络对中学生身心健康影响的特征

【访谈案例】

提问：你认为上网对你的身心健康有影响吗？

中学生1：对自身而言主要是积极的，丰富生活，查资料更便捷了，让自己变得更乐观了，但是会觉得有时候和同学当面接触交流的时间变少了。

中学生2：对自身而言也主要是积极的，让自己变得更乐观，生活更丰富多彩，更便捷，但是过度上网的同学影响就是消极的，影响学习成绩，也会接触不良信息。

……

访谈中发现，中学生对自己的评价主要是积极的，同时也认为可能存在负面的影响。

（一）网络对中学生身体健康的影响

1. 超过2/3的中学生表示网络使用对身体健康有不良影响

有关上网对身体健康的影响（见图8－23），整体而言超过2/3的中学生表示上网对他们的身体健康产生了不良影响，其中表示“偶尔会有不适感觉”的比例最高，达到51.8%，甚至有约1.4%的学生表示因为上网“曾有严重不适而就医”。在视力影响方面（见图8－24），84.5%的中学生表示上网对他们的视力产生了影响，其中表示“眼睛酸涩、疲劳”的比例最高，超过40%，且有15.3%的学生表示有“明显的视力下降”。整体而言，多数中学生都认为上网对他们的身体健康产生了一定影响。

2. 男女生有关上网对身体健康影响的判断略有差异

由图8－25和图8－26可见，男女生有关上网对身体健康和视力影响

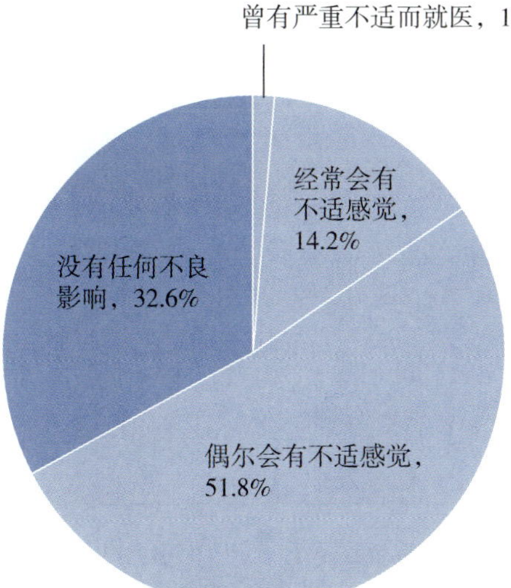

图8－23　中学生有关上网对身体健康影响的判断

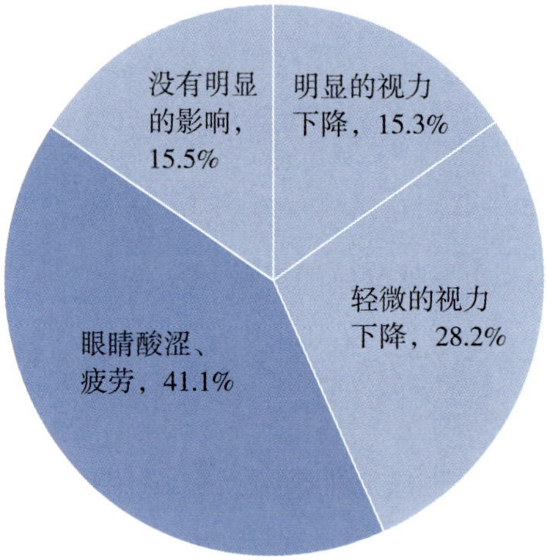

图 8－24　中学生有关上网对视力影响的判断

的判断整体一致但略有差异，相对而言，男生表示上网对身体健康和视力影响严重以及没有明显影响的比例均略高于女生，女生则更倾向于选择影响相对较低（上网对身体健康影响方面：$\chi^2 = 8.674$；$p = 0.034$；上网对视力影响方面：$\chi^2 = 29.494$，$p < 0.001$）。

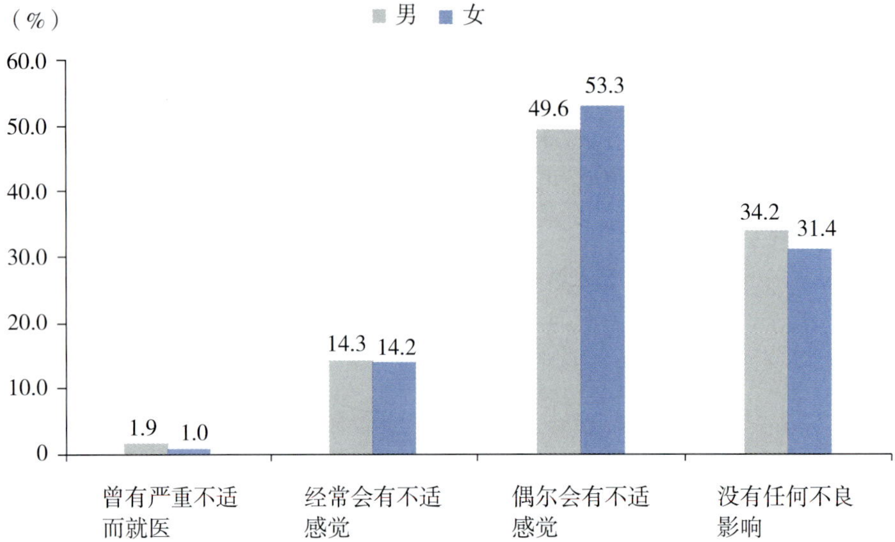

图 8－25　不同性别中学生有关上网对身体健康影响的判断

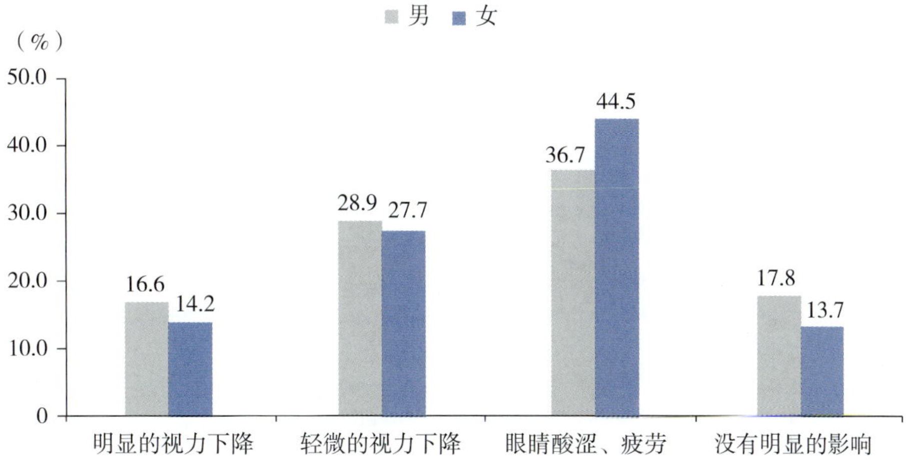

图 8－26　不同性别中学生有关上网对视力影响的判断

3. 低年级学生认为上网对身体健康无影响的比例略高

分年级来看，整体而言，不同年级中学生有关上网对身体健康和视力影响的判断具有一致性，但也表现出一定差异，低年级学生相对而言认为上网对身体健康和视力无影响的比例略高，特别是有关上网对身体健康的影响（见图 8－27 和图 8－28）。（上网对身体健康影响方面：$\chi^2=76.140$，$p<0.001$；上网对视力影响方面，$\chi^2=27.543$，$p<0.001$）。

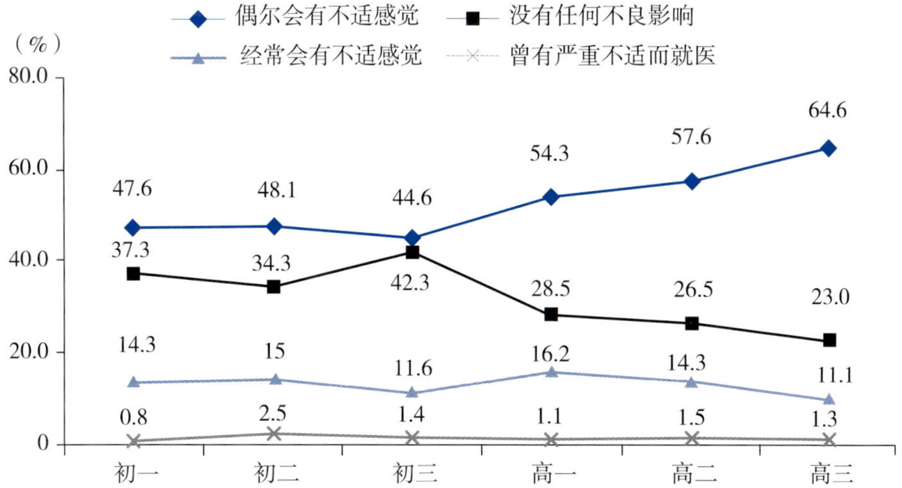

图 8－27　不同年级中学生有关上网对身体健康影响的判断

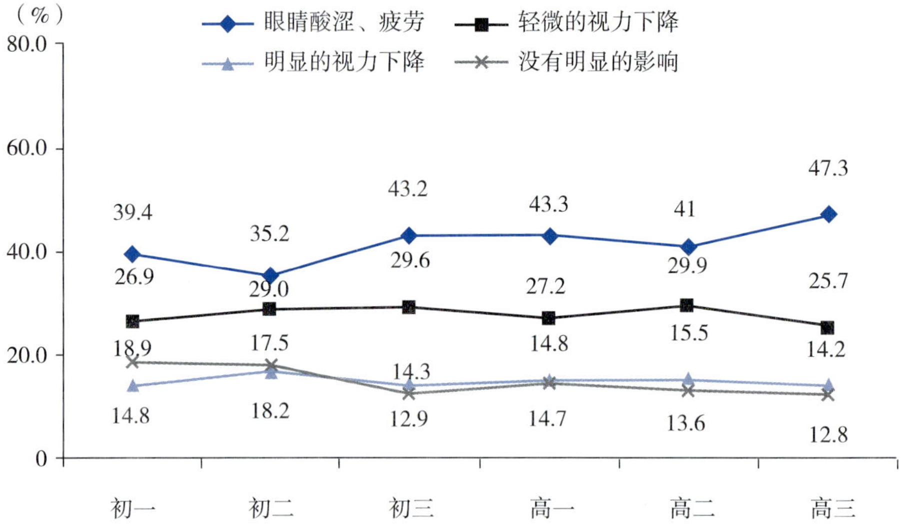

图8－28　不同年级中学生有关上网对视力影响的判断

4. 西部地区中学生认为上网对身体健康有影响的比例略高

分区域看，中学生有关上网对身体健康和视力影响的判断也表现出整体的一致性，但又有所差异（见图8－29和图8－30）。中部地区相对而言有更高比例（37.1%）的中学生认为上网对身体健康没有不良影响，在对视力的影响方面，也更多地选择有轻微影响——“眼睛酸涩、疲劳”（47.0%）；而西部地区中学生认为上网对身体健康无影响的比例最低，只

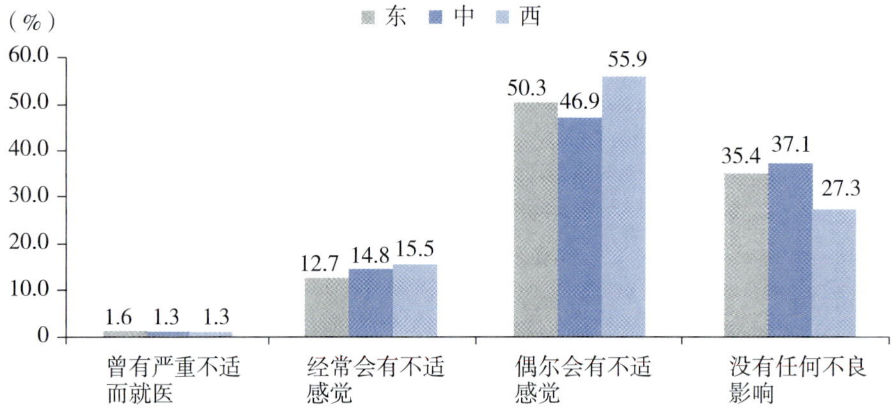

图8－29　不同地区中学生有关上网对身体健康影响的判断

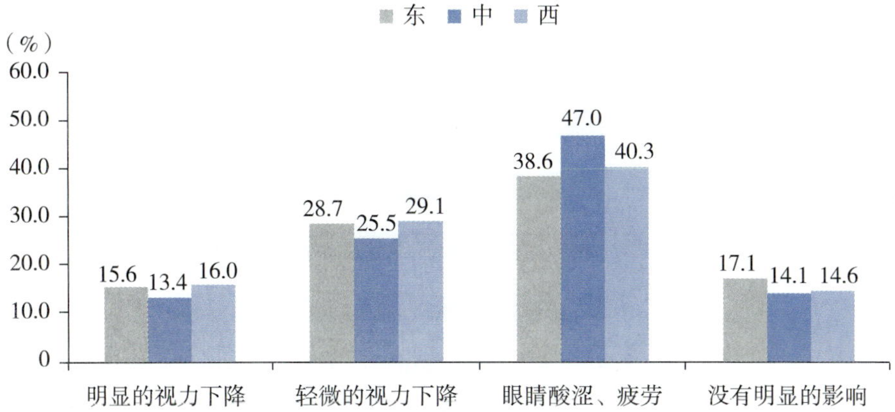

图 8－30　不同地区中学生有关上网对视力影响的判断

有 27.3%，且认为上网导致明显和轻微视力下降的比例最高（45.1%）（上网对身体健康影响方面：$\chi^2=33.290$，$p<0.001$；上网对视力影响方面：$\chi^2=17.881$，$p=0.007$）。

（二）网络使用对中学生人际关系的影响情况

1. 上网中学生比不上网中学生对自己人际关系的评价更积极

上网的中学生，对自己人际关系的评价整体比较积极，各个问题基本都有超过 80% 的学生选择了正性评价，其中对于与同学关系的认可度最高，接近 90% 的学生认为自己“与同学的关系融洽”，认为“与老师的关系融洽”的比例略低，为 81.8%（见图 8－31）。然而，167 名没有上过网的中学生对自己人际的评价整体较低，各个问题均有约 60% 的学生选择了负性评价（见图 8－32）。调查中还发现，不上网的学生对自我的评价也比较低，超过 60% 是负性评价。这一结果提示：上网本身并未对学生的人际关系造成影响，反而是不上网的学生对自己人际关系的评价都比较低。在现代社会，对信息技术的掌握已经成为必备的技能要求，在周围绝大多数同学都使用网络的背景下，不使用网络的学生显得有些不合群，可能影响他们对自己人际关系和自我的评价。

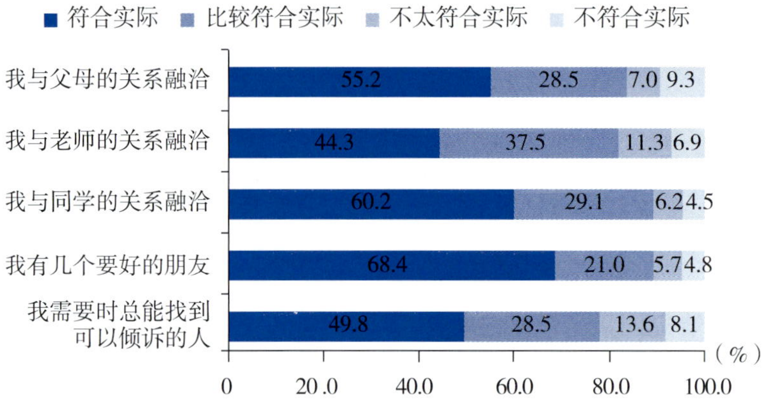

图 8－31 上网中学生对自己人际关系的评价

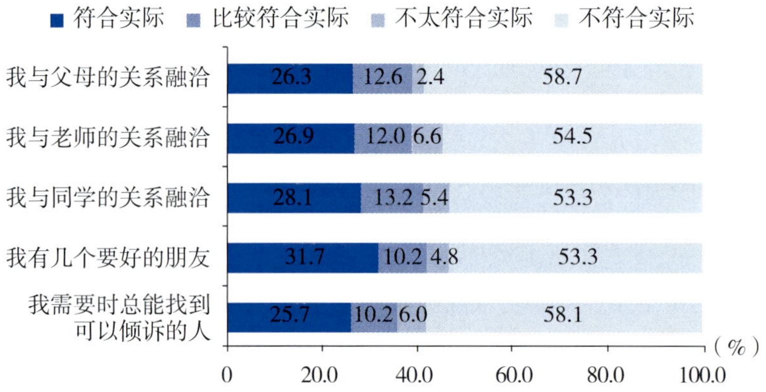

图 8－32 不上网中学生对自己人际关系的评价

2. 存在网络过度使用倾向的中学生对自己人际关系的评价偏低

调查中还发现，存在网络过度使用的中学生，相对于一般的上网学生对自己人际关系的评价也较低（见图 8－33 和图 8－34），一般的上网学生对自己人际关系的正性评价比例在 85%—90%，而存在网络过度使用倾向的学生对自己人际关系的正性评价比例只有约 60%，其中对于与同学关系的评价最为积极，但正性评价也只有约 73.9%。特别是，有网络过度使用倾向的学生认为与父母、老师、同学“关系融洽”的描述“符合实际情况”的比例只相当于一般上网学生的 1/2 左右。这一调查结果提示：网络过度使用可能对学生的人际关系造成了负面影响，同时人际关系不良又可能进一步导致这些学生通过网络寻求支持，网络过度使用与人际关系不良之间可能是双向的关系。

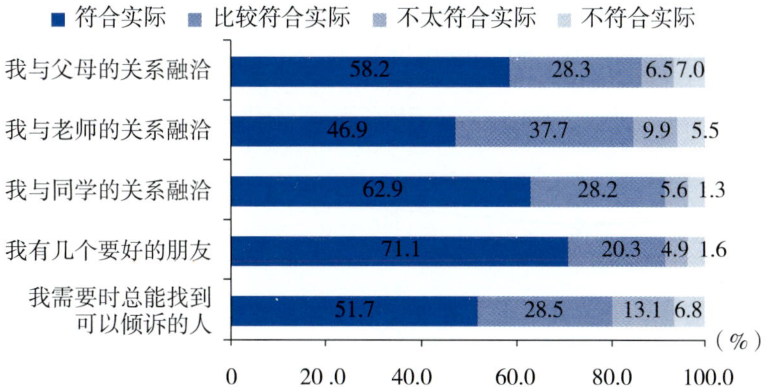

图 8－33　不存在网络过度使用倾向的上网中学生对自己人际关系的评价

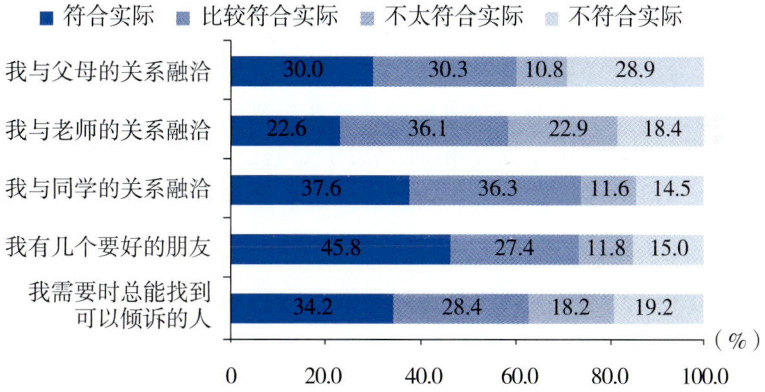

图 8－34　存在网络过度使用倾向的中学生对自己人际关系的评价

对有关人际关系的五个问题根据学生的回答情况进行赋分，“符合实际”记 4 分，“比较符合实际”记 3 分，“不太符合实际”记 2 分，“不符合实际”记 1 分，得分越高说明学生的人际关系越融洽。分析结果表明（见图 8－35），与前述分析一致：一般的上网学生人际关系得分最高，五个问题平均得分在 3.3—3.6 分，说明学生对自己人际关系的评价是非常积极的；有网络过度使用倾向的学生的人际关系得分居中，五个问题平均得分在2.6—3.0，这类学生对“与同学的关系融洽”和“有几个要好的朋友”这两个问题的评价较为积极，其他几个问题的得分平均略高于中性评价；而不上网学生对自己人际关系的评价得分最低，五个问题平均得分在2.0—2.2，整体偏于负性评价（三类学生五个问题的得分均两两差异显著，F值：156.95—281.89，$p<0.01$）。

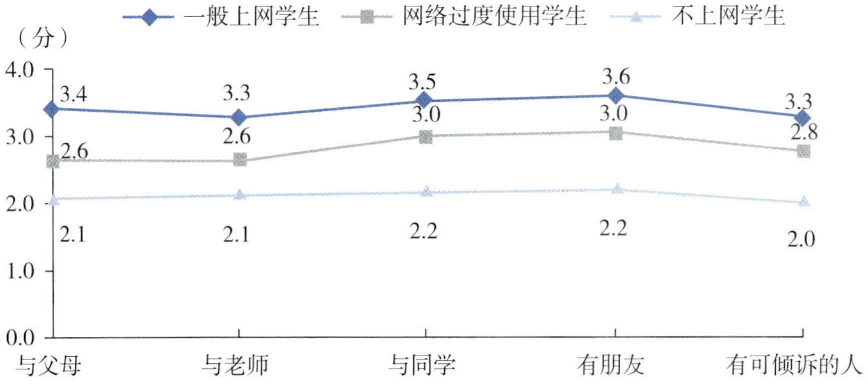

图8－35　不同网络使用情况中学生对自己人际关系的评价的得分

3. 女生比男生对自己人际关系的评价更积极

整体而言，中学生中女生相对于男生对自己人际关系的评价更为积极，不论是上网的学生还是不上网的学生均是如此（上网学生中，各项目的t值在5.62—7.33，$p<0.001$；不上网学生中，各项目的t值在2.77—3.84，$p<0.01$）。但是上网的男女生和不上网的男女生对人际关系的评价也表现出一定的差异，在上网的学生中男女生之间虽然在各个项目上的得分均差异显著，但相差较少，且均为正性评价；而在不上网的学生中，男女生之间的差异较大，女生倾向于中性评价，男生则在各项目上均为负性评价。整体而言，不上网的男生对自己人际关系的评价最为消极，表明不上网行为本身对男生的影响更大（见图8－36）。

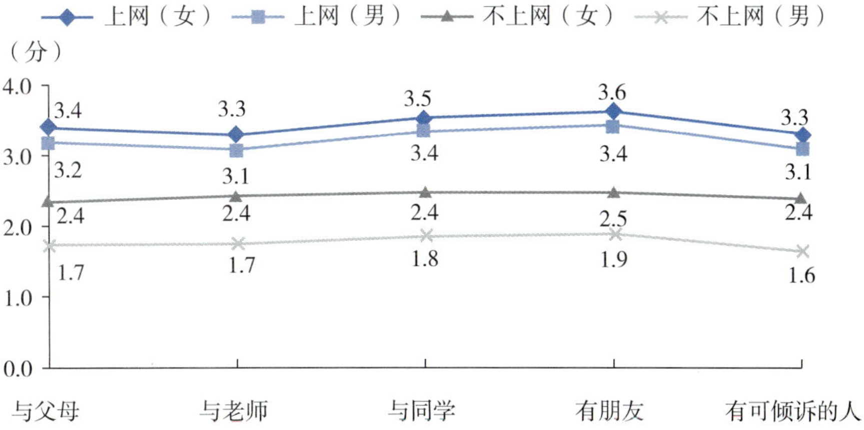

图 8－36　不同性别中学生对自己人际关系的评价的得分

4. 初三学生对自己人际关系的评价最低

分年级来看，上网的中学生中，初三学生对自己人际关系的评价最低，除需要时有可倾诉的人这一问题外，初三学生对自己人际关系的评价均显著低于其他年级（$p<0.05$），相对而言，初一和高三学生对自己人际关系的评价更为积极（见图 8－37）。不上网的学生中，初二学生对自己人

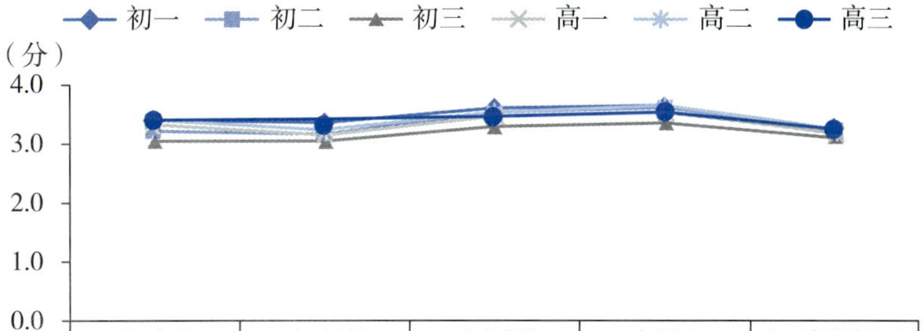

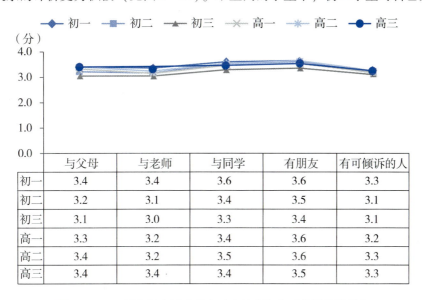

	与父母	与老师	与同学	有朋友	有可倾诉的人
初一	3.4	3.4	3.6	3.6	3.3
初二	3.2	3.1	3.4	3.5	3.1
初三	3.1	3.0	3.3	3.4	3.1
高一	3.3	3.2	3.4	3.6	3.2
高二	3.4	3.2	3.5	3.6	3.3
高三	3.4	3.4	3.4	3.5	3.3

图 8－37　不同年级上网中学生对自己人际关系的评价的得分

际关系的评价最低，其次是初三学生，这两个年级的学生都倾向于负性评价，初一学生的评价相对中性一些（见图 8－38）。初中学生的评价整体上低于高中学生，但因为高中不上网的学生人数非常少（高一 11 人，高二 10 人，高三 5 人），不上网高中学生对自己人际关系的评价结果仅供参考。

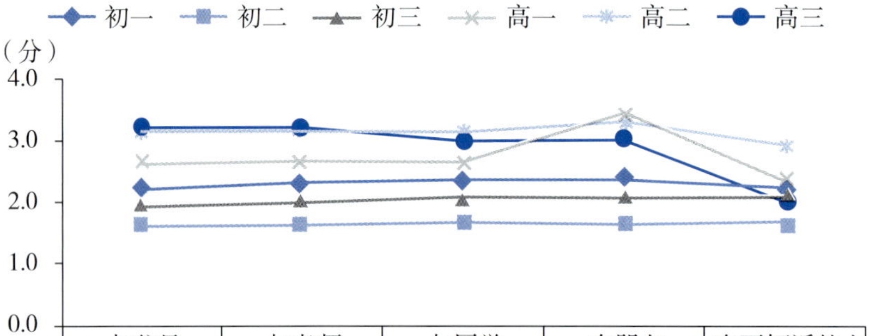

	与父母	与老师	与同学	有朋友	有可倾诉的人
初一	2.2	2.3	2.3	2.3	2.2
初二	1.6	1.6	1.7	1.6	1.6
初三	1.9	2.0	2.1	2.1	2.1
高一	2.6	2.6	2.6	3.4	2.4
高二	3.1	3.1	3.1	3.3	2.9
高三	3.2	3.2	3.0	3.0	2.0

图 8－38　不同年级不上网中学生对自己人际关系的评价的得分

5. 西部地区不上网中学生对自己人际关系的评价最低

分区域来看，上网的中学生中，东、中、西部学生对自己人际关系的评价差异不大，但在不上网的中学生中，西部地区中学生对自己人际关系的评价显著低于其他地区（$p<0.001$），且整体倾向于负性评价，而东部地区不上网中学生对自己的人际关系则是整体倾向于中性或偏中性的评价，中部地区不上网中学生对自己人际关系的评价相对而言最为积极，与上网中学生对自己人际关系的评价基本相当（见图 8－39）。不过在本次调查中，不上网的中学生主要集中在西部地区（106 人），而东部地区（38 人）和中部地区（23 人）不上网的中学生人数偏少，因此，东部和中部地区不上网中学生对自己人际关系评价的结果仅供参考。

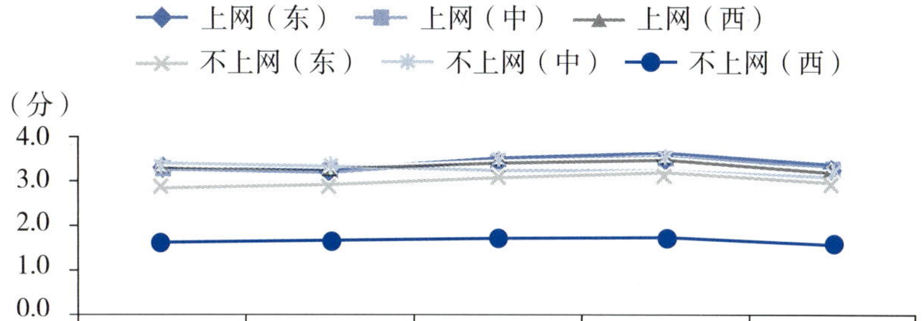

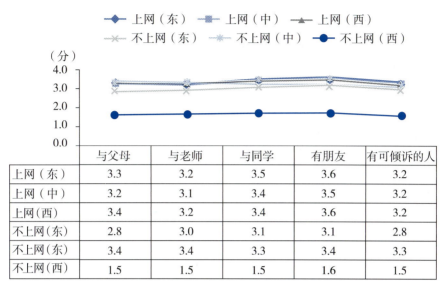

	与父母	与老师	与同学	有朋友	有可倾诉的人
上网（东）	3.3	3.2	3.5	3.6	3.2
上网（中）	3.2	3.1	3.4	3.5	3.2
上网(西)	3.4	3.2	3.4	3.6	3.2
不上网(东)	2.8	3.0	3.1	3.1	2.8
不上网(东)	3.4	3.4	3.3	3.4	3.3
不上网(西)	1.5	1.5	1.5	1.6	1.5

图 8－39　不同地区中学生对自己人际关系的评价的得分

（三）中学生遇到的网络伤害及其应对方式

【访谈案例】

提问：上网时，你是否受到过来自网络的伤害，例如接触到不良信息，个人的隐私被泄露等，你认为应该如何避免网络伤害？

中学生1：受到过伤害，自己写的好好的文章被人批评，还有恶语中伤，很伤心很难过，会自我安慰，不会太放在心上。

中学生2：增强自我防范意识，不和陌生人交往，不轻易相信非权威消息。

……

访谈发现，接受访谈中学生对网络的认识整体比较理性。

1. 超过60%的中学生表示自己遇到过网络伤害，但报告他人遇到过伤害的比例更高

分析发现，相当比例的中学生表示自己身边的朋友、同学或自己曾经遇到过网络伤害，其中比例最高的是“接触到不良信息”以及“网络病毒或一些恶意软件”，虽然整体而言报告身边朋友或同学遇到网络伤害的比

例比报告自己亲身经历过的比例要高，但各种网络伤害按比例从多到少的排序是一致的，只有分别约 1/4 和 1/3 的中学生表示身边的朋友、同学或自己没有遇到过网络伤害（见图 8－40）。这一结果提示，应该关注中学的网络伤害情况。

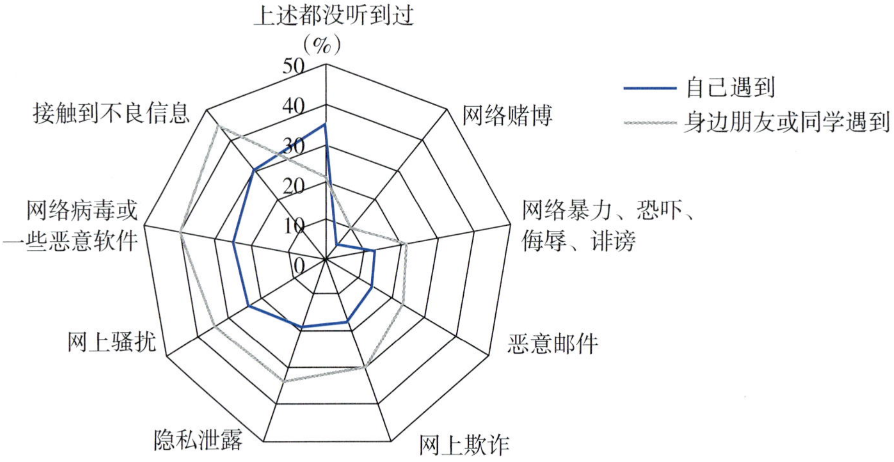

图 8－40　中学生报告身边的朋友、同学或自己曾遇到过的网络伤害

2. 44.1% 的中学生面对网络伤害时选择寻求成人帮助等合理的处理方式

面对网络伤害，中学生选择最多的应对方式是相对理性的“通过其他渠道来应对，比如进行网络举报或找大人帮忙解决”，占 44.1%；另有超过 1/4 的学生表示“小心避开就好”；特别需要注意的是，有 10.6% 的学生表示要“以牙还牙，以暴制暴”；另外，有 6.5% 的学生表示“不知道该怎么办”，甚至有 2.4% 的学生表示因此“很害怕，网络很不安全，以后不想再上网了”（见图 8－41）。这一结果提示：对于中学生可能遇到的网络伤害，父母或教师应该给予合理的引导和指导。

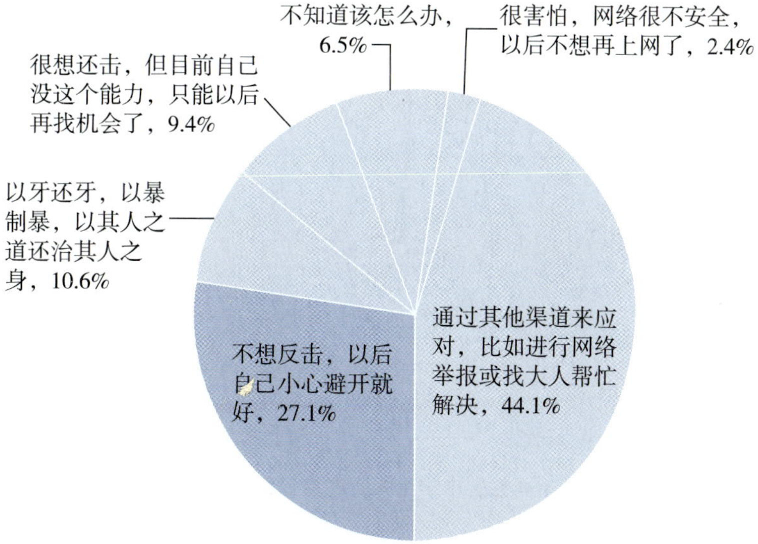

图 8－41　中学生面对网络伤害的应对方式

3. 男生报告遇到或听到的各种网络伤害的比例基本都高于女生

分性别看，与女生相比，男生报告遇到网络伤害的比例更高，不论是了解到自己身边朋友或同学遇到的，还是自己遇到的均是如此，只有“网络骚扰”行为女生报告的比例略高于男生（见图 8－42 和图 8－43）。

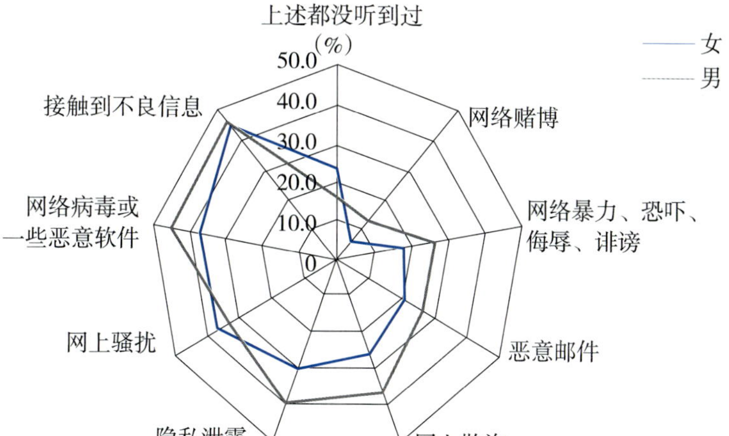

图 8－42　不同性别中学生报告的他人经历过的网络伤害

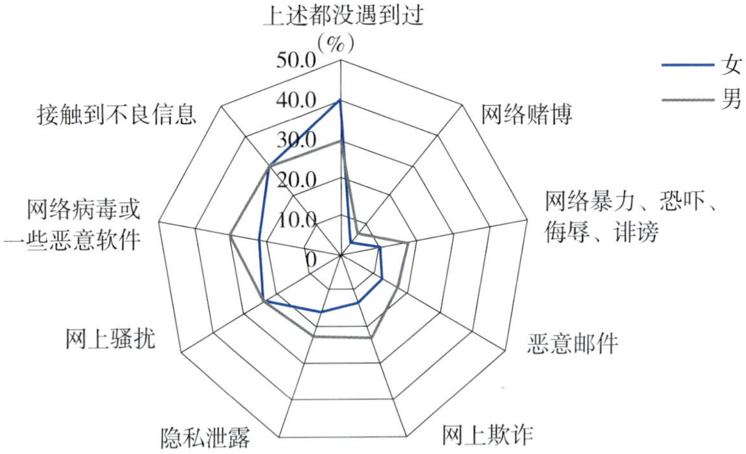

图 8－43　不同性别中学生报告的自己经历过的网络伤害

4. 面对网络伤害女生选择寻求帮助的比例更高，而男生表示想要还击的比例更高

面对网络伤害，男生选择想要还击（“以牙还牙，以暴制暴”或“很想还击，但还没这个能力”）的比例明显高于女生，而女生表示希望寻求成人帮助或“小心避开”的比例均高于男生（见图 8－44）。结果提示：男生和女生在应对网络伤害方面态度有所不同，应特别注意加强对男生的引导。

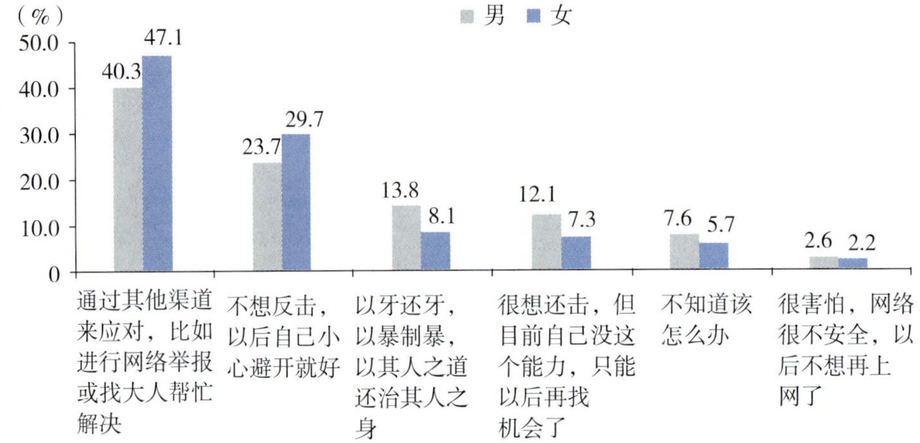

图 8－44　不同性别中学生面对网络伤害的应对方式

5. 高中生报告遇到或听到网络伤害的比例高于初中生

分年级来看，相对而言，高中生报告遇到网络伤害的比例更高，特别是“接触到不良信息”、“网络病毒”和“网络骚扰”三类，但初中生表示遇到“网络暴力”、“网络赌博”的比例则略高一些（见图8－45和图8－46）。

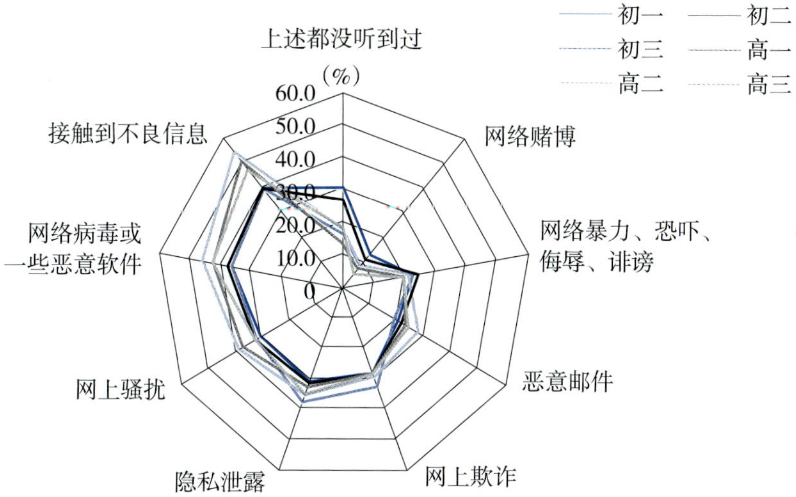

图8－45　不同年级中学生报告的他人经历过的网络伤害

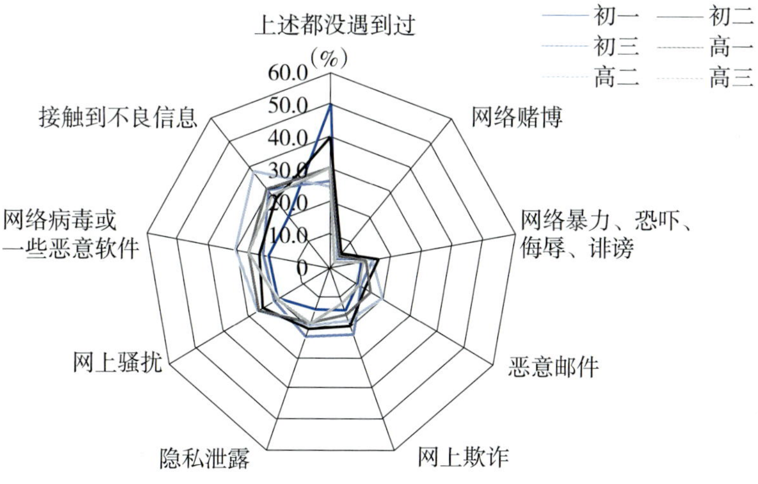

图8－46　不同年级中学生报告的自己遇到过的网络伤害

6. 初中生面对网络伤害选择“以暴制暴”的比例更高

需要注意的是，面对网络伤害，初中生和高中生都更多选择了寻求成人帮助这一相对理性的应对方式（见图8-47）。但高中生的选择比例高于初中生，表示“避开就好”的比例也高于初中生，而初中生选择“以牙还牙，以暴制暴”的比例更高，同时初一学生表示“不知道该怎么办”的比例最高，达10.6%。

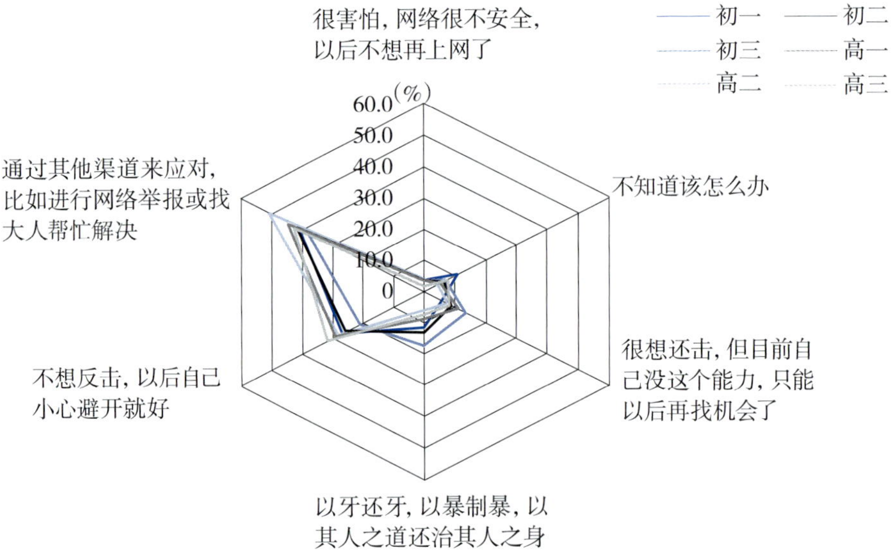

图8-47　不同年级中学生面对网络伤害的应对方式

7. 西部地区中学生报告遇到或听到各种网络伤害的比例最高

分区域来看，西部地区中学生报告的网络伤害的比例最高，特别是“接触到不良信息”、“网络病毒或一些恶意软件”以及“网络骚扰”三类，相对而言，中部地区中学生报告的各种网络伤害的比例略低，而东部地区中学生表示未遇到或听到网络伤害的比例最高（见图8-48和图8-49）。

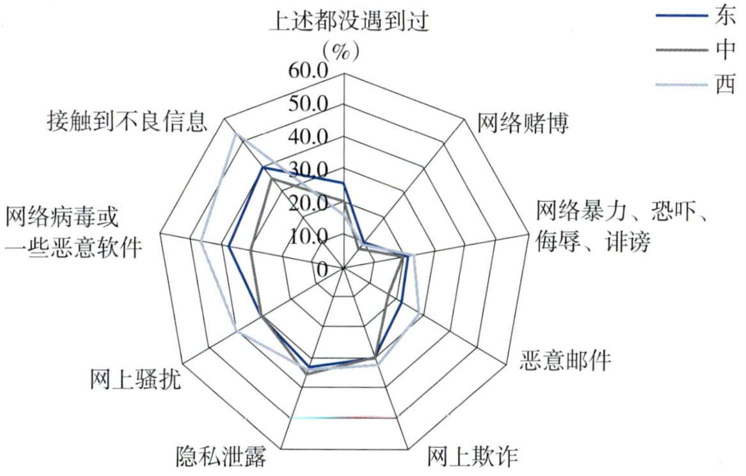

图 8－48　不同地区中学生报告的他人经历过的网络伤害

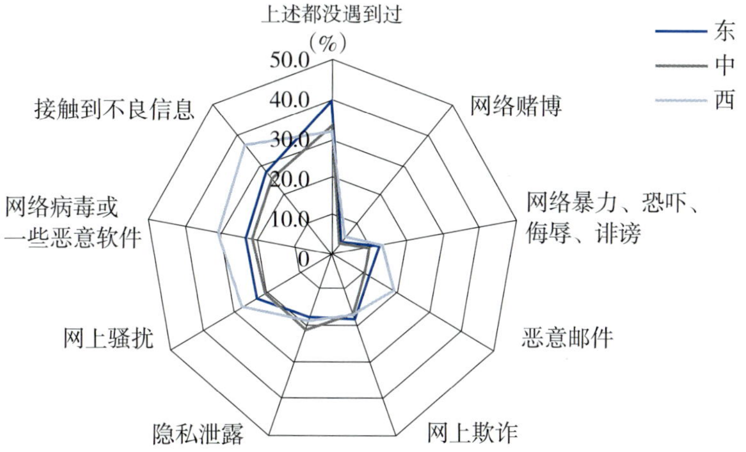

图 8－49　不同地区中学生报告的自己经历过的网络伤害

8. 面对网络伤害西部地区中学生选择寻求成人帮助的比例最高

面对网络伤害，西部地区中学生选择寻求成人帮助的比例最高，接近1/2，而中部地区中学生虽然报告遇到网络伤害的比例略低，但相对而言却有更高比例的学生选择想要还击，例如高达 15.8% 的学生选择“以牙还牙，以暴制暴”，另有 12.1% 的学生选择“很想还击，但目前自己没有这个能力”，东部地区中学生的应对方式接近西部地区，但表示“小心避开就好”的比例略高，达27.0%（见图8－50）。

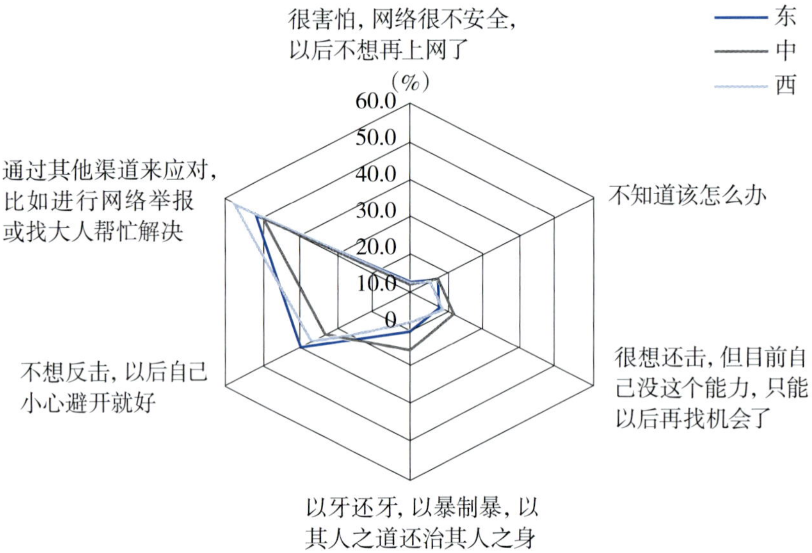

图8－50　不同地区中学生面对网络伤害的应对方式

（四）中学生看待网络的态度

1. 64%的中学生认同网络的工具功能

通过询问中学生上网时“可能产生的想法”考察中学生对网络的态度，结果发现，64%的中学生认可网络的工具功能，将网络看成“学习、生活的好助手”，但也有34.3%的中学生认为现实世界不如网络世界有意思，甚至分别有19.9%和13.6%的中学生表示“简直无法想象不能上网的生活该是什么样的”以及“真想一直待在网络的世界里”，不过同时也分别有17.4%和6.5%的中学生表示“上网没什么意思”以及“希望能回到没有网络的世界”（见图8－51）。

2. 男生认为网络世界更有意思的比例高于女生

分性别来看，女生认可网络的工具功能的比例高于男生，两者分别是66.8%和60.4%，而男生认为现实世界不如网络世界有意思的比例高于女生，两者分别为40.6%和29.5%，同时也有更多的男生选择“真想一直待在网络的世界里”，男生的比例为16.8%，女生的比例为11.1%（见图8－52）。

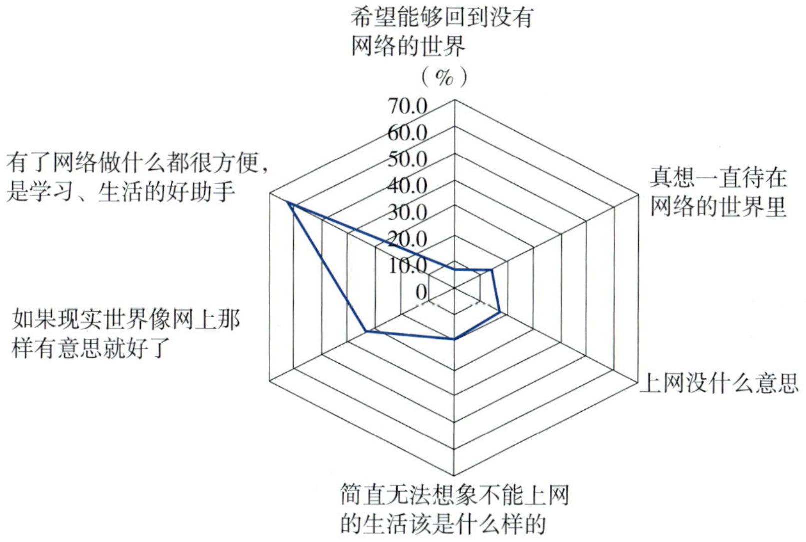

图8－51　中学生看待网络的态度

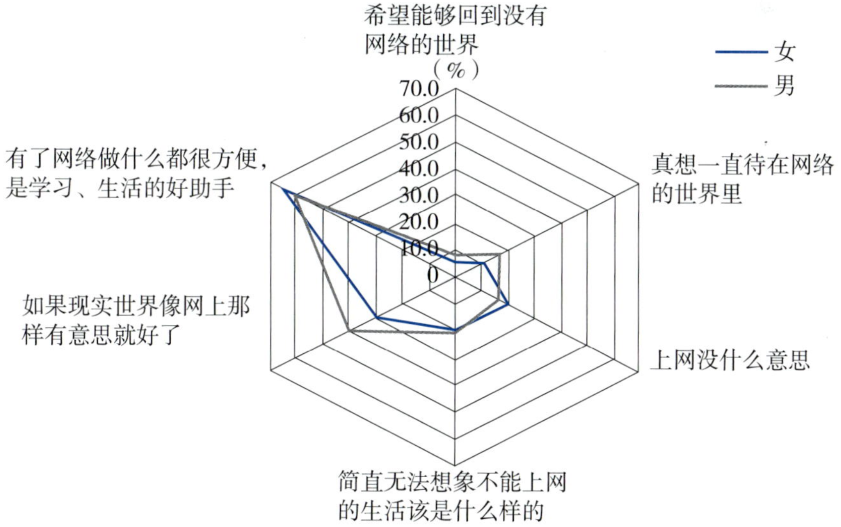

图8－52　不同性别中学生看待网络的态度

3. 初中生认为网络世界更有意思的比例高于高中生

分年级看，不同年级的中学生对网络的态度具有整体的一致性，各个年级均有最大比例的学生选择了网络的工具功能，但也表现出一定的差异性：初中生相比高中生更多地选择了“如果现实世界像网上那样有意思就好了”，特别是初三学生选择的比例高达 44.1%，同时初中生表示“真想一直待在网络的世界里”的比例也高于高中生，同样是初三学生选择的比例最高（16.8%）；而高中生选择“上网没什么意思”的比例则高于初中生，其中初三学生选择的比例最低（12.3%）；另外，初一学生选择“希望能够回到没有网络的世界”的比例最高（19.7%）（见图 8－53）。

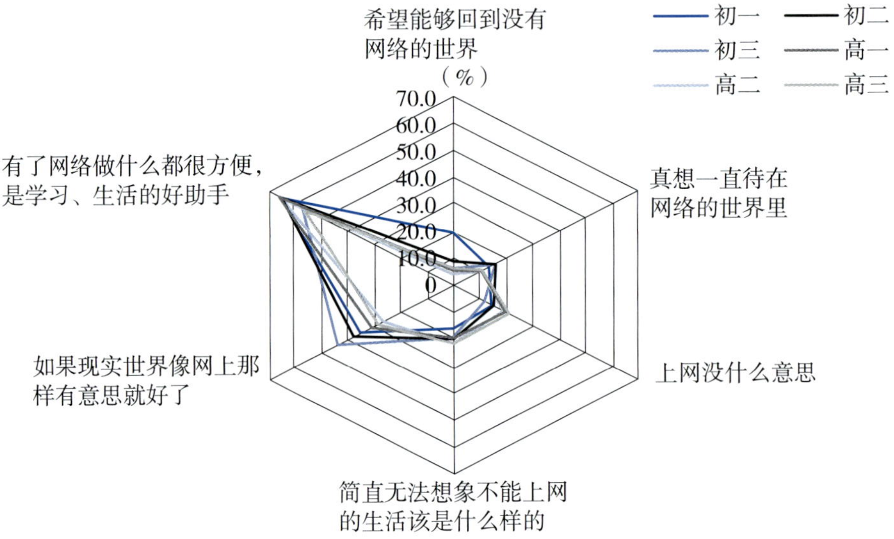

图 8－53　不同年级中学生看待网络的态度

4. 西部地区的中学生认可网络的工具功能的比例相对最高

分区域看，不同区域的中学生对网络的态度具有整体的一致性，对网络的工具功能最为认可，其次是认为现实世界不如网络世界有意思，不过相对而言，西部地区中学生认可网络的工具功能的比例最高，达 68.6%，而中部地区相对偏低（57.1%），同时，西部地区认为现实世界不如网络世界有意思的中学生比例也是最低的（31.9%），而东部地区相对较高

(37.2%)(见图 8－54)。

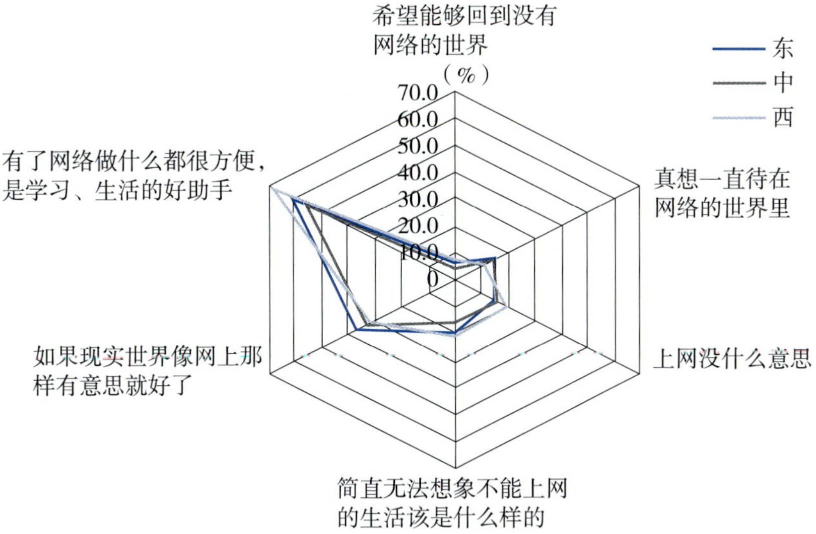

图 8－54　不同地区中学生看待网络的态度

5. 有网络过度使用倾向的中学生更倾向于认为网络世界更有意思

为考察网络过度使用与看待网络的态度的关系，对网络过度使用中学生和非网络过度使用中学生的网络态度进行对比分析，结果发现(见图 8－55)：网络过度使用中学生更倾向于认可现实世界不如网络世界有意思，选择的比例高达 63.9%，高出非网络过度使用中学生(30.8%)一倍；有相当比例的网络过度使用中学生表示“真想一直待在网络的世界里”(31.1%)和“简直无法想象不能上网的生活该是什么样的”(25.3%)；同时，存在网络过度使用倾向的学生认可网络工具功能的比例(42.1%)明显低于非网络过度使用中学生(66.6%)。结果提示，学生看待网络的态度与网络过度使用倾向之间存在一定的关联。

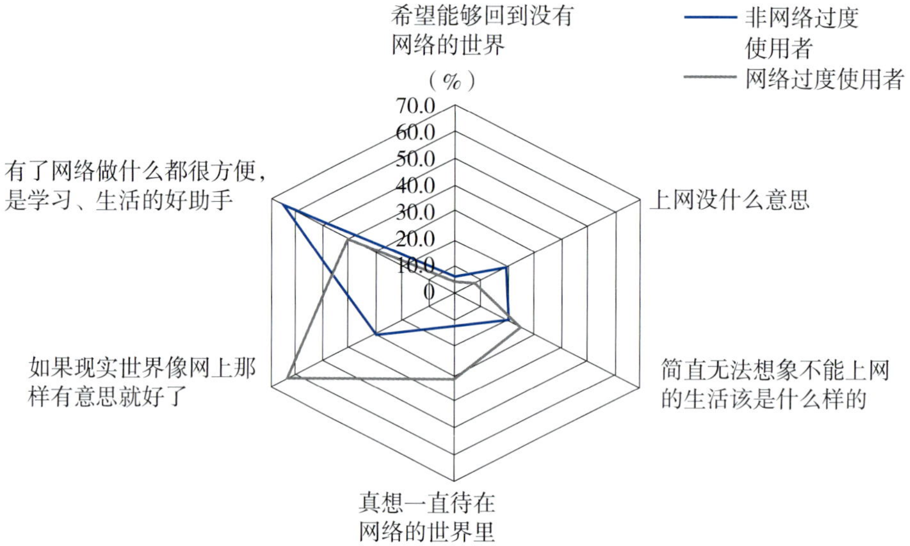

图 8－55　网络过度使用中学生与非网络过度使用中学生看待网络的态度

（五）网络对中学生心理需求的满足情况

1. 超过 2/3 的中学生认为网络让他们“开阔了眼界”，即满足了认知需求

在网络对学生心理需求的满足方面，超过 2/3 的中学生认为“上网让我极大地开阔了眼界”，即网络满足了他们的认知需求，其次是上网让自己“体验到新奇和愉悦”（51.4%）与“忘掉烦恼”（45.7%），然而中学生认为网络满足了他们交往需求的比例并不高，只有约 1/3（见图 8－56）。

2. 除认知需求外，男生认为网络满足了其他各项心理需求的比例均高于女生

分性别看，中学生中高达 71.2% 的女生认为网络让她们极大地开阔了眼界，远高于男生（选择比例为 61.1%），而男生认为网络满足了其他心理需求的比例则均高于女生，特别是在满足交往需求上，男生选择的比例为 42.1%，而女生选择的比例只有 28.0%（见图 8－57）。

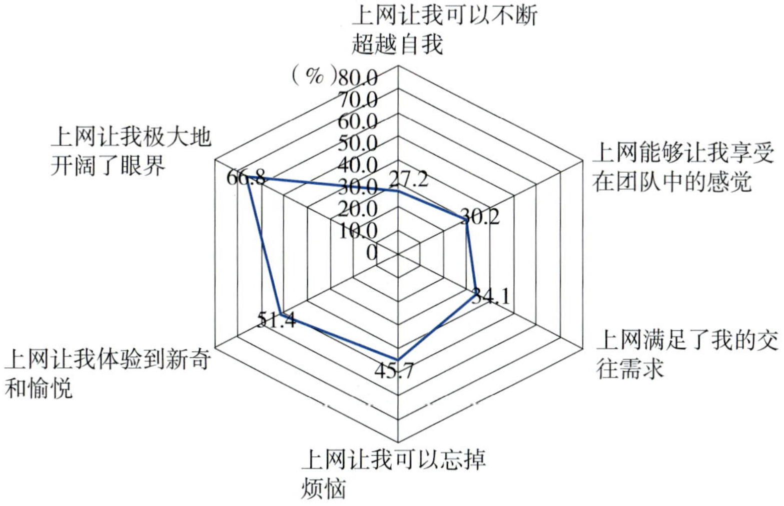

图 8－56　中学生认为上网对他们心理需求的满足情况

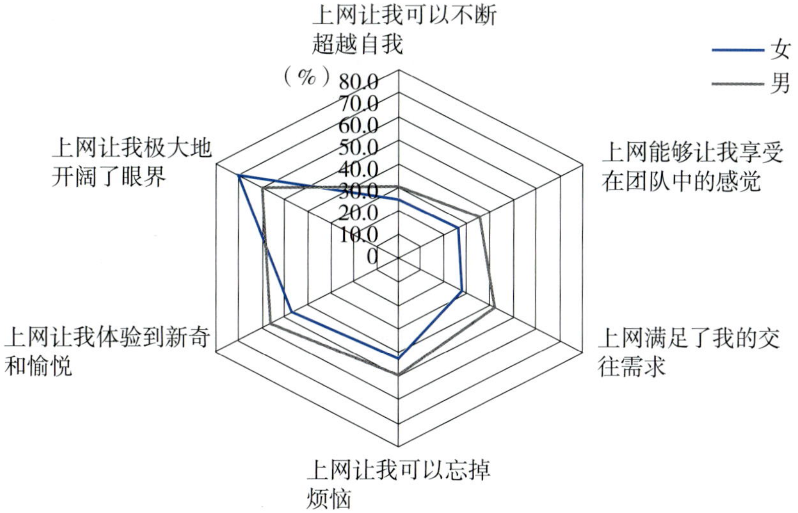

图 8－57　不同性别中学生认为上网对他们心理需求的满足情况

3. 不同年级中学生感受到的网络对心理需求的满足情况略有差异

分年级看，不同年级的中学生在网络对心理需求满足情况的选择上相对一致又有所差异，选择最多的是认知需求的满足，其次是“体验新奇和愉悦”以及“忘掉烦恼”。相对于其他年级，初三年级的学生认为网络满足了他们认知需求的比例最低（58.2%），同时认为上网满足了交往需求的比例（37.5%）略高于其他年级；而初一、初二年级的学生中则有更多比例的人认为上网让他们“忘掉烦恼”，体验到“在团队中的感觉”以及感受到“超越自我”（见图 8－58）。

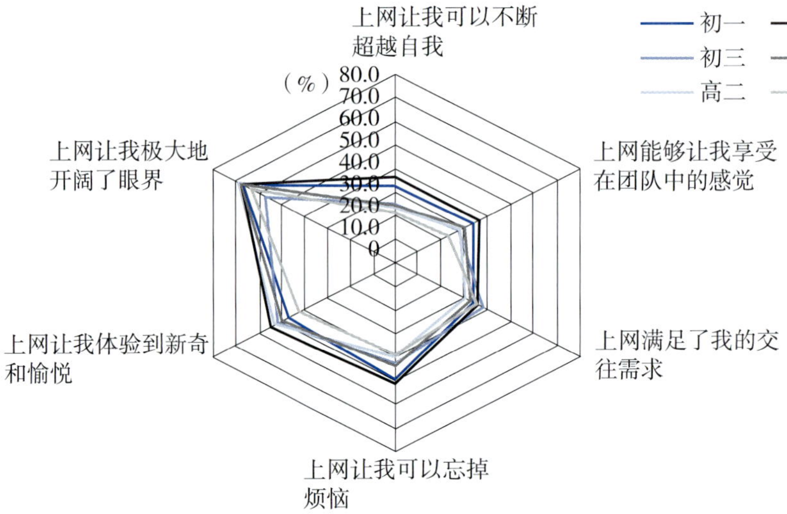

图 8－58　不同年级中学生认为上网对他们心理需求的满足情况

4. 中部地区中学生选择网络满足各项心理需求的比例最低

分区域看，东部地区和西部地区中学生的选择比较一致，在网络对认知需求的满足方面，西部地区中学生选择“上网让我极大地开阔了眼界”的比例最高，达 73.0%，其次是东部地区，相比这两个区域，中部地区中学生在各个选项上选择的比例均最低，特别是认知需求、“新奇和愉悦”体验以及“超越自我”这三个选项，说明中部地区中学生感受到的网络对心理需求的满足程度是最低的（见图 8－59）。

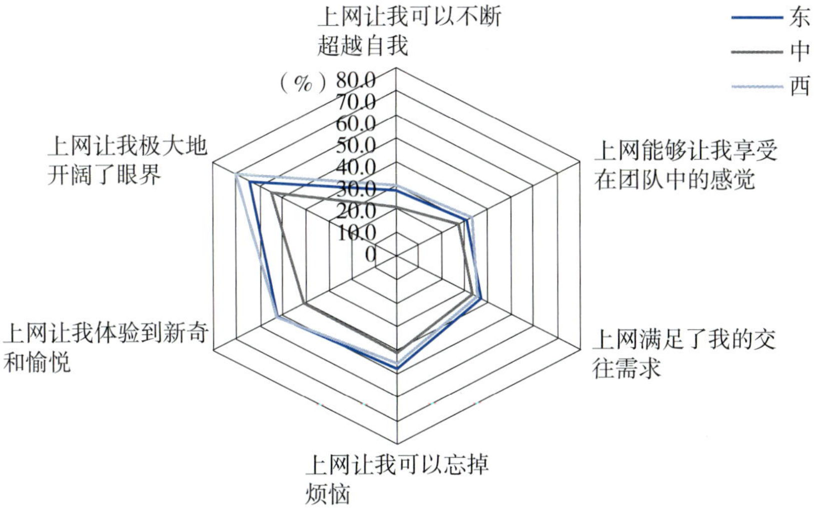

图 8－59　不同地区中学生认为上网对他们心理需求的满足情况

5. 存在网络过度使用倾向的中学生认为网络满足了认知需求的比例低，认为满足了交往需求的比例高

分析网络对中学生心理需求的满足情况与网络过度使用之间的联系，发现两组学生在两种心理需求的选择上表现出明显相反的趋势：存在网络过度使用倾向中学生选择网络满足了交往需求的比例最高，达 58.4%，而不存在网络过度使用倾向中学生的选择比例只有 31.2%；同时，在网络对认知需求的满足方面，不存在网络过度使用倾向中学生的选择比例是最高的，达 69.7%，而存在网络过度使用倾向学生选择的比例只有 42.1%（见图 8－60）。相关分析的结果也显示，网络过度使用倾向与网络对交往需求的满足呈正相关（$r=0.177$，$p<0.001$），而与网络对认知需求的满足呈负相关（$r=-0.181$，$p<0.001$）。这一结果提示：上网获得的交往需求的满足越高，越可能产生网络的过度使用倾向，而感受到通过网络开阔了视野，满足了认知需求，则不容易产生网络过度使用倾向，可见，不同的网络心理需求满足模式与网络过度使用倾向的检出率之间表现出一定的关联。

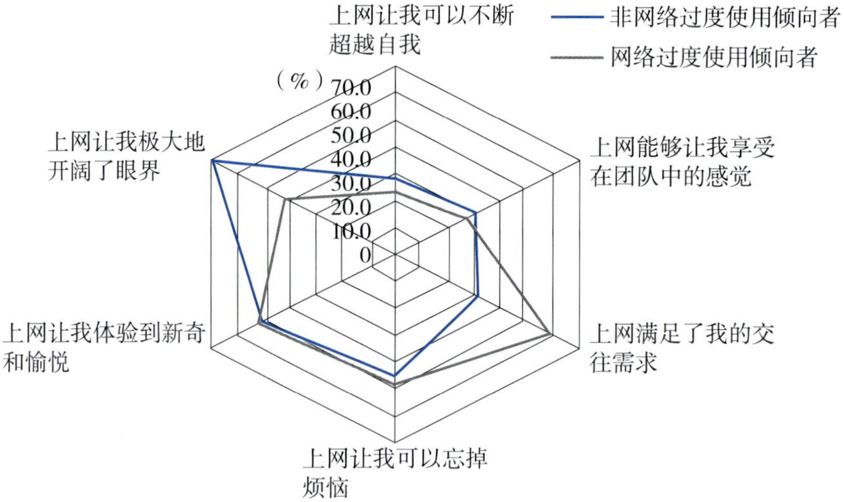

图 8－60　网络过度使用中学生与非过度使用中学生认为上网对心理需求的满足情况

三、网络对中学生性格影响的特征

【访谈案例】

提问：你认为上网对你的性格有影响吗？如果有，是正面的还是负面的？

学生 1：有，主要是正面的，对自己而言使自己变得更乐观开朗了，原来不愿意和人交往，通过网络交流多了，生活上也愿意和人交往了。

学生 2：基本都是正面的，让自己变得更幽默了。

学生 3：没啥影响，原来什么样基本还是什么样。

……

访谈发现，中学生大多数认为网络对性格的影响是正面的。

（一）网络对中学生性格的影响

1. 50%—70%的中学生认为使用网络对他们的性格倾向有一定的影响

为考察上网对学生性格的影响，通过询问学生“你觉得使用网络对你的性格有什么样的影响，让你的性格更倾向于（从1至5中进行选择）”，让参与调查的学生在以下10对相对立的形容词之间进行选择，例如对于“内向—外向”选择1表示内向，选择2表示比较内向，选择3表示无变化，选择4表示比较外向，选择5表示外向。学生的具体选择情况见图8-61。可见，对于这10对性格倾向形容词，学生选择“无变化”的比例为29.1%—47.9%，也即52.1%—70.9%的中学生认为网络对他们的性格有所影响。

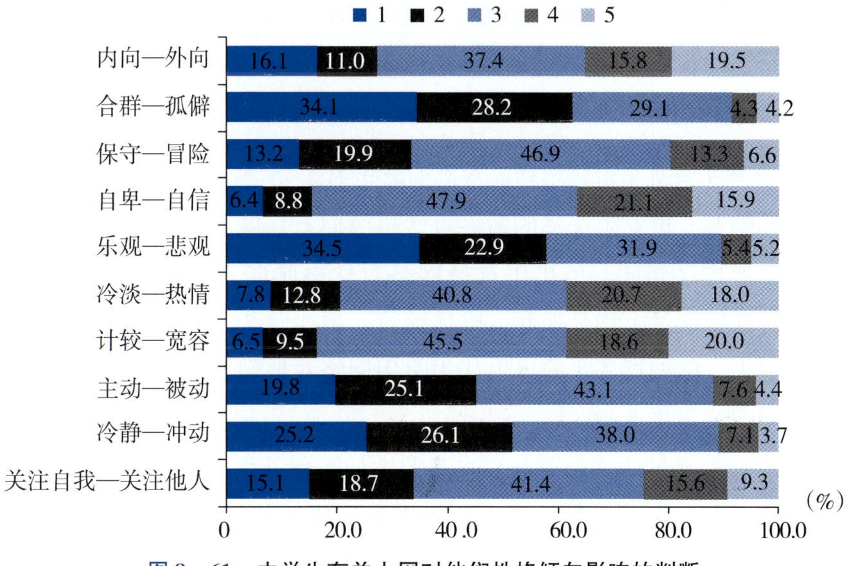

图8-61　中学生有关上网对他们性格倾向影响的判断

将除选项3以外表示上网对性格倾向有影响的选项1、2、4、5合并整理，可以发现中学生认为使用网络对性格有影响的比例是比较高的（见图8-62）。在调查的“合群—孤僻”、“乐观—悲观”等10个性格维度上，均有超过50%的中学生认为使用网络对性格有影响，其中网络对于“合群—孤僻”的影响最大（70.9%），其次是“乐观—悲观”（68.1%），相对较小的是“自卑—自信”（52.1%），但认为有影响的中学生比例仍超过了50%。

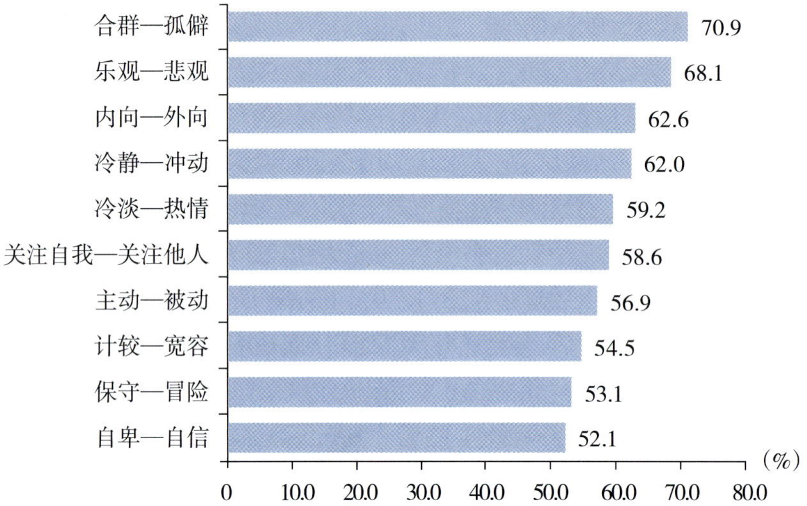

图 8－62　中学生认为上网对他们性格倾向的影响

2. 男生认为上网对性格倾向有影响的比例在10个性格维度上均高于女生

分性别看，男女生选择的网络对性格倾向有影响的比例由高到低在各性格维度上排序相同，但男生选择网络对性格倾向有影响的比例比女生高，在各性格维度上均是如此，整体而言，男生认为上网对他们性格倾向的影响更大，例如近3/4的男生认为使用网络对他们“合群—孤僻”性格维度有影响（见图8－63）。

3. 初中生选择上网对性格倾向有影响的比例高于高中生

分年级看，在调查的10个性格维度上，初一学生认为网络对性格有影响的比例最高，选择网络对“合群—孤僻”、“乐观—悲观”有影响的比例最高，分别为75.4%和73.6%，整体而言，与高中生相比，初中生认为使用网络对他们性格倾向有影响的比例更高（见图8－64）。

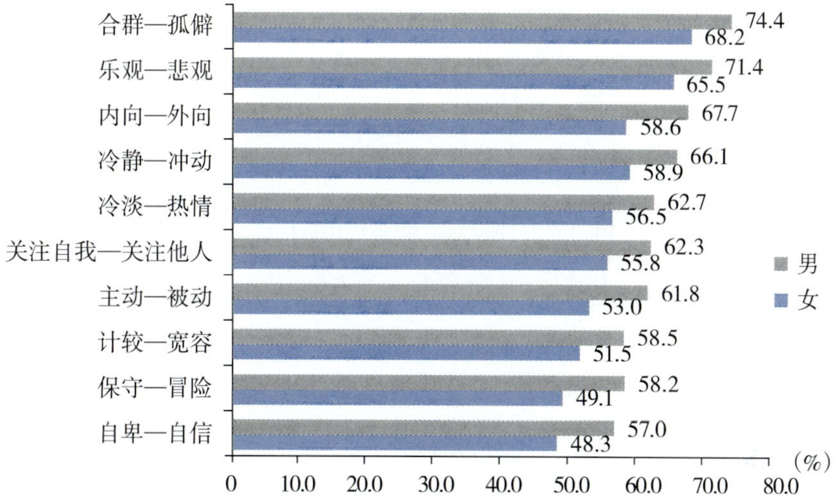

图 8－63　不同性别中学生认为上网对他们性格倾向的影响

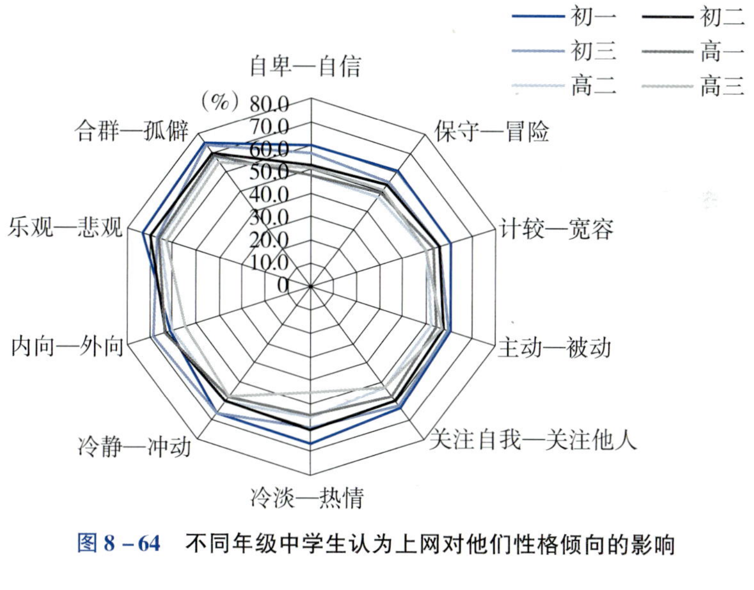

图 8－64　不同年级中学生认为上网对他们性格倾向的影响

4. 不同地区中学生选择上网对性格倾向有影响的比例比较一致

分区域看，东、中、西部的中学生认为网络对性格倾向有影响的比例具有整体的一致性，相对而言，东部地区的中学生认为网络对性格有影响的比例最高，其次是中部地区的中学生，选择比例最低的是西部地区的中学生（见图 8－65）。

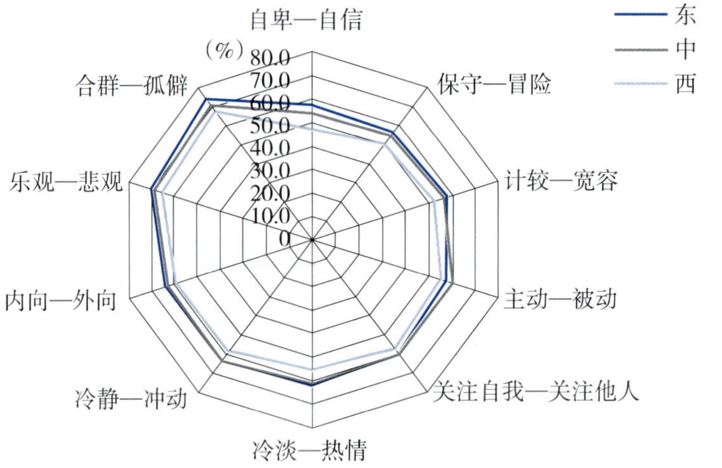

图 8-65　不同地区中学生认为上网对他们性格倾向的影响

（二）中学生认为上网对性格倾向影响的方向性

1. 中学生更倾向于认为上网对性格的影响是正向的

本调查使用的 10 对性格倾向形容词中有 7 对带有一定的正性和负性含义，例如"合群—孤僻"维度，"合群"较"孤僻"更容易被接受，比较学生对这 7 对形容词的选择倾向发现，对于各性格维度，更多的中学生认为网络对性格的影响是正向的，例如"合群—孤僻"维度，62.3% 的中学生认为网络让他们更为"合群"，只有 8.4% 的中学生认为网络让他们更为"孤僻"（见图 8-66）。

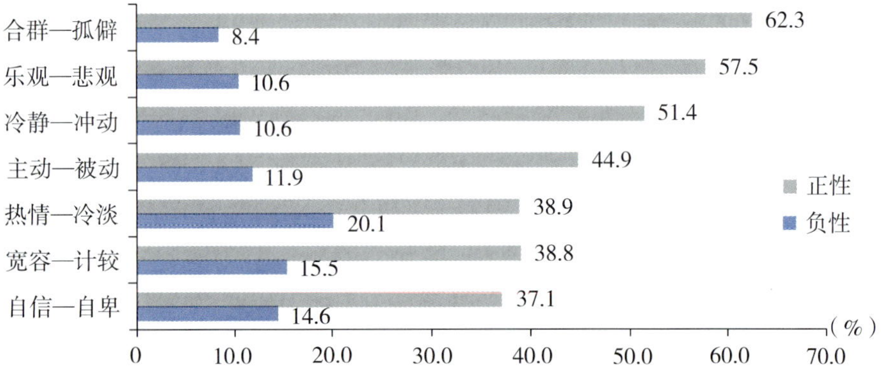

图 8-66　中学生认为上网对他们性格倾向的正性和负性影响

2. 在上网对性格的影响上男女中学生均表现出正性选择倾向

分性别看，男女中学生都更倾向于认为网络对性格的影响是正性的，对正性倾向的选择比例均显著高于负性倾向，男女生基本相当，女生在“合群”、“热情”、“宽容”、“自信”几个维度上的选择比例略高于男生，而男生在“乐观”、“冷静”、“主动”几个维度上的选择比例略高于女生。但在网络对性格影响的负性倾向上，男生的选择比例均高于女生（见图 8－67）。

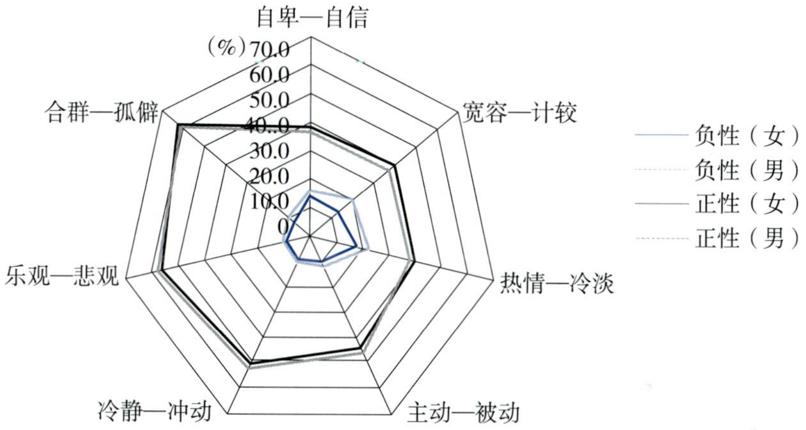

图 8－67　不同性别中学生认为上网对他们性格倾向的正性和负性影响

3. 初中生认为网络对性格倾向有正性影响的比例略高于高中生

分年级看，初中生认为网络对性格倾向有正性影响的比例略高于高中生，其中初一学生在各性格维度上选择正性倾向的比例均是最高的，相对而言，初中年级中初三学生的选择比例略低；不同年级选择负性倾向的比例差异不大，而初三学生在多个性格维度上选择负性倾向的比例略均高于其他年级（见图 8－68）。

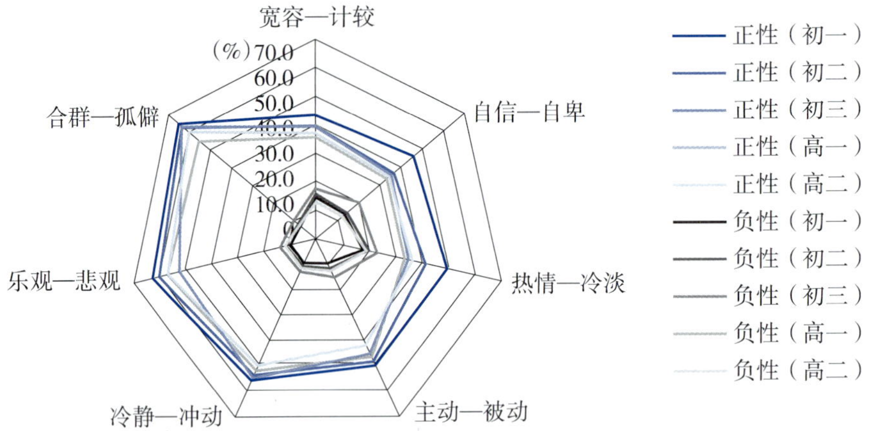

图 8－68 不同年级中学生认为上网对他们性格倾向的正性和负性影响

4. 东部地区中学生选择网络对性格正性倾向有影响的比例最高

分区域看：在各性格维度上，东部地区中学生选择网络对性格倾向有正性影响的比例均是最高的，西部和中部地区中学生的选择比例基本相当，整体上西部地区中学生略低；在网络对性格倾向的负性影响上，西部地区中学生选择的比例也是最低的，而中部和东部地区略高，相对而言中部地区最高（见图 8－69）。

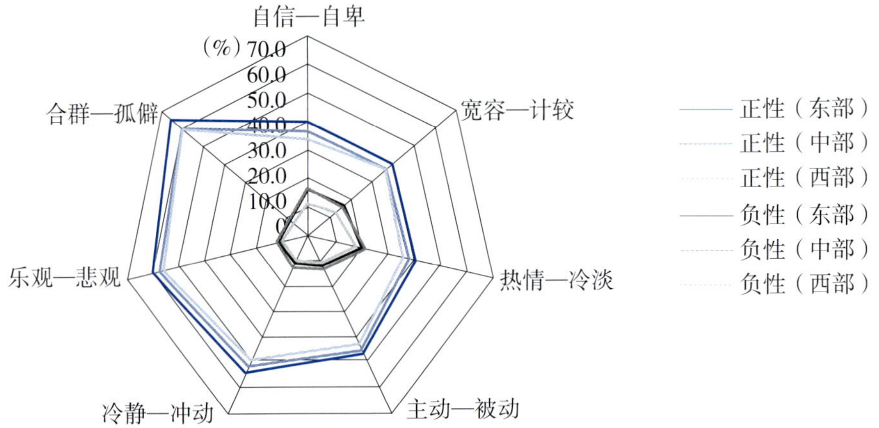

图 8－69 不同地区中学生认为上网对他们性格倾向的正性和负性影响

四、父母对子女网络身心健康的认知

（一）中学生父母对与子女关系的判断及对子女上网的整体态度

1. 父母对亲子关系的判断好于中学生自己的判断

在对与子女关系的判断上，超过3/4的父母认为自己与子女的关系融洽，认为与子女关系不好的比例非常低，只有0.6%（见图8－70）。上网中学生对与父母关系的判断也比较正性，但认为与父母关系融洽的比例要低于父母的判断，对“与父母关系融洽”的描述认为“符合”的占55.2%，认为“比较符合”的占28.5%，认为“不太符合”或“不符合”的共计16.3%（见图8－31）。卡方检验表明，父母对亲子关系的判断与中学生自己的判断存在显著差异（$\chi^2 = 121.814$，$p < 0.001$），父母对亲子关系的判断要好于中学生自己的判断。

父亲与母亲对亲子关系的判断是一致的（见图8－70），不存在显著差异（$\chi^2 = 2.845$，$p = 0.241$），但母亲认为与子女关系融洽的比例略高于父亲。

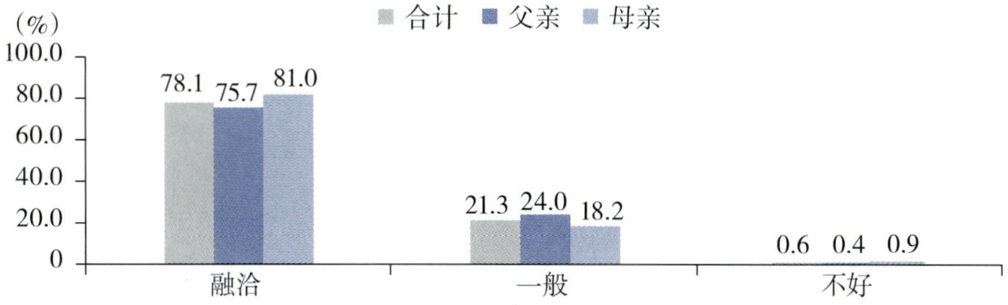

图8－70　父母对与子女亲子关系的判断

2. 约1/2的父母表示支持子女上网，而1/4的父母表示反对

在对子女上网的态度方面，48.1%的父母表示“支持”，27.5%的父母表示“无所谓”，另有24.4%的父母表示“反对”（见图8－71）。父母

的态度存在差异（$\chi^2 = 10.395$，$p = 0.006$），相对于母亲，父亲表示“无所谓”的比例更高，表示“反对”的比例更低，而接近1/3的母亲表示“反对”子女上网。虽然有相当比例的父母表示反对子女上网，但实际上中学生群体基本都会使用网络，在我们的调查中只有4.5%的学生表示未使用过网络，而且这些学生很多都自我评价较低。

进一步分析发现，父母感知到的亲子关系与父母对子女上网的态度有关联（见图8－72），认为亲子关系“融洽”的父母“支持”子女上网的比例更高，而认为亲子关系“一般”的父母“反对”子女上网的比例更高（$\chi^2 = 36.537$，$p < 0.001$）。

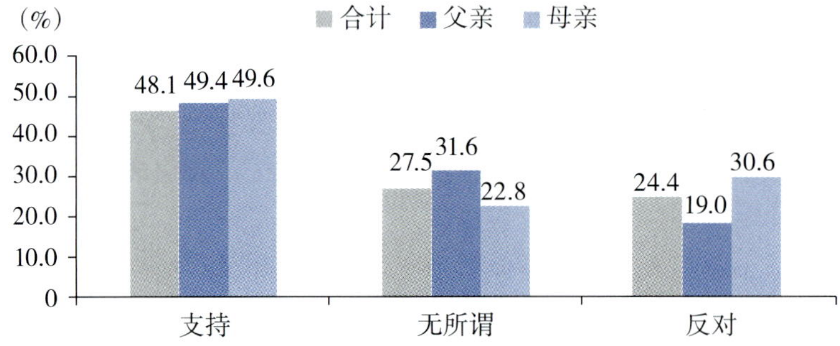

图8－71　父母对子女上网的态度

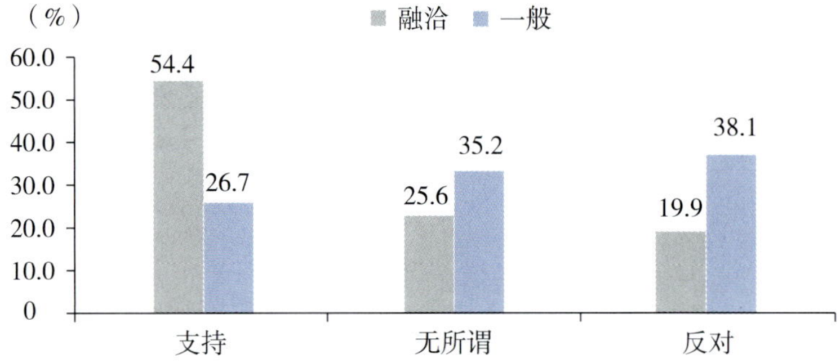

图8－72　亲子关系与父母对子女上网态度的关联

（二）父母对上网影响中学生身心健康的了解程度

1. 父母认为上网对中学生身体健康有明显影响的比例低于中学生的自我判断

通过问题"您的孩子因为上网而出现过明显的身体不适吗（如：脖子僵硬、手腕酸痛、眼睛发涩）"考察父母对网络影响学生身体健康的了解情况，发现46.8%的父母认为子女因为上网有"明显"和"轻微"不适（见图8－73）。学生问卷中，学生自我报告的"经常"和"严重"不适的比例为15.6%，另外"偶尔"不适的比例为51.7%，整体有影响的比例为61.3%（见图8－23），父母认为有影响的比例低于学生的自我判断，但这一差异和题目的设置也有一定关系，父母的判断标准可能比学生自己的判断标准更为严格。

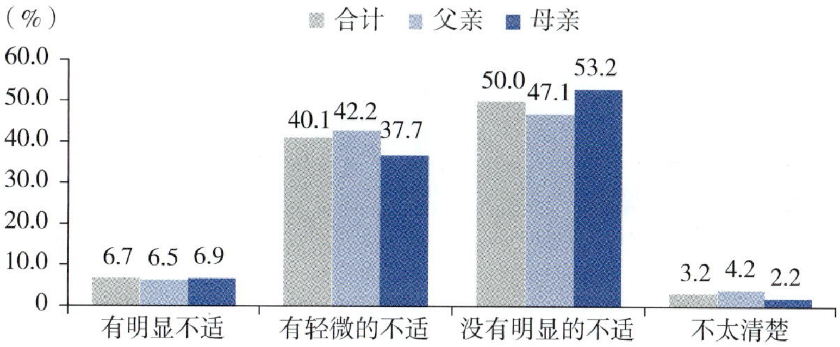

图8－73　父母有关上网对子女身体健康影响的认知

父母亲对该问题的认识具有整体的一致性，但又略有区别，父亲认为上网对学生身体健康有影响的比例略高于母亲，但表示"不太清楚"的比例也略高于母亲（见图8－73）（χ^2 = 3.134，p = 0.371）。

进一步分析发现，父母感受到的亲子关系会影响父母对网络影响子女身体健康的认知，（认为与子女关系不好的父母只有3人，因此不参与分析），认为与子女关系融洽的父母判断上网对子女身体健康有影响的比例低于认为与子女关系一般的父母（见图8－74）（χ^2 = 23.658，p = 0.001）。而父母是否支持子女上网并未显著影响父母对网络影响学生身体健康的认知，不过表示“不支持”子女上网的父母，认为上网对子女身体健康有影响的比例更高（见图8－75）（χ^2 = 10.069，p =0.122）。

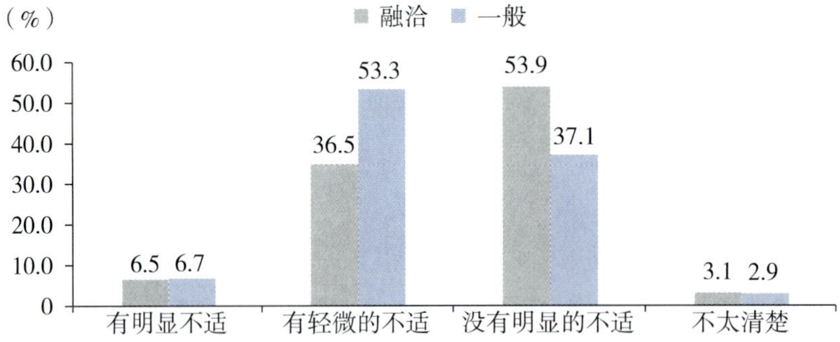

图8－74　不同亲子关系的父母有关上网对子女身体健康影响的认知

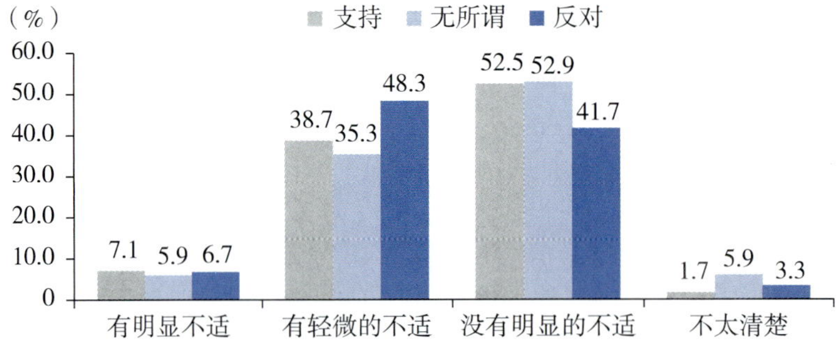

图8－75　对子女上网持不同态度的父母有关上网对子女身体健康影响的认知

2. 约1/2的父母认为网络对子女心理健康没有太大影响

有关网络对子女心理健康的影响，35.8%的父母认为“正面影响居多”，44.9%的父母认为“没什么太大影响”，但也有约1/5的父母认为“负面影响居多”（见图8－76）。父母有关网络对子女心理健康影响的态度存在差异（χ^2 = 10.770，p =0.005），与母亲相比，父亲认为没有影响的比例更高，而母亲认为“负面影响居多”的比例更高。

父母感知到的亲子关系对父母有关网络对子女心理健康影响的看法有显著影响。感到亲子关系“融洽”的父母更多地认为网络对子女有正面影响，而感到亲子关系“一般”的父母，认为网络对子女心理有负面影响的比例更高（见图8－77）（χ^2 = 20.486，p <0.001）。另外，父母对子女上网的

总体态度与父母有关网络对子女心理健康影响的看法存在显著关联。支持子女上网的父母认为网络对子女心理健康的影响主要是正面的，而反对子女上网的父母认为影响主要是负面的（见图 8－78）（χ^2 = 162.2，p<0.001）。

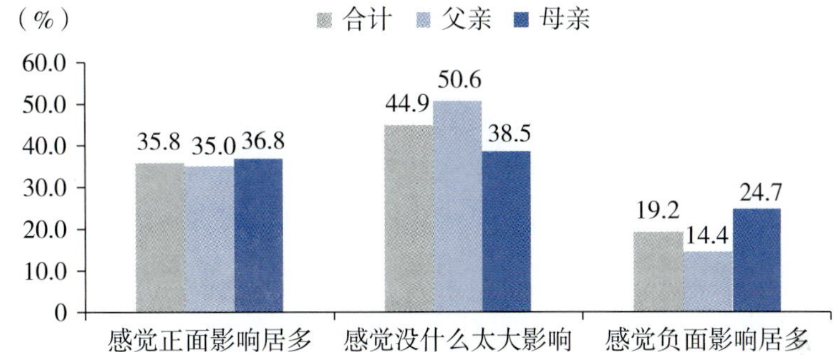

图 8－76　父母有关网络对子女心理健康影响的看法

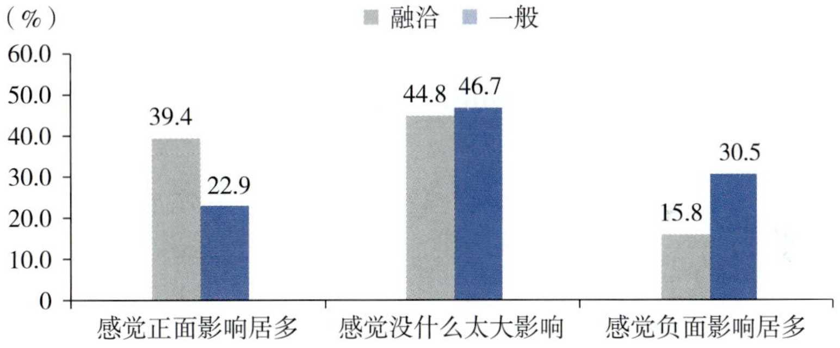

图 8－77　不同亲子关系的父母有关网络对子女心理健康影响的看法

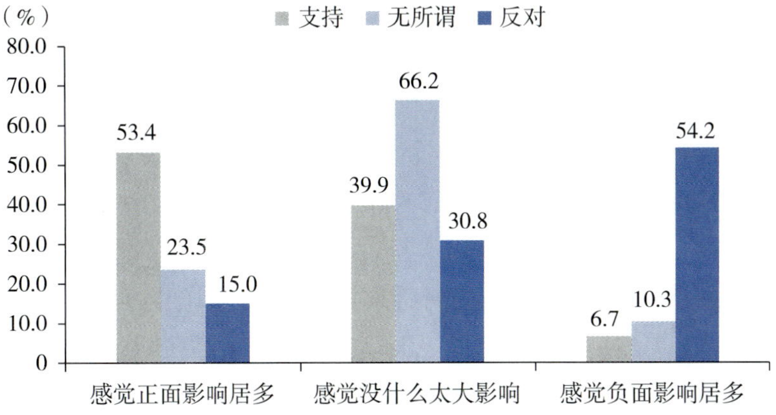

图 8－78　对子女上网持不同态度的父母有关网络对子女心理健康影响的看法

3. 父母认为子女遇到的网络伤害与中学生自己的判断具有一致性

通过询问父母“您的孩子因为上网而受到过哪些网络伤害”，让父母判断子女遇到网络伤害的情况，发现父母对子女遇到网络伤害的判断与中学生自己的感知比较一致（见图8－79），最常遇到的网络伤害都是“接触到不良信息”和“网络病毒或一些恶意软件”，分别有55.5%和36.6%的父母认为子女遇到过该类网络伤害，和中学生自己报告的身边的朋友或同学遇到过的比例比较接近。在中学生的选择中，排在第三、第四位的网络伤害是“网上骚扰”和“隐私泄露”，而父母对这两类网络伤害的选择比例排在第五、第六位，表明父母对子女可能遇到的这两类伤害没有完全注意到。另外也有18%的父母表示对子女遇到的网络伤害不清楚。

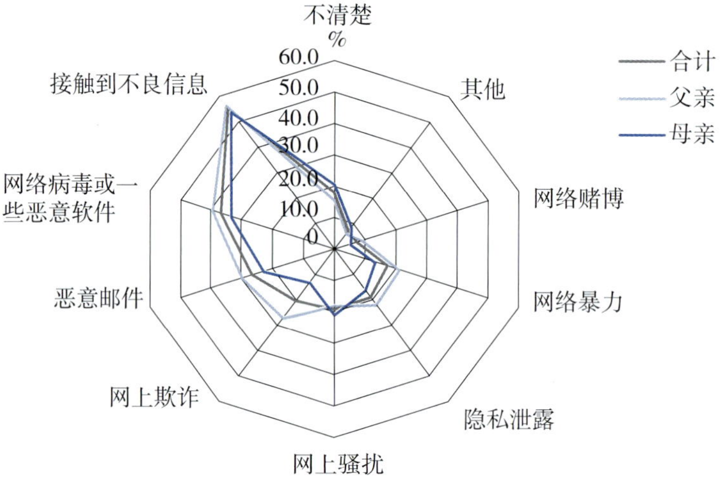

图8－79　父母有关子女遇到的网络伤害情况的认知

父母亲对子女遇到的网络伤害的认知具有整体的一致性，整体上父亲选择比例略高于母亲，而母亲表示不清楚子女遇到的网络伤害的比例略高于父亲。

进一步分析发现，父母感知到的亲子关系对父母有关子女遇到的网络伤害的看法无明显影响（见图8－80），而父母对子女上网的态度与他们有关子女遇到的网络伤害的看法有联系（见图8－81）。整体而言，表示“支持”子女上网的父母报告子女遇到的各类网络伤害的比例更高，表示“反对”的父母报告子女遇到各类网络伤害的比例反而比较低，支持子女上网的父母表示“不清楚”子女是否遇到网络伤害的比例也是最低的。结果提示：子女遇到的网络伤害可能不是父母支持或反对子女上网的原因。

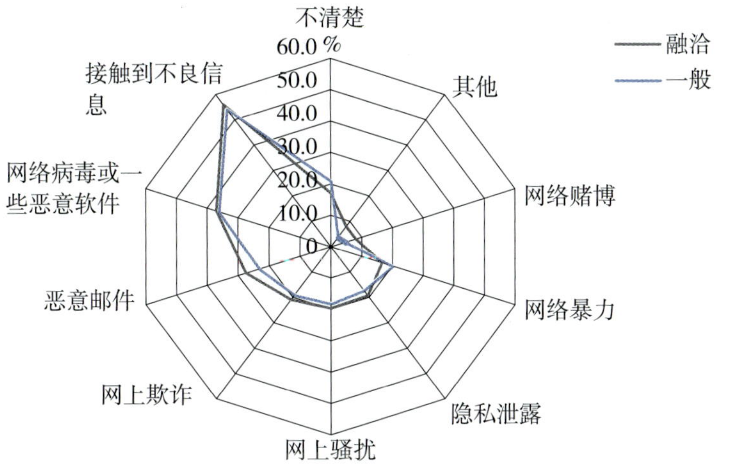

图 8－80　不同亲子关系的父母有关子女遇到的网络伤害情况的认知

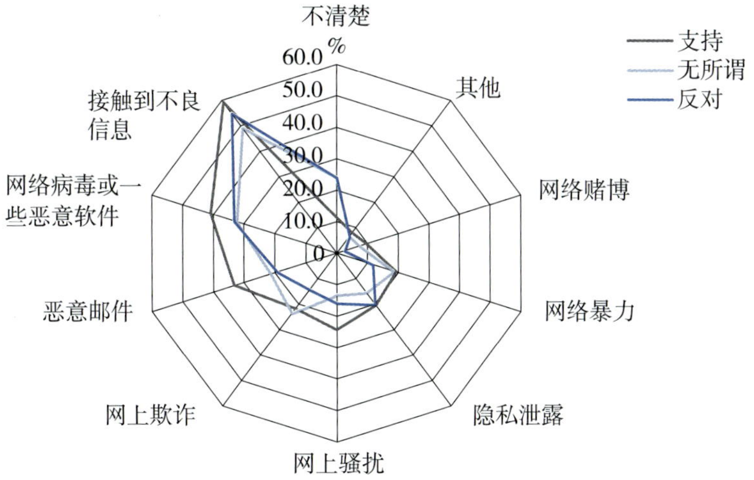

图 8－81　对子女上网持不同态度的父母有关子女遇到的网络伤害情况的认知

4. 父母有关子女因上网产生的个性变化的看法与中学生自己的判断比较接近

通过询问父母“您的孩子是否因为上网而出现一些个性变化”，发现超过 1/2 的父母认为子女因为上网个性上发生了一些变化，中学生自我报告的网络对性格有影响的比例在 50%—70%（见图 8－62），二者整体上比较一致，父母认为有变化的比例略低于中学生自己的判断。同时在认为上网对子女个性有影响的父母中，有更多的父母选择上网对子女个性的影响是正面的（见图 8－82），中学生自己也更多地选择了网络对个性有正性影响（见图 8－66）。父母有关上网对子女个性影响的判断比较一致，无显著差异（χ^2 = 7.661，p =0.176）。

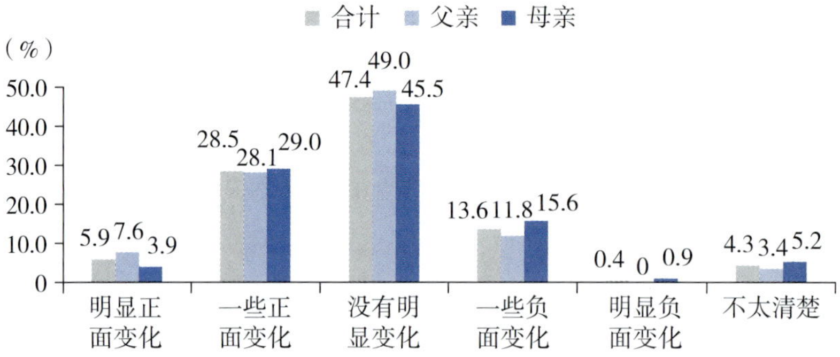

图 8－82　父母有关子女因上网产生个性变化的看法

父母感知到的亲子关系影响了父母对子女因上网产生个性变化的判断，感到亲子关系融洽的父母认为子女个性没有因上网而变化的比例以及变化为正面的比例，均高于感到亲子关系一般的父母，而感到亲子关系一般的父母中有更多比例的人报告子女个性因上网发生了负面变化或表示“不太清楚”（见图 8－83）（χ^2 = 13.791，p =0.017）。同时，父母有关子女上网的总体态度对于其判断子女是否因上网而产生个性变化有显著影响。表示“支持”子女上网的父母更多地选择了上网对子女个性有正面影响，表示“反对”子女上网的父母选择子女因上网个性发生负面变化的比例更高，而对子女上网表示“无所谓”的父母认为上网对子女个性没有影响的比例最高（见图 8－84）（$\chi^2 = 108.287$，$p < 0.001$）。

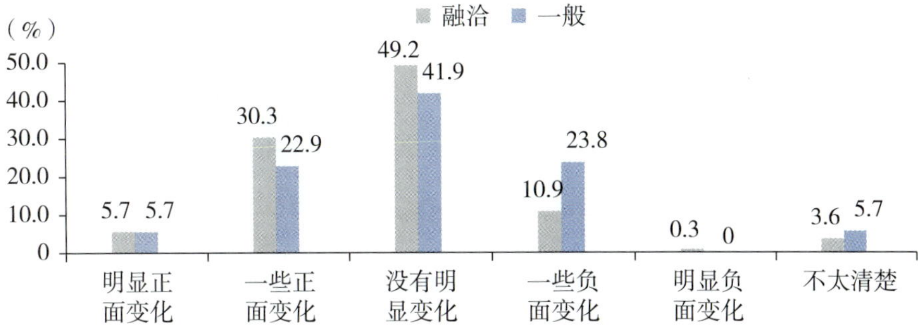

图 8－83　不同亲子关系的父母有关子女因上网产生个性变化的看法

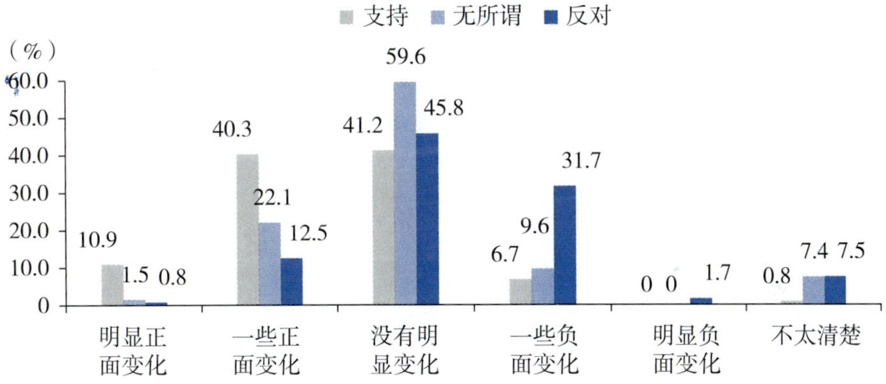

图 8－84　对子女上网持不同态度的父母有关子女因上网产生个性变化的看法

5. 约 1/2 的父母认为子女存在某种程度的网络过度使用倾向

通过询问父母“您的孩子是否存在网瘾或者对网络的使用过度现象”了解父母对子女网络过度使用情况的判断，结果发现，4.7% 的父母认为子女网络过度使用倾向很严重，另有 45.1% 的父母认为子女存在对网络的过度使用倾向，但不太严重（见图 8－85）。这一比例高于我们对中学生群体调查中 10.6% 的检出率，说明父母对子女可能存在的网络过度使用倾向比较关注，近半数的父母都认为自己的子女对网络的使用有些“过度”。当然，父母所理解的网络过度使用与相对严格的诊断标准还是有差距的。父母之间对于这一问题的看法没有明显差异（$\chi^2 = 1.645$，$p = 0.649$）。

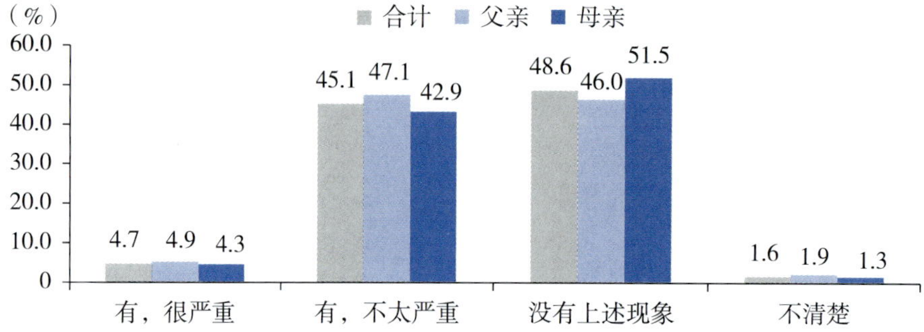

图 8-85　父母有关子女是否存在网络过度使用倾向的判断

父母感知到的亲子关系对父母有关子女网瘾或对网络过度使用的判断有显著影响。认为亲子关系融洽的父母报告子女存在网瘾或网络过度使用倾向的比例低于认为亲子关系一般的父母（见图 8-86）（$\chi^2=38.569$，$p<0.001$）。同时，父母是否支持子女使用网络，也会影响父母对子女网络过度使用的判断，（见图 8-87）（$\chi^2=19.104$，$P=0.004$）。

（三）父母对子女网络身心健康的引导情况

1. 超过 4/5 的父母表示会指导子女上网

通过询问父母“您是否经常性地指导自己孩子该如何上网”，发现约 1/3 的父母表示“经常指导”，48.7% 的父母表示“有时指导”，总计超过 80% 的父母表示会指导子女上网（见图 8-88）。父母之间在是否指导子女上网上不存在显著差异（$\chi^2=4.009$，$p=0.260$）。

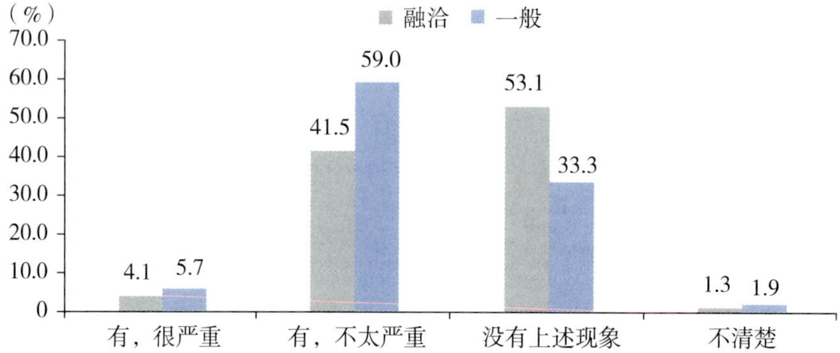

图 8-86　不同亲子关系的父母有关子女是否存在网络过度使用倾向的判断

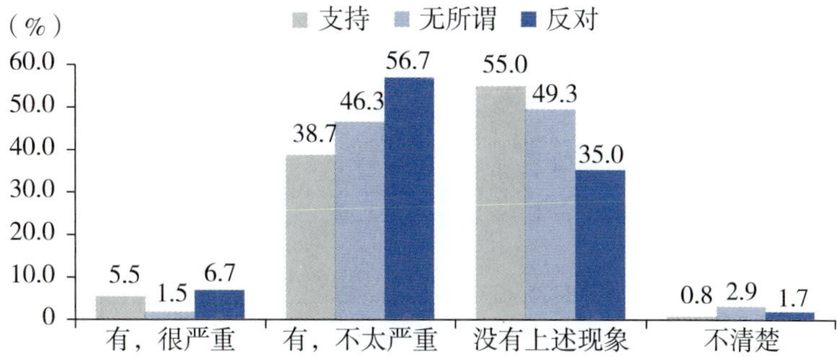

图 8－87　对子女上网持不同态度的父母有关子女是否存在对网络过度使用倾向的判断

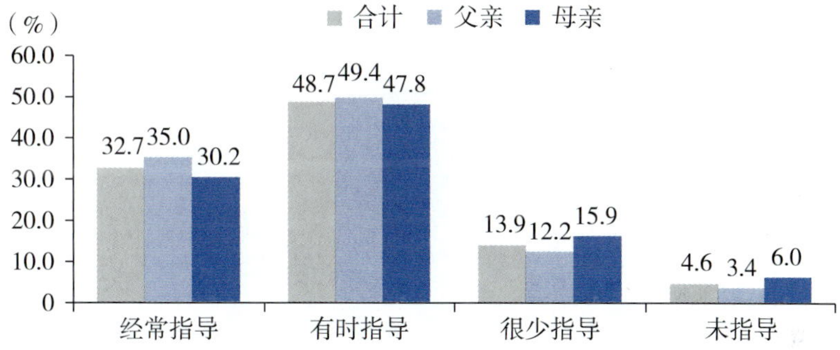

图 8－88　父母指导子女上网的情况

父母感知到的亲子关系与父母是否会指导子女上网之间存在关联，亲子关系“融洽”的父母表示“经常指导”子女上网的比例高于亲子关系“一般”的父母，而亲子关系“一般”的父母表示“很少指导”的比例更高（见图 8－89）（$\chi^2=57.873$，$p<0.001$）。同时，父母有关子女上网的总体态度也会影响父母对子女上网的指导，“支持”子女上网的父母中接近 1/2 的人表示会“经常指导”子女上网，而“反对”子女上网的父母中有更大比例的人表示“很少指导”或“不指导”子女上网（见图 8－90）（$\chi^2=83.978$，$p<0.001$）。

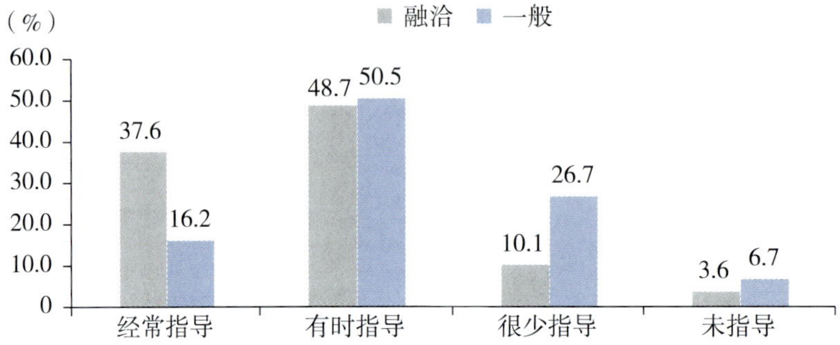

图 8－89　不同亲子关系的父母指导子女上网的情况

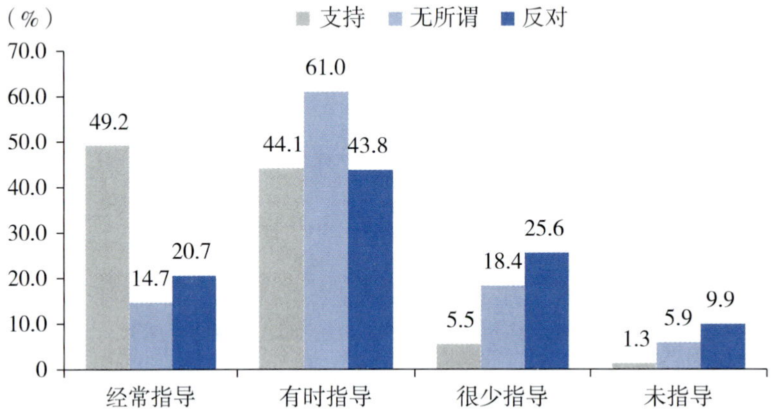

图 8－90　对子女上网持不同态度的父母指导子女上网的情况

2. 为保证上网时子女的身体健康多数父母选择“让孩子在大人指导下上网”

对于“该如何保证孩子在上网过程中的身体健康”，52.8%的父母选择“让孩子在大人指导下上网”，另有38.7%的父母表示“减少孩子的上网时间”，少数父母认为“不用太焦虑，顺其自然”，只有极少数（3.6%）的父母表示要“让孩子远离网络”（见图8－91）。父母亲之间在态度上较为一致（$\chi^2=6.583$，$p=0.086$），父亲支持“让孩子在大人指导下上网”的比例更高，而母亲选择“减少孩子的上网时间”的比例更高。

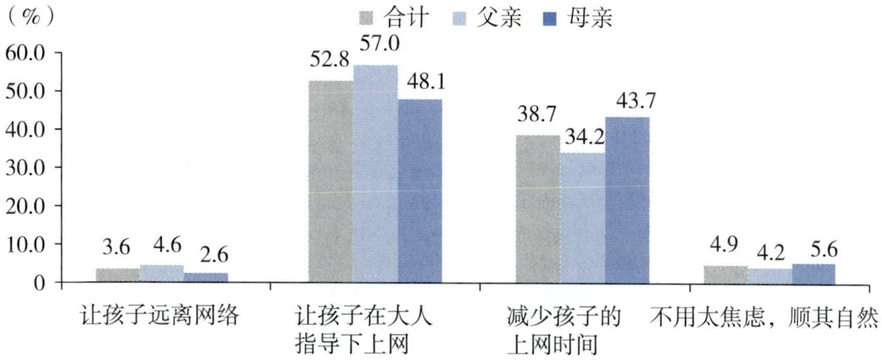

图 8-91　父母有关如何保证子女上网时身体健康的选择

父母感知到的亲子关系与父母认为如何保证子女上网时的身体健康有联系。认为亲子关系“融洽”的父母更多地选择“让孩子在大人指导下上网”，而认为亲子关系“一般”的父母选择“减少孩子上网时间”的比例更高（见图 8-92）（$\chi^2=18.889$，$p<0.001$）。父母对于子女上网的总体态度与父母认为如何保证子女上网时的身体健康也有关。支持子女上网的父母会更多地让子女“在大人指导下上网”，反对子女上网的父母会更多地将“减少孩子的上网时间”作为保证子女上网时身体健康的方式（见图 8-93）（$\chi^2=45.463$，$p<0.001$）。

3. 面对网络伤害大多数父母表示应“让孩子学会应对”

对于如何对待子女遇到的网络伤害，多数父母（71.9%）都选择“让

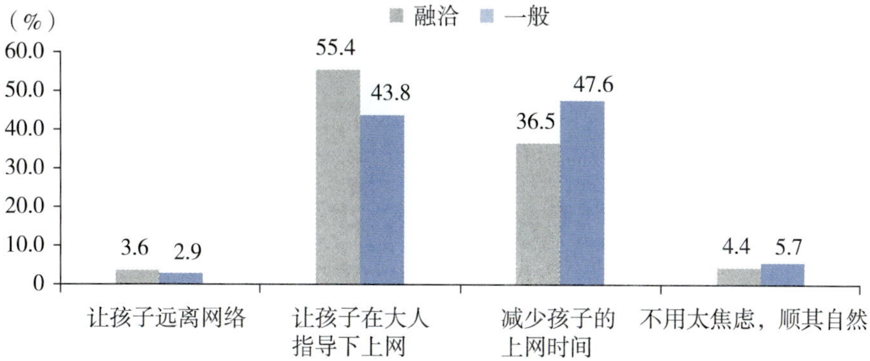

图 8-92　不同亲子关系的父母有关如何保证子女上网时身体健康的选择

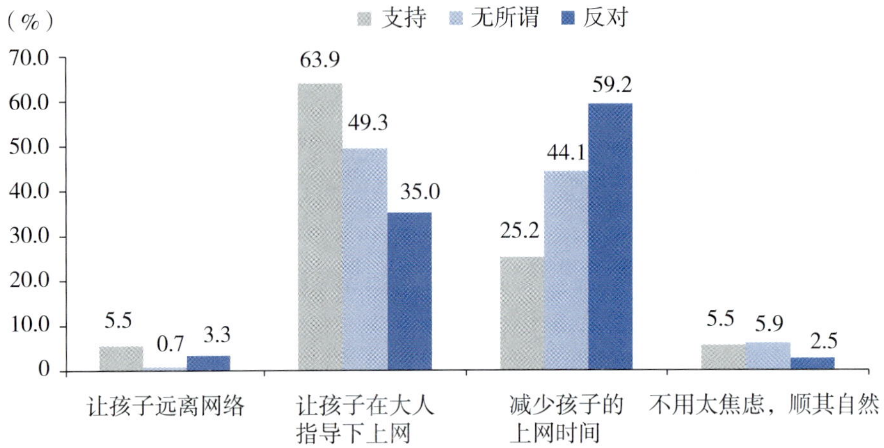

图 8－93　对子女上网持不同态度的父母有关如何保证子女上网时身体健康的选择

孩子学会应对网络伤害”，也有 1/5 的父母选择“让孩子以后小心避开”，还有极少数父母采用其他方式，例如“让孩子以牙还牙”或“不让孩子再上网”（见图 8－94）。父母亲之间在如何应对子女遇到的网络伤害的选择上比较一致（χ^2 = 8.165，p = 0.086），相对而言，更多的母亲选择了“让孩子学会应对网络伤害”。

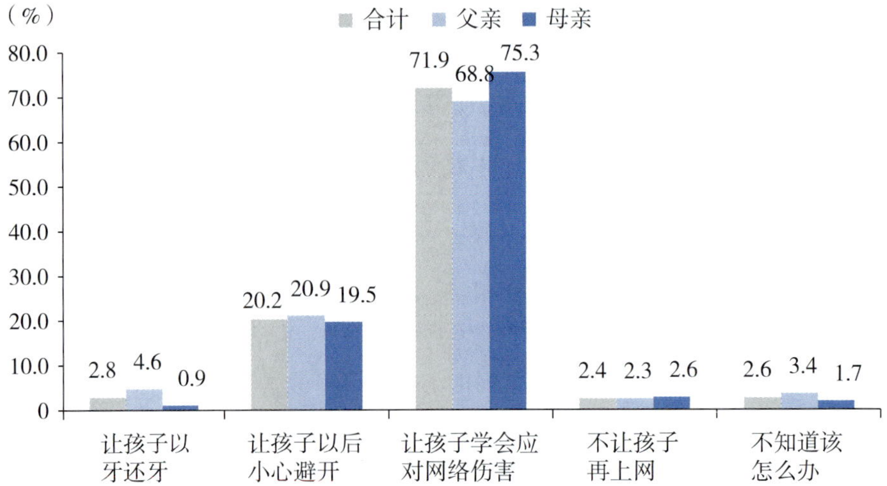

图 8－94　父母有关如何面对子女遇到的网络伤害的选择

亲子关系对父母处理子女遇到的网络伤害的方式上有影响，认为亲子关系融洽的父母选择“让孩子学会应对网络伤害”的比例更高，而认为亲子关系一般的父母选择“让孩子以后小心避开”和“不让孩子再上网”的比例略高。（见图 8－95）（χ^2 ＝ 76.265，$p < 0.001$）。

父母对子女上网的总体态度影响父母对如何面对子女遇到的网络伤害的选择，支持子女上网的父母选择“让孩子学会应对网络伤害”的比例最高，反对子女上网的父母选择该选项的比例也比较高，但同时选择“不让孩子再上网”的比例也相对较高，而表示对子女上网无所谓的父母选择“让孩子以后小心避开”的比例相对最高（见图 8－96）（χ^2 ＝ 32.914，$p < 0.001$）。

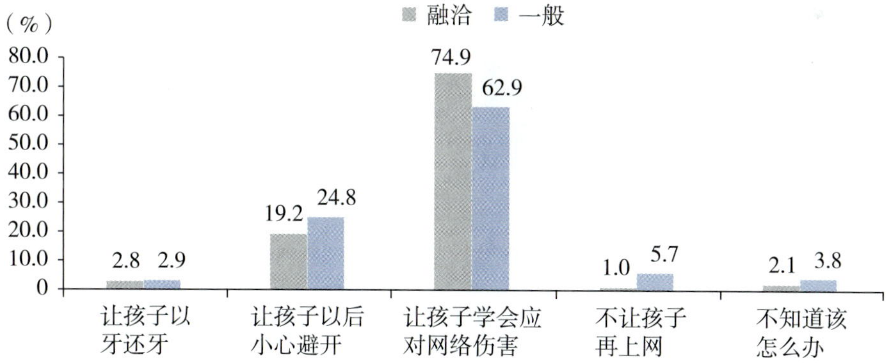

图 8－95　不同亲子关系的父母有关如何面对子女遇到的网络伤害的选择

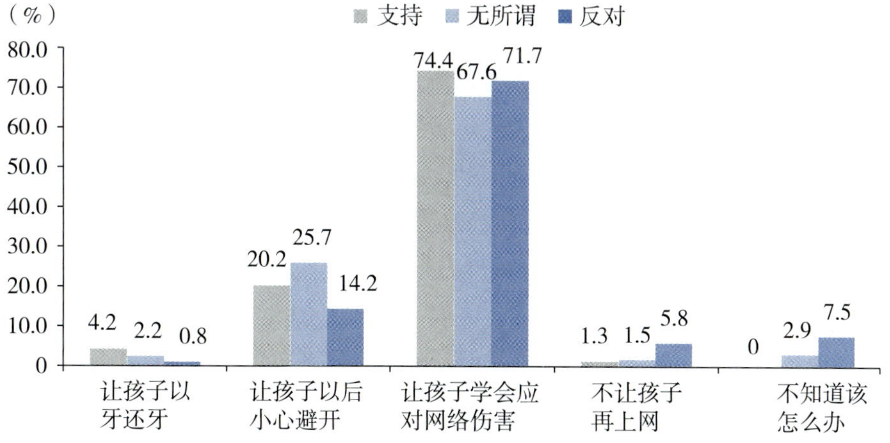

图 8－96　对子女上网持不同态度的父母有关如何面对子女遇到的网络伤害的选择

4. 超过60%的父母表示曾就网络对子女的心理影响采取过措施

对于是否就网络对子女的心理影响采取过措施，63.4%的父母表示“有”，但也有36.6%的父母表示没有（见图8－97）。父母的选择比较一致（$\chi^2=1.543$，$p=0.214$）。

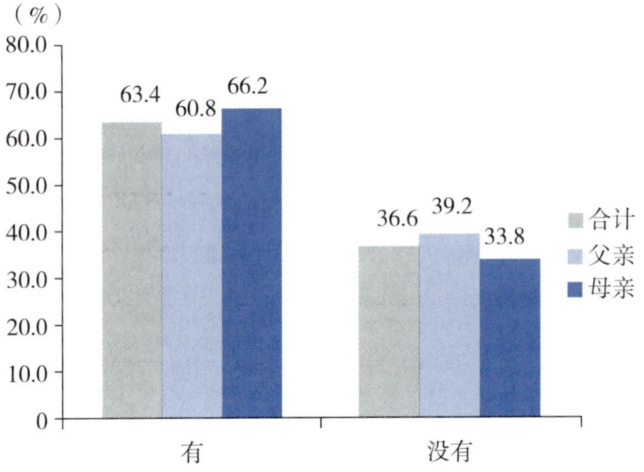

图8－97　父母是否就网络对子女的心理影响采取过措施

同时，父母感知到的亲子关系与父母的应对选择之间无关联（见图8－98）（$\chi^2=3.791$，$p=0.150$）。而父母是否支持子女上网以及是否经常指导子女上网显著影响了父母对“是否就网络对孩子的心理影响采取过措施”的应对选择。支持和反对子女上网的父母中均有较高比例的人表示采取过措施，而对子女上网持无所谓态度的父母表示采取过措施的比例最低（见图8－99和图8－100）（$\chi^2=9.194$，$p=0.010$）。不过由前面的分析可以预测，支持和反对子女上网的父母采取的措施可能是不同的。父母指导子女上网的情况与父母是否就网络对子女的心理影响采取过措施之间存在显著的正向关联（$r=0.178$，$p<0.001$），越是经常指导子女上网的父母采取过措施的比例越高，而表示很少指导或从未指导的父母采取过措施的比例较低（$\chi^2=20.359$，$p<0.001$）。

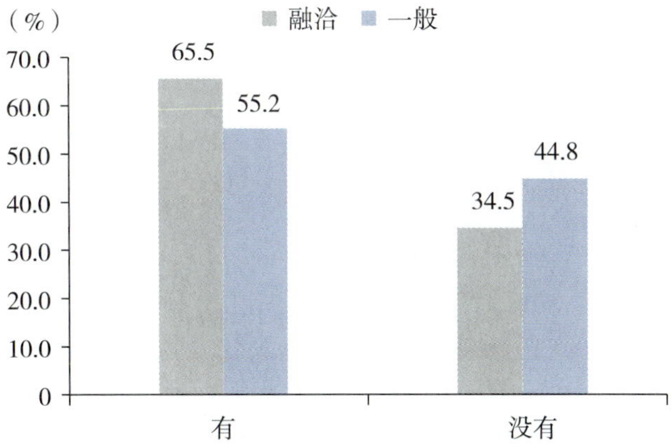

图 8-98　不同亲子关系的父母是否就网络对子女的心理影响采取过措施

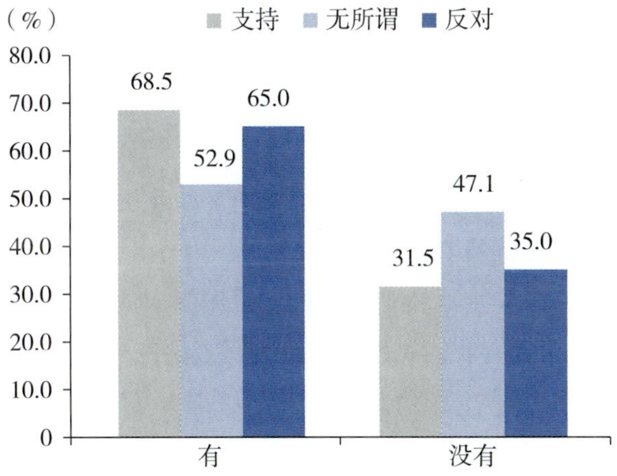

图 8-99　对子女上网持不同态度的父母是否就网络对子女的心理影响采取过措施

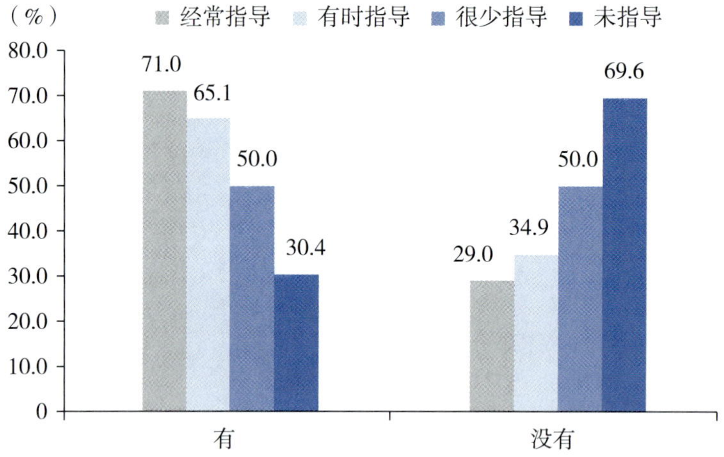

图 8－100　不同指导频率的父母是否就网络对子女的心理影响采取过措施

五、本章小结

（一）主要发现

1. 中学生网络过度使用的检出率总体较低，其网络行为活跃程度和对网络的态度与网络过度使用倾向存在关联

调查显示，在中学生群体中网络过度使用倾向的检出率为 10.6%，即约 1/10 的中学生可能存在对网络的过度使用或网络成瘾，同时发现，有网络过度使用倾向的中学生相对于一般上网中学生对自己人际关系的评价更低。

不同群体中学生网络过度使用倾向的检出率存在差异，表现为：男生显著高于女生；14、15 岁年龄组和初三年级的检出率最高；不同区域中学生的检出率略有差异，中部相对略高。

中学生的网络使用行为与网络过度使用倾向的检出率之间存在关联，表现为：首次上网时间越早、上网频率越高、每次上网时间越长，越可能产生网络过度使用倾向；对某种网络行为特别是网络娱乐、网络交往和网络消费的热衷程度，与网络过度使用倾向的检出率存在正相关；中学生在网上认识的陌生网友越多，在生活和写作中使用网络语言的频率越高，越可能产生网络过度使用倾向。

中学生看待网络的态度及对网络满足心理需求的程度与网络过度使用倾向存在关联：网络过度使用中学生更倾向于认为网络世界更有意思，更多地表示想待在网络的世界里，同时认可网络的工具功能的比例相对更少；网络过度使用中学生认为网络满足了交往需求的比例最高，而认为满足了认知需求的比例偏低，与一般中学生的选择相反。

2. 网络对中学生的身心健康有明显负面影响，但中学生对待网络的态度及性格倾向总体良好

网络对中学生身心健康有影响：超过 2/3 的中学生认为上网对他们的身体健康有负面影响；一般网络使用未明显影响中学生的人际关系，反而是不上网中学生对自己人际关系的评价最为消极；超过 60% 的中学生表示自己遇到过网络伤害，而了解到或听说过朋友或同学遇到过的比例更高，面对网络伤害，约 2/5 的中学生选择寻求成人帮助等合理的处理方式，但也有 10.5% 的中学生表示想要“以暴制暴”。

中学生看待网络的态度及对网络满足心理需求的评价情况：约 2/3 的中学生认为网络是学习、生活的好帮手，即认同网络的工具功能，也有相当比例的中学生认为网络世界比现实世界更有意思、无法想象没有网络的生活、希望待在网络的世界里，同时还有部分中学生表达了对上网的困惑，认为“上网没什么意思”或“希望能够回到没有网络的世界”；大部分中学生认为网络满足了自己的多项心理需求，特别是认知需求（2/3）和新奇与愉悦体验（1/2），只有约 1/3 的中学生认为上网满足了交往需求。

上网对性格倾向的影响：50%—70% 的中学生认为上网对他们的性格倾向有一定的影响，并且更倾向于认为这种影响是正向的。

3. 父母对子女上网情况总体较为关注

中学生父母对与子女关系的判断及对子女上网的整体态度：父母对亲子关系的判断好于中学生自己的判断，约 1/2 的父母表示支持子女上网，1/4 表示反对，另外 1/4 表示无所谓；亲子关系和父母对子女上网的整体

态度，影响了父母对网络影响子女身心健康的判断以及对子女上网身心健康的引导，整体而言，亲子关系融洽的父母、支持子女上网的父母，认为网络对子女身心健康有正向、较低或无影响的比例更高，指导或引导子女上网的比例也更高。

父母对上网影响中学生身心健康的了解程度：父母认为上网对中学生身体健康有明显影响的比例（46.8%）低于学生的自我判断（67.3%）；父母认为子女遇到的网络伤害与中学生自己的判断具有整体的一致性；父母认为子女因上网产生的个性变化与中学生自己的判断比较接近；约1/2的父母认为子女存在某种程度的网络过度使用倾向，认为严重的有4.7%，高于中学生调查中10.6%的实际检出率。

父母对中学生网络身心健康的引导情况：超过4/5的父母表示会指导子女上网，1/3的父母表示经常指导；为保证上网时子女的身体健康，超过1/2的父母选择“让孩子在大人指导下上网”，约2/5选择“减少孩子的上网时间”；面对网络伤害，超过70%的父母表示应“让孩子学会应对网络伤害”，另有约1/5的父母选择让子女避开，甚至有极少数父母认为要“让孩子以牙还牙”或“不让孩子再上网”；超过60%的父母表示曾就网络对子女的心理影响采取过措施。

（二）对策建议

1. 加强对中学生上网行为与习惯的合理引导，为中学生健康上网保驾护航

计算机操作和网络运用已成为现代社会的必备技能，调查中我们发现网络使用在中学生群体中已经非常普遍，而且网络使用并未影响一般上网学生的人际关系，反而是不上网学生对自己人际关系的评价最为消极，自我认知也较低，这与有关研究指出的网络对于青少年的积极效应大于消极效应是一致的。不过调查也发现，约有1/10的中学生可能存在网络过度使用倾向或称为网络成瘾，网络过度使用影响了中学生的人际关系，提示我们要加强对中学生合理使用网络的正确引导，避免网络使用对中学生身心健康的负面影响。

调查结果显示，相对而言，男生、初三学生网络过度使用倾向的检出

率更高，教育者和家长尤其要重视对这些学生群体的关注与引导。调查中还发现，中学生的网络使用行为、看待网络的态度以及感受到的网络满足心理需求的类型与网络过度使用倾向的检出率有关，因此我们可以从合理引导中学生的网络使用行为，帮助中学生养成健康合理的上网习惯，指导中学生树立正确对待网络的态度，形成对网络的正确认知，强化网络的工具功能与认知作用，弱化网络世界的交往需求满足，强化现实世界的心理需求满足，为中学生提供积极的社会支持等方面入手，制定改善中学生网络过度使用倾向的干预措施，为中学生网络使用过程中的身心健康保驾护航。

2. 加强对中学生网络身心健康的关注与保护，防止中学生受到伤害

中学生在上网过程中除了可能发生的网络过度使用，也会面临其他一些身心健康的困扰，例如身体、视力方面的健康影响、种种来自网络的伤害、性格发展方面的影响等。这些问题也需要引起广大教育者和家长的关注，帮助中学生了解这些可能的困扰，尤其是指导其正确应对这些问题。虽然调查显示，相当比例中学生的应对方式比较理性，看待网络的态度也比较合理，但也要看到还有部分中学生感到无所适从，不知道该怎么办，或者在认识和处理方法上可能存在误区，例如认为对于网络伤害要“以暴制暴”，想要“一直待在网络的世界里”等。调查结果提示：教育者或家长要多和中学生沟通，了解中学生网络使用中的困惑，了解他们的感受与态度，以便发现问题及时指导。

3. 父母应更多地关心、爱护与指导子女的网络生活

父母问卷的调查结果说明，多数父母对子女的网络使用以及网络使用中可能面临的身心问题有所了解，也积极为子女上网提供指导。我们要看到，父母对于子女在上网过程中的身心问题有正确把握的一面，但也存在一定的盲点，例如父母认为上网影响子女身体健康的比例要低于学生自己的判断，部分父母对子女上网的情况“不了解”或“不清楚”，而且有超过 1/3 的父母表示未曾就网络对子女身心健康的影响采取过措施。同时父母感受到的亲子关系、父母对子女上网的整体态度会影响他们的判断和行为，这些方面都应该引起广大中学生父母的重视。父母应改善与子女的关系，而相对于反对子女上网，积极引导子女合理使用网络更为可取。

附录一

中学生网络生活状态调查学生问卷

同学：

您好！

您所填写的问卷主要为中国教育科学研究院信息中心关于中学生网络生活状态的课题调查研究提供参考。此次问卷调查仅为课题研究服务，并确保您个人信息的私密性，不会对您造成任何不良影响，请放心填写。希望每位同学能认真阅读每一个问题，并如实回答，不要遗漏任何一个问题。

谢谢您的合作！

填写要求：

1. 本问卷中的选择题除注明为多选题外，一律为单选题。
2. 每完成一题，系统会根据你的回答自动选择下一题的题目。

背景信息调查

同学：

您好！

在正式回答本次调查的问题前，请您先完成您相关背景信息的填写，谢谢！

1. 性别：

A. 男　　B. 女

2. 年龄：

A. 12 岁以下　　B. 12 岁　　C. 13 岁　　D. 14 岁　　E. 15 岁

F. 16 岁　　G. 17 岁　　H. 18 岁　　I. 18 岁以上

3. 年级：

A. 初一　　B. 初二　　C. 初三　　D. 高一　　E. 高二　　F. 高三

4. 你所就读学校所在地区：

A. 东部　　B. 中部　　C. 西部

5. 你所就读的学校是一所：

A. 城区学校　　B. 郊区学校　　C. 镇区学校　　D. 乡村学校

网络生活状态调查

【基本行为】

1. 你第一次上网的时间是在

A. 上小学前　　B. 小学一到三年级　　C. 小学四到六年级

D. 上初中时　　E. 上高中时　　F. 在参加此次调查前从没上过网（跳转设置项，选择此项者将不用回答本问卷的问题，另行回答补充问卷）

［补充问题］

1－1. 你从不上网的原因是：

A. 家庭所在地和学校均未提供网络服务（选此项者跳转至 1－2 题）

B. 家里经济条件不允许上网（无电脑及支付网费能力等）（选此项者跳转至 1－3 题）

C. 感觉无上网的必要和需要（选此项者跳转至 1－4 题）

D. 听说网络上有很多不健康的东西（选此项者跳转至 1－5 题）

E. 因为不会上网（选此项者跳转至 1－6 题）

F. 因为父母不让上网（选此项者跳转至 1－7 题）

G. 其他原因

1－2. 如果家庭或学校具备上网条件，你会上网吗？

A. 会　　B. 不会

1－3. 如果家里有电脑并有能力支付网费，你会上网吗？

A. 会　　B. 不会

1－4. 你感觉无上网必要的原因是：

A. 觉得手机和电话已经完全满足了我信息交流的需要

B. 报纸、电视等媒体已经完全满足了我对社会新闻及各种消息的了解的需要

C. 上网虽有用但费用太高

D. 上网浪费时间

1－5. 你听说的网络有害内容有哪些：

A. 网络骗子太多

B. 网络上的内容不可信

C. 网络上色情内容泛滥

D. 上网会导致网瘾

E. 上网会沉溺于虚拟世界，导致脱离现实

1－6. 你不会上网是因为：

A. 朋友里面没人上网

B. 学习能力较差，学不会

C. 无人指导

1－7. 你父母不让你上网的原因是：

A. 怕影响学习成绩

B. 怕产生网瘾

C. 怕影响身体健康（睡眠、视力等）

D. 怕受网络不良内容影响

E. 其他原因

1－8. 下面是几个有关人际关系的描述，请根据你的实际情况选择

	不符合实际	不太符合实际	比较符合实际	符合实际
我与父母的关系融洽	○	○	○	○
我与老师的关系融洽	○	○	○	○
我与同学的关系融洽	○	○	○	○
我有几个要好的朋友	○	○	○	○
我需要时总能找到可以倾诉的人	○	○	○	○

1－9. 下面是几个有关自己的看法，你的态度是

	不同意	有点不同意	有点同意	同意
我认为自己很不错	○	○	○	○
我觉得自己不够自信	○	○	○	○
我感觉自己充满活力	○	○	○	○
我对自己感到满意	○	○	○	○

2. 你使用网络的频率是：

A. 一天多次　B. 一天一次　C. 半周左右一次　D. 一周左右一次
E. 半月左右一次　F. 一月左右一次　G. 数月一次　H. 不清楚

3. 你通常每次上网大约多长时间？

A. 少于半小时　B. 0.5—1 小时　C. 1—2 小时
D. 2—3 小时　E. 3 小时以上

4. 你通常选择什么时候上网（可多选）？

A. 学校上学时　B. 放学后　C. 周末
D. 节假日　E. 寒暑假　F. 随时

5. 你最常用的上网方式是（可多选）：

A. 电脑上网　B. 电视机顶盒上网　C. 手机上网

D. 平板电脑上网（如 iPad）　E. 其他上网终端（如 iTouch 等）

6. 上网非常吸引你的地方是（可多选）：

A. 能在网上认识很多朋友，并无拘无束地进行交流

B. 能查找学习资料、学习一些网络课程，对自己的日常学习有很大的帮助

C. 能与朋友一起在线玩网络游戏

D. 能在网上买到既便宜自己又喜欢的东西

E. 能及时浏览时事新闻或自己感兴趣的信息，了解社会动态

F. 能看到很多精彩的电影，欣赏到自己喜欢的歌曲/音乐

G. 能搜集和收藏到自己所喜欢的明星资料，并与明星进行互动或交流

H. 能写网络日记、博客或微博，加入自己感兴趣的各种论坛或 BBS，并发表自己的观点或见解

I. 其他________________

【信息获取】

7. 当你在上网时，会参与信息获取（例如看新闻、搜索资料等）类的活动吗？

A. 总是　B. 经常　C. 有时　D. 很少　E. 从不（跳转设置项，选择此项者将回答补充问题 7－1，然后跳过问卷的第 8—9 题，从第 10 题开始回答）

［**补充问题**］

7－1. 你从不通过网络获取信息的原因是：

A. 根本不知道可以通过网络获取信息

B. 网络上的信息不可靠，还是更相信传统的信息获取方式

C. 想通过网络获取信息，但不会用

D. 听说通过网络获取信息比较麻烦，不方便

8. 当你想了解社会上发生的某些重大事件或热点新闻、话题时，你会：

A. 主要从同学、朋友那里打听

B. 主要从父母长辈那里打听

C. 主要从电视、报纸、广播等传统媒体了解

D. 主要从网络上搜集相关信息

E. 几种方式都有可能

F. 从不关心这些事情

9. 当社会上发生一些重大事件或热点新闻、话题时，你认为对这些事件、新闻或话题的描述：

A. 从熟人那里听来的消息更可信

B. 电视、报纸、广播等传统媒体上发布的信息更可信

C. 政府网站、新闻网站（如新浪新闻、搜狐新闻、腾讯新闻）、官方认证的博客或微博上的信息更可靠

D. 网上的一些论坛、个人微博上的信息更具真实性

【网络交往】

10. 当你在上网时，会参与网络社交（例如上 QQ、上社交网站、发微博、看/发帖子、收发邮件、更新个人空间等）类的活动吗？

A. 总是　B. 经常　C. 有时　D. 很少　E. 从不（跳转设置项，选择此项者将回答补充问题 10－1，然后跳过问卷的第 11—18 题，从第 19 题开始回答）

［**补充问题**］

10－1. 你从不参与网络社交活动的原因是：

A. 不知道可以通过网络与人交往

B. 父母或老师不允许我通过网络与人交往

C. 我不喜欢通过网络与人交往

D. 听说网络交友比较危险，不敢参与其中

E. 想通过网络交友，但不知道怎么弄

11. 你在网上交流的对象有哪些（可多选）？

A. 网上的陌生人　B. 同学　C. 生活中认识的朋友

D. 亲友　G. 其他

12. 当你在网上遇到陌生人时，你会：

A. 对陌生人不予理睬（跳转设置项，选择此项者将回答补充问题 12－1和12－2，然后跳过第13—18题，从第19题开始回答）

B. 存在戒心，不愿深入沟通

C. 可以信任，愿意透露心声

D. 很信任，愿意交换电话号码等信息或与其见面

［**补充问题**］

12－1. 在网上遇到陌生人不予理睬，是因为以下哪些原因？

A. 存在戒心，觉得不安全

B. 感觉对方无聊，没必要搭理

C. 父母老师教导不要和陌生人交流

D. 认为浪费时间

12－2. 对于通过网络结识朋友的方式，你有什么看法？

A. 不可靠

B. 无聊

C. 反感

D. 很新奇，可以尝试

E. 很好，大力支持

13. 你在网上结交陌生人的主要原因是：

A. 很新鲜、很好奇

B. 可以在更大的范围内认识新朋友

C. 现实生活中交不到知心朋友

D. 现实生活很无聊、很寂寞

E. 只是多了一种交友渠道而已

14. 你一般通过什么渠道结识陌生网友（可多选）?

A. 聊天软件（如 QQ、MSN、微信、飞信等）

B. 电子邮件

C. 网上论坛/BBS

D. 网上社区（如开心网、人人网）

E. 博客/微博

F. 朋友、同学、熟人、网友等引见

15. 你在网上结识的陌生网友有多少人?

A. 10 人以下　B. 10—30 人　C. 31—50 人　D. 50 人以上

16. 你在网上结识的朋友比现实中认识的朋友多吗?

A. 是的　B. 两者差不多　C. 还是现实中认识的朋友多一些

D. 现实中认识的朋友占绝大多数

17. 你在网上是否参加过网友圈/交流群/（例如 QQ 群、人人网）?

A. 没有　B. 参加过 1—2 个　C. 参加过 3—4 个

D. 参加过 4 个以上

18. 网络交友对自己实际生活的影响是:

A. 扩大的自己的交际圈，认识了很多新朋友

B. 通过网络交友更好地认识了社会，也学到了很多东西

C. 网络交友让我的现实交际圈更小了，也不太愿意与人交流了

D. 我只有网上的朋友，不愿意和现实中的人交往

E. 其他

19. 当你在生活中遇到一些特别高兴或特别郁闷的事情时，你会在网上与别人分享或倾诉自己的感受吗？

A. 不会　B. 偶尔会　C. 有时会　D. 经常会

20. 下列选项中你更倾向于在网上和谁交流？（完成本题，须对左侧10个选项都做出回答）

	教师	父母	同学	网友
学习话题				
感情问题				
家庭琐事				
时事新闻				
兴趣爱好				
同学关系				
校园生活				
无聊闲谈				
八卦娱乐				
生活常识				

21. 你和朋友在网络上创造新的词汇吗？

A. 没有　B. 偶尔　C. 经常

22. 你在网上一般习惯用什么语言和网友交流？

A. 日常语言（跳转设置项，选择此项者将回答补充问题22-1和22-2，然后跳过第23题，从第24题开始回答）

B. 日常语言与网络用语混用

C. 特定的网络语言

D. 多种网络语言

［补充问题］

22－1. 在网络上交流没有使用过网络语言，是因为以下哪些原因？

A. 不了解网络语言

B. 觉得网络语言不正规

C. 觉得网络语言交流起来不如日常语言方便、明白

D. 网络上交流的对象都不会使用网络语言

22－2. 对网络语言你的主要看法是什么（可多选）？

A. 很好，丰富了汉语语言，是对语言的创新

B. 网络语言表达起来更充分、更有意思

C. 能和很多人产生共鸣，有认同感和归属感

D. 很时髦，能体现自己的个性

E. 不规范，对书面语是种挑战，偶尔用在口语中还行

F. 无聊，没什么意思

G. 反感，亵渎汉语语言，阻碍语言的发展

23. 生活中你会使用网络语言吗？

A. 总是使用，这很有个性

B. 经常使用，这样很时尚

C. 有时使用，觉得有趣

D. 有时使用，别人听不懂

E. 从不使用，觉得不规范

24. 对于网络语言中出现的错别字（如“肿么了”、“有木有”、“内牛满面”等），你持什么态度？

A. 赞成　B. 反对　C. 无所谓

25. 平时在写作文或日记时，你是否使用一些网络语言？

A. 经常会使用　B. 有时会使用　C. 偶尔用一下　D. 不会使用

【网络学习】

26. 当你在上网时，会参与网络学习（例如学习在线课程、参加网上辅导/答疑、提交作业、为完成作业/项目查找资料等）类的活动吗？

A. 总是　B. 经常　C. 有时　D. 很少　E. 从不（跳转设置项，选择此项者将回答补充问题 26－1，然后跳过第 27—36 题，从 37 题开始回答）

［补充问题］

26－1. 你之所以从不进行网络学习（例如学习在线课程、参加网上辅导/答疑、提交作业、为完成作业/项目查找资料等），是因为：

A. 课堂学习就够了，没有网络学习的必要

B. 没有时间上网学习

C. 学校没有安排老师网上辅导、答疑，或者没有要求上网学习

D. 网络学习资源有限，我找不到免费、安全、便捷的学习资源

27. 在平时上网过程中，你感觉自己在网上用于学习的时间比例是：

A. 非常多（50% 以上）

B. 比较多（30%—50%）

C. 一般（20%—30%）

D. 较少（10%—20%）

E. 很少（10% 以下）

28. 在你的学习经历中，开展网络学习的目的是（可多选）：

A. 弥补课堂教学不足

B. 发展个人兴趣、拓展视野、学习课外知识

C. 娱乐、交友

D. 解决某一具体问题

E. 完成老师或家长布置的学习任务

29. 平时有人指导你上网学习吗？

A. 老师　B. 父母　C. 同学或朋友　D. 没人指导，自己独立摸索的

30. 你一般是在哪个时间段进行网络学习的（可多选）？

A. 白天在校时间

B. 上学、放学的路上

C. 晚上放学回家后

D. 周末

E. 寒暑假

31. 你进行网络学习的主要方式是：

A. 搜索、下载学习资料

B. 通过网络学习网站下载或在线学习课程

C. 通过游戏类学习网站边玩边学

D. 参与班级论坛、QQ 群或主题学习论坛讨论

E. 其他

32. 在你的网络学习中，自主学习以及与其他人一起协作学习之间的比例关系是：

A. 只有自主学习

B. 只有协作学习

C. 自主学习多于协作学习

D. 协作学习多于自主学习

E. 自主学习与协作学习一样多

33. 在学习过程中遇到难题时，你的第一反应是：

A. 向老师请教

B. 求助于同学、朋友

C. 问自己的父母

D. 自己上网找解决问题的办法

E. 其他

34. 在学习或生活中遇到问题时，你首先想到的利用网络解决问题的方式是：

A. 使用百度、Google 等搜索引擎

B. 通过 QQ（MSN 等）发信息咨询老师、同学或朋友

C. 给朋友、同学或老师发 e-mail 咨询

D. 在 BBS 或博客上发帖求助

E. 其他方式

35. 如果你曾有过网络学习的经历，你感觉通过网络进行学习：

A. 非常重要，必不可少

B. 一般重要

C. 可有可无

D. 完全没必要

36. 你认为影响网络学习效果的因素有（可多选）：

A. 学习自律程度

B. 网络学习资源的丰富性和适用性

C. 教师的指导

D. 同伴交流与帮助

E. 计算机及其他设备的易用性

F. 网络速度与稳定性

G. 其他

【网络消费】

37. 当你在上网时，会参与网络消费（例如网上支付、网络购物、网络易物、网上银行、旅行预订等）类的活动吗？

A. 总是　B. 经常　C. 有时　D. 很少　E. 从不（跳转设置项，选择此项者将回答补充问题 37 - 1，然后跳过第 38—39 题，从第 40 题开始回答）

［补充问题］

37 - 1. 你之所以从不进行网络消费（例如网上支付、网络购物、网络易物、网上银行、旅行预订等），是因为：

A. 生活中没有网络消费的需要

B. 感觉网络不安全，担心受骗

C. 不会操作，也没人指导

38. 你进行网络消费时，是出于什么目的，请根据出现情况多少排序：

A. 网络购物便捷，节省时间

B. 能从网络上找到个性化的产品

C. 网络上的价格比较实惠

D. 网络购物这种消费方式新奇好玩，把网络消费当成一种体验

E. 网络游戏的需要

F. 其他

39. 你有过失败的网络消费经历吗，比如支付了钱却并未收到购买的商品、收到的商品与描述存在很大差异等？

A. 有过　　B. 没有

【网络娱乐】

40. 当你在上网时，会参与休闲娱乐［例如看视频、玩游戏、听音乐、看漫画（小说）等］类的活动吗？

A. 总是　B. 经常　C. 有时　D. 很少　E. 从不（跳转设置项，选择此项者将回答补充问题 40－1，然后跳过第 41—46 题，从第 47 题开始回答）

［**补充问题**］

40－1. 你从不在网上参与各种娱乐休闲活动的原因是：

A. 上网瞎玩根本就是浪费时间，浪费生命

B. 容易陷入其中，耽误生活中其他重要事情

C. 父母或老师看得紧，不允许上网娱乐

D. 平时学习任务紧、事情多，根本没精力上网娱乐

E. 感觉还是现实生活中的娱乐活动更有意思

41. 你日常的网络娱乐活动有哪些（可多选）？

A. 下载或在线看电影、电视剧、综艺节目

B. 下载或在线听音乐

C. 在线听广播节目

D. 网络阅读

E. 网络追星

F. 玩网络游戏

G. 其他

42. 你为什么愿意选择这种娱乐方式？

A. 这是网络中最容易获取的娱乐方式

B. 通过这些娱乐方式我能交到很多朋友

C. 通过这些娱乐方式我能从现实生活的压力中解脱，感觉很放松

D. 通过这些娱乐方式我能获取很多从学校和书本上学不到的知识

E. 通过这些娱乐方式我能把自己的意见、建议、感悟和别人分享

F. 通过这些娱乐方式我能获得一种现实中无法体验的新鲜和刺激

43. 你是否有过将自己原创性的文字、音乐、视频发布到网络中同别人分享的经历？

A. 有　B. 没有

44. 你是否已经习惯于从网络上转载别人的文字，而不愿意思考同时也不愿写下自己独特的想法和感受？

A. 是　B. 不是

45. 你本人或同学里是否有人受网络启发而产生有创意的想法、设计或行为？

A. 有　B. 没有

46. 你觉得你周围玩网络游戏的同学，他们有什么改变？

A. 生活和学习的态度更积极了

B. 没什么明显变化

C. 人变得比原来消极、颓废

【健康状态】

47. 上网对你的眼睛有什么样的影响，下列描述中哪一项最符合你的情况？

A. 眼睛酸涩、疲劳

B. 轻微的视力下降

C. 明显的视力下降

D. 没有明显的影响

48. 上网对你的身体有什么样的影响，下列描述哪些符合你的情况（可多选）？

A. 没有任何不良影响

B. 身体偶尔会有不适感觉（比如，脖子僵硬、手腕酸痛、眼睛发涩）

C. 身体偶尔会有轻微不适感觉（比如，脖子僵硬、手腕酸痛、眼睛发涩）

D. 曾因上网造成严重不适而到医院就医

49. 上网时有时会有一些想法产生，以下想法或感受哪些是你曾经出现过的（可多选）？

A. 如果现实世界像网上那样有意思就好了

B. 真想一直待在网络的世界里

C. 有了网络做什么都很方便，是学习、生活的好助手

D. 简直无法想象不能上网的生活该是什么样的

E. 上网没什么意思

F. 希望能够回到没有网络的世界

50. 下面是一些有关人际关系的描述，哪些比较符合你的情况？

	不符合实际	不太符合实际	比较符合实际	符合实际
我与父母的关系融洽	○	○	○	○
我与老师的关系融洽	○	○	○	○
我与同学的关系融洽	○	○	○	○
我有几个要好的朋友	○	○	○	○
我需要时总能找到可以倾诉的人	○	○	○	○

51. 上网满足了人们的一些内在需要，下列哪些是你所看重的（可多选）？

A. 上网满足了我的交往需求

B. 上网让我体验到新奇和愉悦

C. 上网让我可以忘掉烦恼

D. 上网让我极大地开阔了眼界

E. 上网能够让我享受在团队中的感觉

F. 上网让我可以不断超越自我

52. 我感觉自己一心想上网（经常回想以前的网上活动或期待下一次上网）：

A. 是　B. 否

53. 每次上网，你是否希望在网上的时间更长些？

A. 是　B. 否

54. 曾多次努力控制、减少或停止上网，但不能成功：

A. 是　B. 否

55. 假设需要减少或停止上网，你是否会感到不开心、不舒服，比较情绪化、沮丧或易激怒：

A. 是　B. 否

56. 你实际上网所花的时间是否经常比原定计划要长：

A. 是　B. 否

57. 上网是否对你的人际关系、学习等造成了负面影响：

A. 是　B. 否

58. 你是否会对父母、朋友、老师或其他人隐瞒自己真实的上网时间或花费：

A. 是　B. 否

59. 你是否把上网作为逃避问题或缓解不良情绪（例如无助、内疚、焦虑、抑郁）的方法：

A. 是　B. 否

60. 据你了解，上网时你身边的朋友或同学曾经遇到过哪些网络伤害（可多选）：

A. 隐私泄露

B. 网上欺诈（例如虚假信息引发财产或身心伤害）

C. 接触到不良信息（例如不雅图片）

D. 网络暴力、恐吓、侮辱、诽谤

E. 网上骚扰

F. 网络病毒或一些恶意软件

G. 网络赌博

H. 恶意邮件（含有暴力、色情、恐吓、教唆等内容）

I. 上述都没听到过

61. 上网时，你自己曾经遇到过哪些网络伤害（可多选）？

A. 隐私泄露

B. 网上欺诈（例如虚假信息引发财产或身心伤害）

C. 接触到不良信息（例如不雅图片）

D. 网络暴力、恐吓、侮辱、诽谤

E. 网上骚扰

F. 网络病毒或一些恶意软件

G. 网络赌博

H. 恶意邮件（含有暴力、色情、恐吓、教唆等内容）

I. 上述都没遇到过

62. 上网时，如果遇到上述情形你会怎么做？

A. 以牙还牙，以暴制暴，以其人之道还治其人之身

B. 很想还击，但目前自己没这个能力，只能以后再找机会了

C. 不想反击，以后自己小心避开就好

D. 通过其他渠道来应对，比如进行网络举报或找大人帮忙解决

E. 很害怕，网络很不安全，以后不想再上网了

F. 不知道该怎么办

63. 你觉得使用网络对你的性格有什么样的影响，让你的性格更倾向于（从 1 至 5 中进行选择）：

1 内向　2 比较内向　3 无变化　4 比较外向　5 外向

1 合群　2 比较合群　3 无变化　4 比较孤僻　5 孤僻

1 保守　2 比较保守　3 无变化　4 比较冒险　5 冒险

1 自卑　2 比较自卑　3 无变化　4 比较自信　5 自信

1 乐观　2 比较乐观　3 无变化　4 比较悲观　5 悲观

1 冷淡　2 比较冷淡　3 无变化　4 比较热情　5 热情

1 计较　2 比较计较　3 无变化　4 比较宽容　5 宽容

1 主动　2 比较主动　3 无变化　4 比较被动　5 被动

1 冷静　2 比较冷静　3 无变化　4 比较冲动　5 冲动

1 关注自我　2 比较关注自我　3 无变化　4 比较关注他人　5 关注他人

附录二

中学生网络生活状态调查家长问卷

背景信息

1. 您的性别是：

A. 男　B. 女

2. 您孩子的年龄是：

A. 12 岁以下　B. 12 岁　C. 13 岁　D. 14 岁　E. 15 岁

F. 16 岁　G. 17 岁　H. 18 岁　I. 18 岁以上

3. 您孩子目前的就读年级是：

A. 初一　B. 初二　C. 初三　D. 高一　E. 高二　F. 高三

4. 您孩子就读学校所在地区是：

A. 城区　B. 郊区　C. 镇区　D. 乡村

5. 您平时和自己孩子的关系：

A. 融洽　B. 一般　C. 不好

调查问题

1. 您的孩子每周上网的时间是：
A. 少于半小时　B. 0. 5—1 小时　C. 1—2 小时
D. 2—3 小时　E. 3 小时以上　F. 不清楚

2. 您平时对自己孩子上网的总体态度是：
A. 支持　B. 无所谓　C. 反对

3. 您是否经常性地指导自己孩子该如何上网？
A. 经常指导　B. 有时指导　C. 很少指导　D. 未指导

4. 您的孩子平常是否主要通过网络获取各种信息？
A. 我的孩子主要通过网络获取信息
B. 我的孩子有些信息是通过网络获取的
C. 我的孩子大部分信息都不是通过网络获取的
D. 我的孩子从不通过网络获取信息
E. 不太清楚我的孩子是否从网络获取信息

5. 您是否支持自己的孩子通过网络来获取各种信息？
A. 支持　B. 无所谓　C. 反对

6. 您是否指导过自己的孩子通过网络来获取各种信息？
A. 经常指导　B. 有时指导　C. 很少指导　D. 未指导

7. 您是否了解自己孩子网上交友的情况？
A. 很清楚　B. 了解一些　C. 不太了解　D. 完全不知道

8. 您是否支持自己的孩子通过网络来交友？
A. 支持 B. 无所谓 C. 反对

9. 您是否指导过自己孩子该如何进行网络交友？
A. 经常指导 B. 有时指导 C. 很少指导 D. 未指导

10. 您的孩子在日常交流或写作中是否使用一些网络语言？
A. 经常使用 B. 有时会用 C. 偶尔会用
D. 没发现用过 E. 不清楚

11. 您如何看待自己孩子使用网络语言这件事？
A. 支持 B. 无所谓 C. 反对

12. 您是否指导过自己孩子该如何在网上进行交流？
A. 经常指导 B. 有时指导 C. 很少指导 D. 未指导

13. 您是否了解自己的孩子网络学习的情况？
A. 很清楚 B. 了解一些 C. 不太了解 D. 完全不知道

14. 您对目前孩子通过网络进行学习的看法是：
A. 支持 B. 无所谓 C. 反对

15. 您是否亲自花时间指导过自己孩子如何进行网络学习？
A. 经常指导 B. 有时指导 C. 很少指导 D. 未指导

16. 您的孩子是否通过网络进行过消费？
A. 经常 B. 有时 C. 偶尔 D. 没有 E. 不清楚

17. 您对孩子通过网络进行消费持什么样的态度：

A. 支持　B. 无所谓　C. 反对

18. 您是否教过孩子如何进行网络消费，或者为孩子网络消费提供过机会（包括利用网络缴水电费、手机费、网络预订、网络购物等）？

A. 有　B. 没有

19. 您的孩子日常的网络娱乐活动有哪些。(可多选)？

A. 下载或在线看电影、电视剧、综艺节目

B. 下载或在线听音乐

C. 在线听广播节目

D. 网络阅读

E. 网络追星

F. 玩网络游戏

G. 其他

H. 不清楚自己孩子都在网上有哪些娱乐活动（选择此项便不可再选A—G 选项）

20. 您对自己孩子的网络娱乐行为持什么样的态度？

A. 支持　B. 无所谓　C. 反对

21. 您是否对自己孩子的网络娱乐行为进行过相应的引导？

A. 经常引导　B. 有时引导　C. 很少引导　D. 未引导

22. 您认为网络是否对您的孩子的创新性有积极的影响？

A. 有很大的影响　B. 有一定的影响　C. 影响不大　D. 没有影响

E. 不清楚

23. 您是否对自己孩子通过上网增进其创新能力有过相应的指导？

A. 经常指导　B. 有时指导　C. 很少指导　D. 未指导

24. 您的孩子因为上网而出现过明显的身体不适吗（如脖子僵硬、手腕酸痛、眼睛发涩）？

A. 有明显不适　B. 有轻微的不适　C. 没有明显的不适　D. 不太清楚

25. 您认为该如何保证孩子在上网过程中的身体健康？

A. 让孩子远离网络

B. 让孩子在大人指导下上网

C. 减少孩子的上网时间

D. 不用太焦虑，顺其自然

26. 您的孩子因为上网而受到过哪些网络伤害（可多选）？

A. 隐私泄露

B. 网上欺诈（例如虚假信息引发财产或身心伤害）

C. 接触到不良信息（例如不雅图片）

D. 网络暴力、恐吓、侮辱、诽谤

E. 网上骚扰

F. 网络病毒或一些恶意软件

G. 网络赌博

H. 恶意邮件（含有暴力、色情、恐吓、教唆等内容）

I. 其他

J. 不清楚自己孩子是否遇到过上述伤害行为（选择此项便不可再选A—I选项）

27. 您认为该如何面对孩子在网上遇到的种种伤害行为？

A. 让孩子以牙还牙，以暴制暴，以其人之道还治其人之身

B. 让孩子以后自己小心避开就好

C. 让孩子学会应对网络伤害，比如进行网络举报或找大人帮忙解决

D. 网络很不安全，不让自己孩子再上网了

E. 不知道该怎么办

28. 您的孩子是否因为上网而出现一些个性变化？

A. 明显的正面变化　B. 有一些正面变化　C. 没有明显的变化

D. 有一些负面变化　E. 明显的负面变化　F. 不太清楚

29. 您的孩子是否存在网瘾或者对网络过度使用的现象？

A. 有，很严重　B. 有，不太严重　C. 没有上述现象　D. 不清楚

30. 您如何看待网络对自己孩子的心理影响？

A. 感觉正面影响居多　B. 感觉没什么太大影响

C. 感觉负面影响居多

31. 您是否就网络对孩子的心理影响采取过相应的措施？

A. 有　B. 没有

附录三

中学生网络生活状态调查研究访谈提纲

【上网习惯】

1. 你什么时候开始上网的？一般如何安排自己的上网时间与地点？一般通过什么设备上网？

2. 你和你的同学们对上网的总体态度是什么？你的父母对你上网持什么态度，有过什么样的行为？他们会主动了解你上网的情况吗？

3. 你周边是否有从不上网的同学？他们从不上网的原因是什么？

【信息获取】

1. 你现在了解社会上的各种信息（新闻、大事件、娱乐八卦……）主要都是通过网络吗？你最喜欢从网络获取哪方面的信息？（请举例）如果不是通过网络获取信息，那么主要通过何种渠道？（请举例）原因是什么？

2. 如果你经常通过网络获取信息，你倾向于通过哪类网站（政府类、社会机构团体类、微博/博客类……）获取信息？你是否信任这些信息获取的渠道？信任的原因是什么？

3. 你觉得现在通过网络获取信息是否便捷？你感觉网络信息资源的环境如何 ？

【网络社交】

1. 你是否在网上结识了陌生网友？如果没有，原因是什么？是否加入过一些交友社区或交友圈？网上你一般和谁交流较多？常用的交流工具是什么？

2. 网上交流中，你最感兴趣的话题是什么？（请举例）

3. 你是如何学会上网交友的？你的父母是否指导过你的网上交友行为？

4. 你如何看待网络交友的行为？

5. 你和你的同学们是否在网络交友过程中受到过攻击或伤害？（如果有，请举例）

6. 你对网络语言是否了解？对其持何种态度？你是否使用过甚至创造过网络语言？网络语言对你的日常语言使用是否产生了影响？

【网络学习】

1. 你平时是否有网络学习行为？如果有，一般如何安排？

2. 你的网络学习是否有人指导？都是谁给予过你网络学习方面的指导？（根据回答情况进一步提问：老师没有给予指导是因为什么？家长没有给予指导是因为什么？）

3. 你的网络学习是以自主学习为主，还是以协作学习为主？如果是以自主学习为主，你选择的原因是什么？（是不是因为不会利用网络与他人协作学习、没有机会或者不愿意？如果是不愿意，那么原因是什么？）如果给你创造机会或者给予你指导，是否愿意协作学习？

4. 你觉得网络学习是否重要？如果觉得不重要，请给出理由。如果觉得重要，那么对目前你参与网络学习的情况满意吗，希望在哪些方面有所改进？

5. 你觉得目前影响网络学习的最大因素是什么？（资源、费用、指导……请举例）

【网络消费】

1. 你是否进行过网络消费？如果进行过，是从何而知的？主要买什么？你觉得网络消费吸引你吗，为什么？以后是否还会继续在网上消费？

2. 如果没有过，原因是什么？如果有人教你，你愿意尝试吗？

3. 你觉得网络消费是否必不可少？如果不是，请给出理由。如果是，请问你对目前的网络消费环境是否满意，希望在哪些方面有所改进？

【网络娱乐】

1. 你一般上网都喜欢进行哪些娱乐活动？哪种是最喜欢的，原因是什么？你或你的同学中有特别沉迷于某种娱乐活动的吗？（请举例）

2. 你感觉平时的压力大吗？一般通过什么方式缓解压力？你觉得网络娱乐是否是缓解压力的一种方式？这种压力来自哪些方面？（请举例）

3. 你认为网络娱乐对于自己的成长有没有帮助？除了缓解压力之外，能否拓宽自己的知识面或者使自己的视野更开阔？能举几个自己的经历吗？

4. 你自己或者同学会上传原创性的内容到网上吗？一般会传些什么？上传是出于好玩还是因为是原创而觉得自豪？如果没有，你觉得是什么因素使你不想或者没有机会？你认为网络是提高了还是降低了同学和自己的创造力？这种提高或者降低表现在哪些方面？

5. 你觉得网络游戏对中学生的影响是否很严重？这些影响都有哪些表现？这些影响是否很容易纠正过来？

6. 老师或者家长对你的网络娱乐行为是否有限制？如果有的话，有哪些具体的限制措施？你对这些限制措施是支持还是反感？

7. 你认为如果自己或同学沉迷于网络娱乐活动，责任是在网络还是在自己？

【身心健康】

1. 据你了解你或你身边的同学有没有人对网络特别依赖或者对网络的使用有些过度？你觉得可能引起同学对网络产生依赖的原因有哪些？

2. 你认为应该如何避免产生网络依赖？如果产生了网络依赖，你有什么好的建议？

3. 你认为上网对中学生身心发展的影响是积极的还是消极的？分别体现在哪些方面？

4. 我们的调查表明，很多中学生都觉得使用网络对性格有影响，你的观点是什么？你认为上网对性格的影响是正面的还是负面的？为什么？

5. 你认为中学生在上网时应该如何避免受到网络伤害？你曾经采取过哪些措施进行自我保护？你自己遇到过吗？你是怎么做的？

6. 老师针对使用网络给大家提供的指导有哪些？

后 记

本调查报告为中国教育科学研究院2012年度基本科研业务费专项基金课题“国菁系列”（课题批准号：GY2012033）的研究成果，由中国教育科学研究院信息中心主持完成。本报告是信息中心团队合作的成果，是集体智慧的结晶。祝新宇承担了课题研究的设计策划、组织协调和实施工作，负责调查报告的框架形成，以及内容撰写、修改的整体统筹。本调查报告各章节具体分工如下：前言和第一章由祝新宇执笔；第二章由刘钧执笔；第三章、第七章由刘大伟执笔；第四章由钟静宁执笔；第五章、第六章由魏轶娜执笔；第八章由崔吉芳执笔。刘大伟负责本研究网络调查平台的技术保障及问卷数据录入。崔吉芳负责本研究相关调查数据的后期整理、统计和分析。

本调查报告得到了院领导的高度关心和专业指导，获得了信息中心马晓强主任的全面支持，还得到了教育科技研发中心李信的鼎力支持和帮助，同时也得到了信息中心各位同仁的全力配合。在此，课题组全体成员对各位领导和同事的支持表示由衷的感谢和敬意。此外，课题组还要特别感谢参与本研究网络问卷调查和实地访谈活动的来自全国25个省、市、区的学校领导、教师和学生，以及北京数字100市场研究公司为本研究所提供的技术支持。正是依靠多方的支持和课题组全体成员的共同努力，课题研究和报告的撰写最终得以顺利完成。然而，受时间和水平所限，本调查报告难免存在疏漏，敬请各位读者批评指正。

出 版 人　所广一
责任编辑　何　艺
版式设计　贾艳凤
责任校对　贾静芳
责任印制　曲凤玲

图书在版编目（CIP）数据

中学生网络生活状态调查报告/“中学生网络生活状态调查研究”课题组著. —北京：教育科学出版社，2014.11
（国菁教育调研书系）
ISBN 978-7-5041-8285-2

Ⅰ.①中…　Ⅱ.①中…　Ⅲ.①中学生—互联网络—社会生活—调查报告—中国　Ⅳ.①TP393.4②D432.64

中国版本图书馆CIP数据核字（2014）第004580号

中学生网络生活状态调查报告
ZHONGXUESHENG WANGLUO SHENGHUO ZHUANGTAI DIAOCHA BAOGAO

出版发行	教育科学出版社		
社　址	北京·朝阳区安慧北里安园甲9号	市场部电话	010-64989009
邮　编	100101	编辑部电话	010-64989363
传　真	010-64891796	网　址	http://www.esph.com.cn
经　销	各地新华书店		
制　作	北京金奥都图文制作中心		
印　刷	保定市中画美凯印刷有限公司		
开　本	169毫米×239毫米　16开	版　次	2014年11月第1版
印　张	19.75	印　次	2014年11月第1次印刷
字　数	262千	定　价	60.00元

如有印装质量问题，请到所购图书销售部门联系调换。